发酵食品
加工工艺研究

杨 斌 / 著

武汉理工大学出版社
·武汉·

内容提要

本书以发酵和酿造食品的工业化生产为主线，注重现代生物技术在该领域中的应用。内容包括食品发酵与酿造技术原理及其发展，啤酒、白酒、葡萄酒、黄酒、发酵乳制品、发酵豆制品、发酵果蔬制品、发酵肉制品、发酵调味品、单细胞蛋白质、酶制剂发酵生产及微生物性功能食品发酵生产技术。本书可供食品科学与工程、生物工程等领域人员研究学习。

图书在版编目（CIP）数据

发酵食品加工工艺研究 / 杨斌著. -- 武汉：武汉理工大学出版社，2024.9. -- ISBN 978-7-5629-7243-3

Ⅰ．TS26

中国国家版本馆 CIP 数据核字第 20249C2B46 号

责任编辑：严　曾
责任校对：尹珊珊　　　　排　　版：任盼盼
出版发行：武汉理工大学出版社
社　　址：武汉市洪山区珞狮路 122 号
邮　　编：430070
网　　址：http://www.wutp.com.cn
经　　销：各地新华书店
印　　刷：北京亚吉飞数码科技有限公司
开　　本：710×1000　1/16
印　　张：16
字　　数：253 千字
版　　次：2025 年 4 月第 1 版
印　　次：2025 年 4 月第 1 次印刷
定　　价：96.00 元

凡购本书，如有缺页、倒页、脱页等印装质量问题，请向出版社发行部调换。
本社购书热线电话：027-87391631　87664138　87523148

·版权所有，盗版必究·

前言

发酵食品，作为人类饮食文化中的一颗璀璨明珠，不仅以其丰富多样的风味和口感满足了人们的味蕾，更因其独特的营养价值和健康益处而受到全球各地人们的喜爱与推崇。从古至今，发酵技术在人类社会中扮演着举足轻重的角色，它不仅是食品保存和转化的重要手段，更是连接传统与现代、自然与科技的桥梁。发酵食品的制作过程，本质上是一种微生物参与的生物化学过程。在这个过程中，微生物通过代谢作用，将食品中的复杂有机物分解为更简单的物质，并产生一系列代谢产物，这些代谢产物不仅赋予了发酵食品独特的风味和口感，还带来了丰富的营养价值和健康益处。例如，发酵食品中常常富含活性益生菌、氨基酸、维生素和抗氧化物质等，这些成分对人体健康有着显著的促进作用。

现代发酵技术不仅提高了发酵食品的生产效率和品质稳定性，还拓展了发酵食品的种类和应用范围。然而，随着人们对食品质量和安全的关注度不断提高，发酵食品的安全性问题也日益受到关注。因此，在发酵食品的生产过程中，必须严格遵守卫生标准和质量控制要求，确保产品的安全性和可靠性。同时，还需要加强对发酵食品的营养成分和健康功能的研究，为消费者提供更加科学、健康、美味的发酵食品。

本书共9章，全面系统地探讨发酵食品的加工技术。第1章中，探讨了发酵食品的微生物特征及其健康作用、发酵食品的滋味特性及其形成机制、食品发酵过程的生化机理、中国传统发酵食品研究现状及前沿应用技术；第2章聚焦于发酵调味品的加工工艺，详细介绍了食醋、酱油、大酱、甜面酱以及豆腐乳和豆豉等经典调味品的加工工艺；第3章转向发酵食品添加剂，包括食用色素、防腐剂、酸味剂和增稠剂等的加工工艺；第4章探讨了发酵肉及发酵乳制品的加工工艺；第5章关注于泡菜、果汁发酵饮料和蔬菜汁发酵饮料等的加工工艺；第6章和第7章分别介绍了酒精发酵与白酒、啤酒、果酒和黄酒的酿造技术；第8章转向黄原胶及单细胞蛋白的生产技术；第9章介绍了新型发酵食品及新型发酵技术。这些新型发酵食品不仅具有独特的营养价值和健康益处，还展示了现代发酵技术的创新成果。通过本书的学习，读者可以全面了解发酵食品的加工技术及其在现代食品工业中的应用，为食品科学研究和食品加工产业的发展提供有益的参考。

特别值得一提的是，本书对黄原胶及单细胞蛋白等新型发酵产品的生产技术进行了详尽的阐述。黄原胶，作为一种高分子多糖类生物胶，凭借其出色的稳定性、增稠性和乳化性，在食品、医药、化妆品等多个领域展现出巨大的应用潜力。书中详细介绍了黄原胶的微生物发酵法生产过程，包括菌种筛选、发酵条件优化、提取纯化等关键技术环节。此外，单细胞蛋白作为一种新型的生物蛋白源，因其具有原料来源广泛、生产效率高、营养价值丰富等特点，受到了广泛关注。本书对单细胞蛋白的生产技术进行了系统的介绍，包括原料预处理、菌种选择、发酵条件控制、蛋白质提取等关键技术，为读者提供了全面的指导。

随着科学技术的不断进步和人们健康意识的提高，发酵食品作为一种营养丰富、健康安全的食品，将会在未来得到更广泛的应用和发展。本书的介绍和探讨，将为读者提供有益的参考和启示，促进发酵食品产业的持续创新和进步。在编写过程中，力求做到内容全面、系统、深入，既注重理论知识的阐述，又注重实践操作的指导。相信本书将成为食品科学、食品工程、食品质量与安全等领域的研究人员、技术人员、食品企业管理人员以及广大食品爱好者的宝贵参考资料。

在本书的撰写过程中，作者不仅参阅、引用了很多国内外相关文献资料，而且得到了同事及亲朋好友的鼎力相助，在此一并表示衷心的感谢。由于作者水平有限，书中疏漏之处在所难免，恳请同行专家以及广大读者批评指正。

作　者

2024年5月

目录

第 1 章　绪论 ································· 1
　1.1　发酵食品的微生物特征及其健康作用 ················ 1
　1.2　发酵食品的滋味特性及其形成机制 ·················· 7
　1.3　食品发酵过程的生化机理 ······················· 11
　1.4　中国传统发酵食品现状及前沿应用技术 ·············· 23

第 2 章　发酵调味品的加工工艺 ····················· 27
　2.1　食醋的加工工艺 ··························· 27
　2.2　酱油的加工工艺 ··························· 34
　2.3　大酱的加工工艺 ··························· 45
　2.4　甜面酱的加工工艺 ·························· 52
　2.5　豆腐乳和豆豉的加工工艺 ······················ 57

第 3 章　发酵食品添加剂的加工工艺 ··················· 81
　3.1　食用色素的加工工艺 ························ 81
　3.2　防腐剂的加工工艺 ·························· 88
　3.3　酸味剂的加工工艺 ·························· 93
　3.4　增稠剂的加工工艺 ·························· 100

第 4 章　发酵肉及发酵乳制品的加工工艺 ················ 104
　4.1　发酵肉制品的加工工艺 ······················· 104
　4.2　发酵乳制品的加工工艺 ······················· 116

第 5 章　发酵果蔬制品的加工工艺 ……………………………………… 132
5.1　泡菜的加工工艺 ……………………………………………… 132
5.2　果汁发酵饮料的加工工艺 …………………………………… 136
5.3　蔬菜汁发酵饮料的加工工艺 ………………………………… 139

第 6 章　酒精发酵与白酒酿造 …………………………………………… 142
6.1　酒精发酵 ………………………………………………………… 142
6.2　白酒酿造 ………………………………………………………… 162

第 7 章　啤酒、果酒、黄酒酿造 ………………………………………… 172
7.1　啤酒酿造 ………………………………………………………… 172
7.2　果酒酿造 ………………………………………………………… 182
7.3　黄酒酿造 ………………………………………………………… 192

第 8 章　黄原胶及单细胞蛋白的生产技术 ……………………………… 203
8.1　黄原胶的生产 …………………………………………………… 203
8.2　单细胞蛋白的生产 ……………………………………………… 208

第 9 章　新型发酵食品及新型发酵技术 ………………………………… 215
9.1　新型发酵食品 …………………………………………………… 215
9.2　新型发酵技术 …………………………………………………… 235

参考文献 ……………………………………………………………………… 243

第1章 绪 论

发酵食品因其独特风味和健康价值备受青睐。本章将探讨发酵食品的微生物特征、滋味特性的形成、生化机理，以及中国传统发酵食品的现状与前沿技术。深入了解这些方面，可以揭示发酵食品风味与健康的秘密。

1.1 发酵食品的微生物特征及其健康作用

1.1.1 常见发酵食品的细菌种类及其应用

1.1.1.1 革兰氏阴性杆菌类

（1）大肠埃希菌（通常称为"大肠杆菌"）不仅在基因工程中是重要的受体菌，还被用于生产诸如凝乳酶、谷氨酸脱羧酶等多种酶类，如溶菌酶和α-半乳糖苷酶等。

（2）醋酸杆菌在醋酸、酒石酸以及山梨酸等有机酸的生产中发挥着关键作用。

1.1.1.2 革兰氏阳性无芽孢杆菌类

（1）短杆菌经发酵可生产多种氨基酸。其主要菌种包括黄色短杆菌及其变种，还有乳糖发酵短杆菌等。此外，它们还参与核苷酸类产物的生产，如 ATP、IMP 等。

（2）棒状杆菌主要用于高效生产谷氨酸、5'- 核苷酸等化合物。其主要菌种有谷氨酸棒状杆菌和北京棒状杆菌等。

（3）乳酸杆菌在生产乳酸和发酵乳制品中扮演重要角色，如德氏乳酸杆菌用于乳酸生产，保加利亚乳杆菌亚种等用于酸奶和干酪的制作。

（4）双歧杆菌在微生态制剂的生产中至关重要，对肠道健康有积极影响，并具有多种保健功能。

（5）丙酸杆菌主要用于生产丙酸和维生素 B_{12}。其主要菌种包括薛氏丙酸杆菌和傅氏丙酸杆菌。

1.1.1.3 革兰氏阳性芽孢杆菌类

（1）枯草芽孢杆菌是生产各种酶制剂如 α- 淀粉酶、蛋白酶的重要菌种。

（2）其他芽孢杆菌如嗜热脂肪芽孢杆菌和环状芽孢杆菌等，在生产特定酶类中发挥作用。

（3）芽孢梭菌如丁酸梭状芽孢杆菌和巴氏芽孢梭菌，分别能生产丁酸和己酸，对白酒的香型形成有重要作用。

1.1.1.4 革兰氏阳性球菌类

（1）微球菌在氨基酸、酶类和有机酸的生产中具有重要作用，如谷氨酸微球菌用于生产多种氨基酸。

（2）链球菌不仅用于生产抗菌肽如乳链球菌肽，还参与乳制品的生产过程。

（3）明串珠菌在生产右旋糖酐和葡萄糖异构酶方面表现出色，这些产品在医疗、食品和生化试剂等领域有广泛应用。

1.1.2 发酵食品常用的酵母菌及用途

1.1.2.1 酿酒酵母

酿酒酵母俗称"啤酒酵母",是发酵工业中的佼佼者,尤其在酒精和酒类生产中占据重要地位。

(1)可将淀粉质原料高效转化为酒精,用于酿造各类酒品,如白酒、葡萄酒和果酒,同时也是啤酒酿造的关键菌种。

(2)可用于生产活性干酵母,这种酵母作为食品和饲料添加剂,能够丰富食品和饲料的营养价值,并具有助鲜作用。

1.1.2.2 卡尔斯伯酵母

(1)卡尔斯伯酵母在啤酒生产中发挥着举足轻重的作用,是国内众多啤酒品牌的首选菌种。

(2)在食品、药品和饲料酵母的生产中占有一定地位。

(3)其麦角固醇含量较高,具有提取价值。

(4)在维生素测定方面,它也展现出优异的性能。

1.1.2.3 异常汉逊氏酵母

(1)异常汉逊氏酵母能为食品增添独特风味,通过产生乙酸乙酯等香味成分,提升白酒、清酒和酱油的口感。

(2)能利用多种碳源生产菌体蛋白,可作为优质的饲料添加剂。

(3)在发酵食品制造中,它可以与多种微生物协同作用,创造出丰富多样的食品口感。

1.1.2.4 产朊假丝酵母

产朊假丝酵母的蛋白质含量和维生素含量丰富,能够利用工业废料进行生长,是生产酵母蛋白的优选菌种。

1.1.2.5 球拟酵母

（1）球拟酵母具有将葡萄糖高效转化为甘油等多元醇的能力。
（2）球拟酵母能利用烃类生产菌体蛋白,为饲料行业提供新的蛋白来源。
（3）在有机酸和油脂的生产中,球拟酵母具有潜在应用价值。

1.1.2.6 红酵母

（1）红酵母的脂肪含量高,是提取脂肪的理想菌种。
（2）某些红酵母还能合成大量的β-胡萝卜素,具有广阔的应用前景。
（3）在酶制剂的生产中,红酵母也展现出独特的优势,如青霉素酰化酶和酸性蛋白酶等。

1.1.3 发酵食品常用的霉菌及用途

1.1.3.1 根霉（*Rhizopus*）

（1）用于制曲酿酒。如米根霉、中华根霉、河内根霉、代氏根霉以及白曲根霉等,都因具有强大的淀粉糖化能力而被广泛应用于酿酒过程中。它们常被选作糖化菌,与酵母菌结合使用,共同参与到小曲的制作中,这是生产小曲米酒不可或缺的环节。根霉的糖化作用为酒液带来特有的甜度,同时它还能产生少量的乙醇和乳酸。这些物质进一步反应生成的乳酸乙酯,为小曲米酒增添了独特而迷人的风味。此外,根霉还被单独用来制作甜酒曲,以糯米为主要原料,酿造出深受人们喜爱的甜酒或黄酒等传统饮料酒。

（2）葡萄糖的生产。上述所列举的根霉均含有丰富的淀粉酶,其中糖化型淀粉酶与液化型淀粉酶的比例高达3.3∶1,显示出其糖化型淀粉酶的丰富性和强大的活力。这种酶能有效地切断淀粉结构中的 $\alpha-1,4$ 键和 $\alpha-1,6$ 键,进而将淀粉高效转化为高纯度的葡萄糖。因此,利用根霉产生的糖化酶,再辅以 α-淀粉酶,便可通过酶法生产出葡萄糖。

(3)酶制剂的制造。少孢根霉和代氏根霉是生产淀粉糖化酶和脂肪酶的主要菌种,而果胶酶则主要由匍枝根霉生产。

(4)有机酸的生产。米根霉在产 L(+)-乳酸方面具有显著能力;而匍枝根霉和少孢根霉的某些菌株则能生产出反丁烯二酸(富马酸)和顺丁烯二酸(马来酸)。

(5)发酵食品的制作。匍枝根霉、米根霉以及少孢根霉在豆类和谷类食品的发酵过程中发挥着重要作用。例如,它们被用于制作传统的大豆发酵食品——丹贝。

1.1.3.2 毛霉(*Mucor*)

(1)发酵生产大豆制品。毛霉因其强大的蛋白酶活性和高效的大豆分解能力,被广泛应用于大豆制品的发酵过程中。例如,常见的霉菌型腐乳,就是通过毛霉发酵生产的。四川特色的豆豉也是利用总状毛霉发酵精心制作而成的。

(2)生产多种酶类。毛霉能产生多种酶类,满足不同工业生产的需求。例如,雅致放射毛霉是蛋白酶的重要生产者;而高大毛霉、鲁氏毛霉和总状毛霉等则能产出淀粉糖化酶;在脂肪酶的生产上,高大毛霉表现出色;对于果胶酶的生产,爪哇毛霉是优选菌种;至于凝乳酶,微小毛霉、灰蓝毛霉以及刺状毛霉都是不错的选择。

(3)生产有机酸、醇、酮。毛霉在有机酸、醇、酮的生产中也发挥着重要作用。例如,多数毛霉都能产生草酸;鲁氏毛霉等则能生产出乳酸和甘油;高大毛霉和鲁氏毛霉可以产出琥珀酸;而总状毛霉和高大毛霉则是 3-羟基丁酮的重要生产者。

1.1.3.3 犁头霉(*Absidia*)

(1)生产糖化酶。犁头霉在生产糖化酶方面发挥着关键作用,这种酶被广泛应用于酒曲的制作和酿酒过程中。例如,蓝色犁头霉就是一种常被用于此目的的菌种。

(2)生产 α-半乳糖苷酶。犁头霉还能生产 α-半乳糖苷酶,这种酶在制糖工业中具有重要作用,能有效提高制糖的产率。例如,李克犁头霉和灰色犁头霉等菌种就是 α-半乳糖苷酶的优秀生产者。

1.1.3.4 曲霉（*Aspergillus*）

（1）生产传统发酵食品。米曲霉作为黄曲霉群的一员，因其高活性的酸性蛋白酶和淀粉酶而被广泛应用于生产传统大豆发酵食品，如酱油、豆酱等。由于黄曲霉群中的某些菌株会产生黄曲霉毒素，因此，对相关食品的安全性检测至关重要。

（2）生产多种重要的酶制剂。曲霉属的菌种能够产生多种具有强大活力的酶，这些酶在食品、发酵和医药行业有着广泛应用。例如，黑曲霉产生的糖化酶在淀粉转化为葡萄糖的过程中发挥着关键作用；其产生的酸性或中性蛋白酶在食品加工和医药消化剂中有着重要应用；果胶酶用于果汁和果酒的澄清等工艺。此外，曲霉还能产生葡萄糖氧化酶、纤维素酶、半纤维素酶以及其他多种酶类，这些酶在各个领域发挥着重要作用。

（3）生产柠檬酸。曲霉是目前工业上发酵生产柠檬酸的主要菌种。柠檬酸在食品、医药和化学等多个领域都有广泛应用。

（4）生产多种其他有机酸。除了柠檬酸，曲霉还能生产葡萄糖酸、抗坏血酸、没食子酸以及衣康酸等多种有机酸，这些有机酸在各个领域都有其独特的应用价值。例如，葡萄糖酸和抗坏血酸在食品和医药行业有着广泛应用；而没食子酸和衣康酸则在化工和其他行业中发挥着重要作用。

1.1.3.5 红曲霉（*Monascus*）

（1）生产食用红色素。紫色红曲霉和红色红曲霉等菌种具有产生鲜红色素的能力，被称为"红曲霉红素"和"红曲霉黄素"，可以以培养物、菌体粉末或色素提取物的形式作为食用红色素使用。

（2）生产传统发酵食品。红曲霉在传统酿造食品中扮演着重要角色，被用于酿造红酒、红露酒、老酒，以及制作曲醋、红曲和红腐乳等。

（3）生产葡萄糖。红曲霉能够产生具有较强活力的淀粉糖化酶和麦芽糖酶，这些酶在葡萄糖的生产过程中发挥着关键作用。

（4）制中药神曲。红曲霉还被用于制作中药神曲，这种药物具有消食、活血、健脾胃,以及治疗赤白痢等功效。

1.1.3.6 青霉(*Penicillium*)

(1)生产有机酸。多种青霉菌种,如产黄青霉、点青霉和产紫青霉,都具备生产葡萄糖酸的能力;点青霉和产黄青霉还能产生柠檬酸;抗坏血酸也可以由点青霉和产黄青霉生成。

(2)生产多种酶类。青霉属的菌种能够产生多种酶类,这些酶在各个领域都有广泛应用。例如,葡萄糖氧化酶可以由点青霉、产紫青霉和产黄青霉产生;产黄青霉则能形成中性和碱性蛋白酶,以及青霉素酰化酶。此外,橘青霉能形成5′-磷酸二酯酶,这种酶能水解RNA,产生5′-单核苷酸和I+G助鲜剂。在脂肪酶的生产上,橘青霉和娄地青霉表现出色;橘青霉还能产生凝乳酶,而产紫青霉能形成真菌细胞壁溶解酶。

1.2 发酵食品的滋味特性及其形成机制

1.2.1 发酵食品的基础味感及其呈味机制

滋味是通过人类的味蕾感受到的一种非挥发性的风味特性,它可以分为六种不同的类型:酸味、甜味、苦味、咸味、鲜味和厚味。在品尝食物时,食物中的可溶成分会与唾液混合,或与舌头上的味蕾发生反应。这些反应产生的信号通过味觉神经传递到神经中枢,并最终在大脑皮层形成人们对食物特有口感的认知。

食物在经过发酵过程后,能够产生和积累许多风味物质。这些物质中,既有挥发性的,如醛类、醇类和酯类,它们赋予发酵食物独特的气味;也有非挥发性的,如糖类、有机酸、氨基酸和核苷酸等,它们是决定发酵食物滋味的关键因素。发酵食物的味道通常十分浓郁,主要表现为酸、鲜、咸,这与参与发酵的微生物的代谢活动息息相关。

在食品发酵过程中,常用的微生物包括乳酸菌、酵母菌和霉菌等。这些微生物通过代谢活动产生各种风味物质。例如,乳酸菌会产生酸类、醇类、氨基酸和多肽等,赋予发酵食品酸味和鲜味,如发酵的蔬菜、奶制品和肉制品等。酵母菌则能产出醇类、游离脂肪酸和游离氨基酸等,为发酵食品增添鲜味和甜味,如发酵的谷物和肉制品等。而霉菌在发酵过程中会产生酯类、糖类、氨基酸和多肽等,带给发酵食品甜味和鲜味,如发酵的豆制品。此外,为了延长食品的保存时间,发酵调味品、蔬菜和肉制品中经常会加入大量的食盐,这不仅为食品增添了咸味,还强化了其鲜味。

食物的各种滋味都是由其内部的化学分子所决定的。目前,有三种主要的方法常用来分析和评价食物的滋味。第一种是化学分析,通过测量滋味活性值(TAV值)来评估每种呈味物质对滋味的贡献。这种方法忽略了各种物质之间的相互作用。第二种是人工感官分析,基于人的感知来反映食品滋味的大致特征。这种方法受到个人主观因素的影响,无法提供精确的数据。第三种是智能感官分析,这种方法使用电子舌来进行分析,既客观又可以量化。近年来,分子感官科学结合了仪器和人体的感官,可以在分子层面对风味进行定性、定量和描述,从而深入分析食品中的风味化合物组成。

关于发酵食品的六种味感,其对应的受体细胞/受体、通路、刺激成分以及典型的发酵食品来源,可以参见表1-1的详细描述。

表1-1 六种味感对应的受体细胞/受体、通路、刺激成分和典型发酵食品来源[①]

味感	受体细胞/受体	通路	刺激成分	典型发酵食品来源
酸味	Ⅲ型受体细胞/OTOP1	OTOP1通道	有机酸(乙酸、乳酸、琥珀酸、苹果酸和酒石酸等)和酸味肽(Glu-γ-Ala 和 γ-Glu-Tyr 等)等	食醋、香肠、臭鱼和酱油等
甜味	Ⅱ型受体细胞/(Tas1R2/Tas1R3)	βγ-味导素-PLCβ2-TRPM5通路	糖类和糖醇类(葡萄糖、蔗糖、木糖醇和甘露醇等)、甜味氨基酸(脯氨酸、丙氨酸、丝氨酸)、甜味肽(EAGIQ、LPEEV 等)及酯类(乙酸乙酯、己酸乙酯等)等	白酒、酱油、红茶和香肠等

① 覃芳丽,邹宇晓,王思远,等.发酵食品的滋味特性及其形成机制研究进展[J].食品与发酵工业,2024,50(10):388-396.

续表

味感	受体细胞/受体	通路	刺激成分	典型发酵食品来源
苦味	II型受体细胞/Tas2Rs	α-味导素-PDE-cNMP通路和βγ-味导素-PLCβ2-TRPM5通路	苦味肽(Ile-Val、Ile-Asp、Leu-Asp-Pro 和 FLET 等)、苦味氨基酸(甘氨酸、亮氨酸、酪氨酸和苯丙氨酸等)、醇类(异丁醇和异戊醇等)和酯类(乳酸乙酯等)等	干酪、火腿、酱油、腐乳和白酒等
咸味	I型、II型和III型受体细胞/ENaC	EnaC通道和CALHM1/3通道	Na^+、K^+、Ga^{2+} 和 Mg^{2+}、Cl^- 等离子以及咸味肽(Arg-Pro、Arg-Gly 和 Glu-γ-Glu 等)等	臭鳜鱼、酱油、鱼酱、豆腐乳和奶酪等
鲜味	II型受体细胞/(Tas1R1+Tas1R3)、mGluR	α-味导素-PDE-cNMP通路和βγ-味导-PLCβ2-TRPM5通路	鲜味氨基酸(谷氨酸和天冬氨酸及其钠盐)、核苷酸(AMP 和 IMP 等)和鲜味肽(Glu-Glu、Glu-Leu 和 GGEE 等)等	甜面酱、鱼露和酱油等
厚味	II、III型受体细胞/CaSR	βγ-味导素-PLCβ2-TRPM5通路	谷胱甘肽、γ-谷氨酰肽(γ-Glu-Val-Gly、γ-Glu-Gln 等)、乳酰氨基酸和乙酰氨基酸等	酱油、火腿、鱼露和鲣鱼等

1.2.2 发酵食品的风味形成机制

在食品发酵过程中,会发生一系列的生物化学转化,这包括蛋白质的分解、脂质的氧化分解以及碳水化合物的降解等。这些反应会产生众多的挥发性与非挥发性风味成分,从而赋予发酵食品特有的风味特性。

1.2.2.1 蛋白质分解与风味形成

蛋白质分解对发酵产品增添独特风味起到了至关重要的作用。在食品加工过程中,内源性的酶或者由微生物产生的蛋白酶会将原料中的蛋白质分解成氨基酸和多肽。这些分解产物会经过进一步的酶催化或化学变化,转化为其他化合物。这些新生成的化合物是构成食品风味前体的核心成分。例如,谷氨酸和天门冬氨酸是能够带来鲜美滋味的两种关键氨基酸。特别是当谷氨酸与钠离子相结合,会产生谷氨酸钠,这种物质能显著提升食品的鲜美度。甘氨酸和丝氨酸等赋予食品甜味,而苯丙氨酸和异亮氨酸等则有助于酸味的提升。这些化合物共同作用,为发酵食品带来了鲜美、甜润和酸爽等多样化的口感体验。在蛋白质分解时释放的游离氨基酸能与脂肪氧化时生成的羰基化合物发生反应,这种被称为美拉德反应的过程会进一步产生具有挥发性的风味物质。在蛋白质的初步分解阶段,可能会产生具有苦味的肽类,给食品带来一定的苦味。在肉制品的发酵和陈化过程中,蛋白质的水解是一个不可或缺的环节。在发酵初期,肌浆蛋白和肌原纤维蛋白主要由肌肉自身的酶分解为小分子肽,此时微生物酶的参与相对较少。随着发酵过程的深入,微生物酶会更多地参与到蛋白质的水解中,通过代谢或直接分泌胞外蛋白酶来分解肌肉中的蛋白质,进而生成多肽、氨基酸及其衍生物。

1.2.2.2 脂质分解氧化与风味形成

脂质分解与氧化在肉制品风味的塑造中扮演着至关重要的角色。在发酵过程中,这一系列的生化反应能够产生对肉制品风味有显著影响的物质,如脂质氧化产物和游离脂肪酸等。在肉类发酵过程中,酸性脂肪酶和酸性磷酸酶是最为重要的两种酶类。它们能够分解单甘油酯、甘油二酯、甘油三酯以及磷脂,从而生成游离脂肪酸。这些游离脂肪酸为发酵食品增添了一丝酸味,更重要的是,当这些游离脂肪酸进一步氧化后,能够形成具有香气的化合物,对发酵食品的整体风味产生较大影响。此外,甘油三酯也能在分解过程中释放出脂肪酸和不饱和脂肪酸,而脂肪酶和磷脂酶则分别作用于三酰基甘油和磷脂,从而释放出作为风味前驱物质的游离脂肪酸。

1.2.2.3 碳水化合物降解与风味形成

碳水化合物是微生物赖以生存和繁衍的基础物质。在微生物的作用下,这些碳水化合物经过发酵会生成多种能够影响食品味道和香气的化合物。例如,乳酸菌等微生物能够利用碳水化合物作为它们生长和繁殖所需的碳源,通过糖酵解产生乳酸、乙酸和丙酮酸等有机酸。这些有机酸为发酵食品提供了主要的酸味。

随着乳酸等有机酸的不断积累,环境的 pH 值会逐渐降低。这种酸性的增强有助于蛋白质的凝固和水分子的释放。同时,它也激活了组织蛋白酶和酸性脂肪酶,使它们能够更有效地分解蛋白质和脂质。这一过程产生了更多的小分子肽、氨基酸衍生物以及游离脂肪酸,这些物质都为食品增添了丰富的味道。乳酸的含量对产品的最终口感有着显著的影响。如果乳酸含量过高,食品可能会带有过重的酸味,从而影响整体的口感平衡。

1.3 食品发酵过程的生化机理

1.3.1 微生物的生长繁殖及食物大分子的降解

微生物在生长繁殖中不断地与周围环境进行物质和能量的交换,它们通过摄取外部能量来支持自身的生命活动和繁殖,同时实现代谢产物的转化,涉及合成和分解两个方面。

1.3.1.1 微生物的生长繁殖

在有利的环境条件下,微生物会不断地吸收养分,进行自身的代谢活动。当它们的同化作用超过异化作用时,细胞的数量会增多,体积会增大,这就是生长;而微生物的生长常常伴随着细胞数量的增加,从而导致个体数量的增加,这就是繁殖。生长和繁殖是一个交替进行的过程。在环境条件有利时,微生物会正常生长,繁殖速度也会加快;在环境条件发生变化并超出了微生物的适应能力时,就会对其产生抑制作用。

1. 微生物的生长规律

在特定的培养条件下,微生物的生长遵循一定的规律,通常可以分为适应期、对数期、稳定期和衰亡期四个阶段。

（1）适应期。适应期也被称为"迟缓期"，是指微生物从被接种到新的培养基中开始，到其开始正常繁殖之前的这段时间。在这个阶段，微生物细胞的数量基本上不增加，但会为细胞分裂做准备，如细胞体积的增大和 DNA 含量的增加。微生物细胞在这个阶段会适应新的环境，并合成必要的酶类、辅酶或中间代谢产物。例如，当巨大芽孢杆菌被接种到新的培养基后，其细胞长度会明显增加，代谢活动也会变得非常活跃。微生物细胞的适应期会受到菌种本身（如遗传性和菌种代数）和外部环境因素（如培养基）的影响。在发酵工业生产中，为了提高生产效率，通常会采取措施来缩短适应期。例如，使用对数期的菌种并适当增加接种量，或者尽量保持微生物的原培养基和接种后培养基的营养成分一致。

（2）对数期。在适应新环境并完成细胞分裂的准备工作之后，微生物会进入一个细胞生长最快的阶段。在这个阶段，细胞内的各种酶系统都非常活跃，代谢旺盛，细胞数量以几何级数增加。

（3）稳定期。在经历了一段时间的对数生长后，微生物细胞的数量开始趋于稳定。此时新繁殖的细胞数与死亡的细胞数基本相等，达到了一种动态平衡。在这个阶段，细胞的活力逐渐减弱，而代谢产物开始大量积累。有些代谢产物可能会对微生物的活动产生负面影响，从而逐渐形成了不利于微生物生长的环境。稳定期是获取代谢产物的最佳时机，此时细胞数量达到最大值，这也是收获菌体的最佳时期。在实际发酵生产中，为了获得更多的发酵产物，通常会采取措施来延长稳定期，如添加培养基、调节温度和 pH 值等。

（4）衰亡期。当微生物细胞经过稳定期后，会进入衰亡期。在这个阶段死亡的细胞数会超过新繁殖的细胞数，导致活细胞的总数减少。这些细胞通常会表现出膨胀、不规则的退化和多液泡等特征，甚至有些细胞会出现自溶现象。衰亡期出现的主要原因是培养基中的营养成分已经被消耗殆尽，同时代谢产物的大量积累以及微生物生长环境中 pH 值和氧化还原电位的改变已经不再适合微生物的生长。这些因素导致微生物细胞内的分解代谢超过合成代谢，最终导致菌体死亡。

2. 连续培养

连续培养技术,是当微生物在分批培育方式下培养至对数增长期的后期时,以一定的速率向发酵罐中注入新鲜培养基,并同时以相同的速率排出发酵物,以保持培养物的动态平衡。这样,微生物可以长时间维持在对数增长期,从而持续产生代谢产物。连续培养不仅提高了发酵产物的生产效率,还推动了发酵自动化的进步。连续培养主要分为恒浊连续培养和恒化连续培养两种类型。

(1)恒浊连续培养。该方法利用光电控制系统,通过监测培养液的浊度来分析微生物的细胞浓度。调节培养液的流速,可以获得细胞密度高且生长速度稳定的微生物细胞培养液。在实际生产中,为了获取大量的菌体或与菌体数量相对应的代谢产物,可以采用恒浊连续培养方法。

(2)恒化连续培养。此方法是通过保持恒定的培养液流速,使微生物以一定的生长速度(低于其最高生长速度)进行培养。在恒化培育过程中,某种营养物质被设定在低浓度(作为限制因子),而其他营养物质则保持充足。微生物的生长速度取决于限制因子的量。随着微生物细胞的生长,限制因子的含量逐渐降低,而恒定流速的培养液注入又补充了限制因子的量,从而使微生物保持稳定的生长速度。

3. 同步培养

在微生物的发酵过程中,虽然细胞以一定的速度生长,但这些细胞并非都处于相同的生长阶段。为了深入研究每个细胞的变化情况,需要确保细胞都处于相同的生长阶段。获取这种同步细胞主要有两种方法:一种是通过离心法或过滤法来分离出体积相对较小的细胞,这些细胞往往是新近完成分裂的;另一种方法是通过调控外部环境因素,如调整温度、光照条件或在培养基中添加特定成分,来诱导细胞进入相同的生长阶段。然而,由于细胞间存在个体差异,随着培育的进行,这些原本同期的细胞在经过几代分裂后,其生长阶段可能会逐渐失去同步性。

4.影响微生物生长的因素

微生物的生长不仅受到培养基成分的影响,还受到多种外界环境因素的制约。深入理解这些影响因素对于指导食品发酵过程具有重要意义。

(1)温度对微生物生长的影响。温度是影响微生物生长的一个核心因素。不同的微生物有其特定的适宜生长温度区间,包括生长的最低、最适和最高温度。例如,酵母菌和霉菌通常在 25～28℃时生长最佳,而腐生性细菌则在 30～35℃时最为活跃。人体和动物体内的微生物则更适应37℃的环境。在低温下,微生物的生长会减缓,某些微生物甚至能在极低的温度下保持长时间的活性。但过低的温度,如0℃以下,可能会对微生物造成致命伤害,因为细胞内的水分会形成冰晶,破坏细胞结构。而高温则会使微生物细胞内的蛋白质和酶失去活性,从而达到灭菌的效果。在发酵过程中,可以通过调整温度来控制微生物的生长和代谢产物的产生,从而确保产品的质量。

(2)氧气对微生物生长的影响。微生物对氧气的需求因其生理特性而异。根据微生物对氧的需求,可以将它们分为专性好氧菌、兼性厌氧菌、微好氧菌、耐氧菌和厌氧菌等。这些微生物通过不同的方式获取能量,如呼吸、发酵或无氧呼吸。在发酵过程中,可以通过控制氧气的供应来调节微生物的生长和代谢。例如,在啤酒生产过程中,早期提供充足的氧气可以促进酵母的繁殖,而在后期则需要限制氧气以防止有氧呼吸对乙醇发酵的干扰。

(3)pH值对微生物生长的影响。每种微生物都有其适应的pH值范围。pH值通过影响细胞膜的稳定性、通透性以及物质的溶解度来影响微生物对营养物质的吸收。pH值还会影响酶的活性,在发酵过程中,随着营养物质的消耗和代谢产物的积累,体系的pH值会发生变化。为了维持恒定的pH值环境,通常会添加缓冲液。根据不同的生长阶段和生理生化过程,还需要适当调整pH值以优化发酵效果。

(4)水分对微生物生长的影响。水是微生物生命活动中不可或缺的物质。它不仅是营养物质和代谢产物的溶剂或传递介质,还具有调节微生物温度的作用。每种微生物都有其适宜生长的水分活度范围。当环境中的水分活度低于某个临界值时,微生物的生长会受到抑制甚至死亡。在食品贮藏过程中,降低水分活度,可以延长食品的保质期,是一种有效的防腐方法。

1.3.1.2 食物大分子的降解

食品发酵过程中的原料,主要包含如淀粉、蛋白质和脂肪等大分子物质。这些物质通过微生物的代谢作用,转化为小分子物质,如醇类、有机酸和氨基酸等。这个过程实际上就是食品发酵。

1. 淀粉的降解

淀粉主要由直链淀粉和支链淀粉构成,自然状态下的淀粉,直链淀粉大约占20%,而支链淀粉则占80%。直链淀粉由α-1,4-糖苷键连接的葡萄糖组成,包含约250～300个葡萄糖单位;而支链淀粉的葡萄糖单位,除了以α-1,4-糖苷键连接外,还在分支处以α-1,6-糖苷键进行连接。

淀粉酶是一类能够催化淀粉糖苷键水解的酶,常见的淀粉酶包括α-淀粉酶、β-淀粉酶、葡萄糖淀粉酶、葡萄糖苷酶、普鲁兰酶以及异淀粉酶。

(1)α-淀粉酶。此酶能在淀粉分子内部随机切断α-1,4-糖苷键,但对α-1,6-糖苷键无效。经过α-淀粉酶处理后,淀粉溶液的黏度会降低,主要产生糊精、麦芽糖和少量葡萄糖。常用的α-淀粉酶主要来自微生物,如芽孢杆菌和米曲霉等。特别地,耐高温α-淀粉酶是一种新型的液化酶制剂,其热稳定性超过90℃。由于其出色的热稳定性和储存运输的便利性,现已被广泛应用于啤酒酿造和酒精生产。

(2)β-淀粉酶。此酶从非还原性末端开始,以麦芽糖为单位,依次水解淀粉分子的α-1,4-糖苷键,生成麦芽糖和大分子的β-极限糊精。但它不能作用于α-1,6-糖苷键,也无法跨越这一键。β-淀粉酶主要由假单胞菌、多黏芽孢杆菌和部分放线菌产生,而工业上所用的β-淀粉酶则主要从植物(如麦芽)中提取。在食品工业中,β-淀粉酶被用于制造麦芽糖浆、啤酒、面包和酱油。特别是在啤酒生产中,使用β-淀粉酶可以适当地用大米替代部分大麦芽,从而降低生产成本。

(3)葡萄糖淀粉酶。此酶能从非还原末端开始,依次水解α-1,4-糖苷键,同时也可缓慢水解α-1,6-糖苷键和α-1,3-糖苷键。这种酶主要来自根霉和黑曲霉。

（4）葡萄糖苷酶。此酶同样从淀粉分子的非还原性末端开始，逐个切断α-1,4-糖苷键，生成葡萄糖。它还能水解支链淀粉分支点的α-1,6-糖苷键。这种酶主要从霉菌中提取。

（5）普鲁兰酶。此酶也被称为"支链淀粉酶"，能水解普鲁兰糖的α-1,6-糖苷键。同时，它还能水解α-和β-极限糊精中由2～3个葡萄糖残基构成的侧链分支点的α-1,6-糖苷键。

（6）异淀粉酶。此酶能水解支链淀粉和糖原等高分子多糖的α-1,6-糖苷键，从而将侧链切断，生成较短的直链淀粉。它主要用于水解由α-和β-淀粉酶产生的极限糊精。

2.蛋白质的降解

微生物对蛋白质的降解和利用包含两个步骤。首先，微生物会分泌蛋白酶到体外，这些蛋白酶将蛋白质分解成小分子的多肽或氨基酸。随后，微生物会吸收这些小分子，进一步在细胞内部进行分解，或者直接利用这些小分子。能够产生蛋白酶的微生物种类包括细菌、放线菌以及霉菌。值得注意的是，微生物在分解蛋白质过程中，胞外酶大多是内肽酶，而胞内酶则通常是端肽酶。

在氨基酸的分解过程中，微生物主要通过脱氨和脱羧两种方式进行。脱氨作用涵盖了几种不同的机制，如氧化脱氨、还原脱氨、水解脱氨、减饱和脱氨以及脱水脱氨。脱羧作用则是由特定的脱羧酶来完成的，这一过程会产生胺和二氧化碳。

3.脂类的降解

脂质是生物体内一类不溶于水但可溶于有机溶剂的化合物，它包括油脂和类脂两大类。油脂是由一个甘油分子和三个脂肪酸分子结合而成的三酰甘油酯。而类脂则是由脂肪与其他化合物如磷酸、糖类和蛋白质结合形成，主要包括磷脂和糖脂等。

在脂肪酶的作用下，脂肪可以被水解为甘油和脂肪酸。微生物能够通过β-氧化的方式来分解脂肪酸。在β-氧化过程中，脂肪酸的碳链从羧基端开始，每次氧化断裂会失去两个碳原子。这些裂解产物最终会通过三羧酸循环（TCA）被完全氧化。

β-氧化过程发生在原核细胞的细胞膜或真核细胞的线粒体内,具体步骤如下：首先,脂肪酸在脂肪酸激酶的作用下转化为脂酰CoA；接着,脂酰CoA通过酶的催化发生脱氢反应,生成烯脂酰CoA；然后,烯脂酰CoA在酶的催化下加水,转化为β-羟脂酰CoA；随后,β-羟脂酰CoA在脱氢酶的作用下再次脱氢,生成β-酮脂酰CoA；最后,在β-酮硫解酶的催化下,β-酮脂酰CoA与CoASH结合并裂解,产生乙酰CoA和一个碳链比原脂肪酸短两个碳原子的脂酰CoA。这个裂解过程会不断重复,直到脂酰CoA被完全分解。

4. 纤维素的降解

纤维素是自然界中普遍存在的物质,是构成植物细胞壁的主要部分。它是由葡萄糖分子通过β-1,4-糖苷键连接构成的高分子化合物,性质相当稳定,不易分解,只有在纤维素酶的作用下才能实现降解。这些纤维素酶包括C1酶、Cx酶以及β-葡萄糖苷酶。

C1酶,一种糖蛋白,主要由甘露糖、半乳糖、葡萄糖和氨基葡萄糖等构成,显示出较高的热稳定性。

Cx酶有两种类型：Cx1酶和Cx2酶,分别执行内切和外切纤维素酶的功能。Cx1酶在水合非结晶纤维素分子内部对β-1,4-糖苷键产生作用,而Cx2酶则从水合非结晶纤维素的非还原端对β-1,4-糖苷键进行作用。

β-葡萄糖苷酶则是一类特殊的酶,能够催化纤维素和纤维低聚糖等糖链末端的非还原性β-D-葡萄糖苷键水解。这种酶在自然界中广泛存在,包括植物、动物、丝状真菌、酵母菌和细菌中都能找到。在食品加工业中,β-葡萄糖苷酶不仅能分解纤维素,还能用于改善果酒如葡萄酒的风味。能产生这些纤维素酶的菌种包括绿色木霉、康氏木霉以及一些放线菌和细菌。

5. 果胶质的降解

果胶,这一由半乳糖醛酸借由α-1,6-糖苷键相互连结形成的大分子直链化合物,普遍存在于植物细胞的间隙中。它不仅对细胞组织起到了软化和黏合的关键作用,同时也是植物抵御病原微生物侵入的一道自然防线。

在果胶的分解过程中,果胶酶扮演着至关重要的角色,主要包含果胶酯酶和多聚半乳糖醛酸酶两大类。这些酶在植物、霉菌、细菌和酵母中都有广泛的分布。果胶酯酶能将果胶分解成果胶酸和甲醇,这一特性使其在食品工业中常被用于制备低甲氧基果胶,同时也被应用于果汁的澄清处理。

多聚半乳糖醛酸酶,根据它分解半乳糖醛酸的方式差异,可进一步细分为内切和外切多聚半乳糖醛酸酶两类。

1.3.2 微生物的中间代谢及小分子有机物的形成

1.3.2.1 分解代谢和合成代谢

微生物的物质代谢由分解代谢与合成代谢共同构成。分解代谢是微生物将大分子物质分解成小分子,并从中释放能量的过程。在此过程中,大分子如蛋白质、糖类和脂肪首先被分解为氨基酸、单糖和脂肪酸。小分子再进一步被分解为乙酰辅酶A、丙酮酸等中间代谢产物。最终,这些中间产物会进入三羧酸循环,被彻底分解为 CO_2,并伴随大量 ATP 的产生。

分解代谢不仅为微生物提供必要的 ATP 和还原力 [H],还为其提供小分子中间代谢产物。相对而言,合成代谢是微生物利用这些能量、中间代谢产物和小分子物质来合成更复杂的物质。两者之间存在紧密的联系:分解代谢为合成代谢提供所需的能量和原料,而合成代谢则为分解代谢奠定基础。

微生物的重要代谢途径包括糖酵解途径(EMP)、磷酸戊糖途径(HMP)、2-酮-3-脱氧-6-磷酸葡萄糖酸裂解途径(ED)以及三羧酸循环(TCA)。许多营养成分在经过初步分解后,都会进入这些途径进行进一步的降解。

(1)EMP。EMP 是一个过程,其中葡萄糖被分解成丙酮酸,并伴随 ATP 的生成。此过程可划分为两个阶段:在第一阶段,葡萄糖经过酶促反应转化为 3-磷酸甘油醛,消耗 ATP;第二阶段则产生 ATP,并将 3-磷酸甘油醛转化为丙酮酸。通过 EMP,葡萄糖最终转化为丙酮酸,并生成ATP。这些丙酮酸有多个转化方向,包括进入TCA循环、转化为乙醇或乙酸,或通过丙酮酸旁路形成乙酰辅酶A。

(2)HMP。HMP可以分为三个主要阶段,最终将6-磷酸葡萄糖转化为3-磷酸甘油醛,后者可以进入EMP并进一步转化为丙酮酸,最终通过TCA循环进行氧化。HMP为核苷酸、核酸和多糖的合成提供了原料。例如,乳酸菌可以利用葡萄糖通过HMP产生多种发酵产物,如乳酸、乙醇和乙酸。

(3)ED。ED在革兰氏阴性菌中较为常见。在此过程中,葡萄糖首先消耗ATP生成6-磷酸葡萄糖,然后经过一系列反应转化为丙酮酸。尽管ED中的某些产物可以进入EMP,但ED可以独立于EMP和HMP存在。多种假单胞菌和固氮菌中都存在ED途径。

(4)TCA。TCA在微生物的呼吸代谢中具有核心作用,它是糖、脂肪和蛋白质代谢的交汇点。在TCA中,丙酮酸经过一系列反应最终被彻底氧化为二氧化碳和水,并释放能量。此外,TCA还为多种物质的合成提供了前体物,如柠檬酸等。这些产物在发酵工业中具有重要的应用价值。例如,黑曲霉可以利用葡萄糖发酵生产柠檬酸,而葡萄糖首先通过EMP转化为丙酮酸,然后经过一系列反应最终合成柠檬酸。同样地,在发酵工业中生产L-谷氨酸也涉及TCA途径。TCA的速度受到细胞对能量和中间代谢产物的需求的双重影响,并由特定的酶进行调控。

1.3.2.2 小分子有机物的形成

(1)氨基酸的生物合成。氨基酸是至关重要的生物分子,是多种生物活性物质如激素、核酸碱基及某些维生素的前体。作为蛋白质的基石,氨基酸在现代工业中的需求持续增长。多种微生物,包括大肠杆菌,其他细菌、真菌和固氮菌,均可用于生产氨基酸。这些氨基酸的生物合成与EMP、HMP及TCA等核心代谢途径紧密相连。这些途径的中间产物能进一步转化为各种氨基酸。例如,EMP中的3-磷酸甘油酸可进一步转化为丝氨酸和半胱氨酸,而丙酮酸则可生成丙氨酸、缬氨酸和亮氨酸。同样,HMP中的磷酸核糖能参与苯丙氨酸、酪氨酸和色氨酸的合成。在TCA中,草酰乙酸和α-酮戊二酸也分别参与多种氨基酸的合成。氨基酸的合成是一个复杂且需要多种酶参与的生物化学过程,其中NADPH值在多个氨基酸的合成中发挥关键作用。以L-苯丙氨酸为例,其合成大致经历三个阶段：首先，通过核心碳代谢生成磷酸烯醇式丙酮酸和 4- 磷酸 - 赤藓糖两种关键前体；其次，这两种前体进入莽草酸途径并转化为分支酸；最后，通过特定路径转化为 L- 苯丙氨酸、L- 色氨酸和 L- 酪氨酸。

（2）脂肪酸的生物合成。脂肪酸是脂类的重要组成部分，不仅是能量的储存形式，还是细胞膜脂的关键成分。它在保护细胞组织、防止热量损失、细胞识别和组织免疫方面发挥着不可或缺的作用。脂肪酸的生物合成主要通过从头合成途径进行，该过程以乙酰 CoA 为起始原料，在乙酰 CoA 羧化酶的催化下生成丙二酰 CoA。随后，在脂肪酸合成酶的催化下，经过一系列缩合、还原和脱水反应，最终合成脂肪酸。值得注意的是，从头合成途径主要负责合成碳链长度在 C16 以下的脂肪酸，而更长碳链的脂肪酸则通常通过延长系统催化形成。

1.3.2.3 微生物的代谢调控与有机物的形成

（1）初级代谢与次级代谢。初级代谢和次级代谢是微生物细胞内的两种代谢类型。初级代谢是微生物利用从外界吸收的营养物质，通过分解代谢和合成代谢过程，生成自身生命活动所需要的各种物质和能量的过程。此物质包括糖类、蛋白质和脂类。初级代谢是各种生物具有的一种基本代谢类型。次级代谢是指微生物以初级代谢产物为前体，通过次级代谢途径合成自身机体非必需的化合物的过程。次级代谢只存在于部分生物中。次级代谢产物有很多是重要的发酵产品，如抗生素、色素、维生素、生长激素和生物碱等。

（2）微生物的代谢调节。微生物通过一系列酶的催化作用进行各种代谢活动，因此，它们通过调整酶的合成和活性来调控代谢。

①酶合成的调节。酶合成的调节包括诱导和抑制两个过程。诱导酶是细胞为响应外部环境中的底物或其类似物而合成的酶。这种酶的合成现象被称为"诱导"，且大多数分解代谢的酶都是通过诱导合成的。酶诱导合成的分子机制可以通过操纵子理论来解释。操纵子由启动子、操纵序列和结构基因组成。启动子是 RNA 聚合酶的结合位点和转录的起始点，操纵序列位于启动子和结构基因之间，它能与调节蛋白结合。当调节蛋白的另一端与效应物结合后，调节蛋白会发生变构，失去与操纵序列的结合能力，从而使得结构基因得以转录，进而合成出相应

的酶。

在微生物的代谢过程中,当某个代谢途径的产物过量时,微生物可以通过反馈抑制来降低关键酶的活性。同时,它还可以通过反馈抑制作用来抑制相关酶的生物合成,从而减少产物的生成。这种阻碍酶生物合成的现象称为"抑制"。反馈抑制分为终产物抑制和分解代谢物抑制两种。终产物抑制是指当代谢的最终产物过量时,会抑制关键酶的合成;而分解代谢物抑制则是指当有两种底物可供微生物利用时,微生物会优先选择能使其更快生长的底物。这种底物的中间代谢产物会抑制与降解另一种底物相关的酶的合成。

②酶活性的调节。酶活性的调节是指通过调整代谢反应中各种酶的活性来控制代谢过程,这可以通过激活和抑制两个方面来实现。酶活性的激活通常出现在分解代谢中,前一个反应的产物可以激活后一个反应的酶;而酶活性的抑制主要是指代谢产物的过量积累会抑制该反应酶的活性,从而调整整个反应过程。

③次级代谢调控。代谢也受到酶活性和酶合成的调控。基础代谢产物作为次级代谢反应的前体,会对次级代谢过程进行调控。分解代谢物也会对次级代谢产生一定的影响。微生物在生长阶段需要消耗大量的碳源,而碳源的分解物会抑制次级代谢酶的合成。因此,次级代谢产物的合成通常只在碳源耗尽的稳定期进行。此外,在次级代谢中也存在反馈抑制机制。当代谢产物大量积累时,会影响相关酶的活性,从而降低产物的生成量。

1.3.3 食品产物成分的再平衡及发酵食品风味的形成

1.3.3.1 食品产物成分的再平衡

在食品的酿造过程中,存在一个独特且复杂的阶段,称为"组分的动态调整"。这一过程会持续到食品最终呈现在餐桌上。大分子的分解为食品增添了多样的成分,而合成代谢的产物则构成了食品特有风味和功能性的基石。通过这一系列涉及生物、物理和化学的多种反应的组分调整,酿造食品的色泽、透明度、香气和口感得到了进一步的提升。组分的动态调整,从广义上来看,并不仅限于发酵食品的陈化或后发酵阶段。实际上,从原料的初步处理,如粉碎和浸泡,到食品最终呈现在餐桌上,这一系列的组分调整都在不断地进行着。在整个工艺流程中,除了部分物质被完全氧化为二氧化碳、水和矿物质外,其他大部分物质都经历着复杂且往复的物理化学变化。

1.3.3.2 发酵食品风味的形成

通过微生物发酵法生产食品风味物质已成为行业内广泛应用的重要方法。食品风味,即食品成分触发人体多种感官所产生的综合感知反应。

1. 食品中风味物质的特点及分类

(1)食品中风味物质的特点。食品的风味是由众多风味物质相互交融或相互制约而形成的,这些物质种类繁多,彼此间存在着微妙的相互影响。例如,像2-丁酮、2-戊酮等一系列酮类物质,单独存在时可能无明显气味,但当它们以特定的比例混合后,就会散发出明显的气味。

这些风味物质虽然含量极低,通常在 $10^{-12} \sim 10^{-6}$ mg/kg,但它们对食品风味的影响却十分明显。例如,微量的马钱子碱(7×10^{-5} mg/kg)就足以带来明显的苦味,而水中仅需 5×10^{-6} mg/kg 的乙酸异戊酯就能散发出浓郁的水果香气。这些风味物质往往稳定性较差,容易受到外界因素的影响而发生变化。风味类型与风味物质的种类和结构之间并没有固定的规律可循。

(2)食品风味分类。食品风味可大致分为水果风味、蔬菜风味、调味品风味、饮料风味、肉类风味、脂肪风味、烹调风味、烘烤风味,以及特殊的恶臭风味等。

2. 发酵食品风味的形成途径

经过微生物的作用,食品原料中的大分子物质会被分解,其营养成分也会发生转化,同时还会孕育出独特的风味物质。发酵过程不仅丰富了食品的风味,还提升了其营养价值。为了进一步增强食品的香气,发酵完成后,食品通常会经历一个后发酵阶段。在此阶段,食品成分会经历一系列纷繁复杂的反应,这些反应有助于形成食品的特有香气。此外,为了获得理想的成分组合和香气特征,人们有时会采用人工调配或修饰的方法来调整食品的成分。

发酵食品中的香气成分及其组合相当复杂,主要包括醇类、醛类、酮类、酸类及酯类等化合物。

发酵食品香气成分的形成主要通过以下途径:①生物合成,即通过生物体直接合成香气物质,这主要是通过脂肪氧合酶催化脂肪酸进行生物合成,产生挥发性的化合物。其前体物质多为亚油酸和亚麻酸,生成的产物主要是 C_6 和 C_9 的醇类和醛类,以及由 C_6 和 C_9 脂肪酸所形成的酯类。②酶的直接作用,即酶直接催化香味前体物质转化为香气成分。③酶的间接作用,指的是酶催化反应的产物再作用于香味前体物质,进而形成香气成分。④加热作用,通过美拉德反应、焦糖化反应、Strecker降解反应等热反应可以产生特定的风味物质。此外,油脂和含硫化合物的热分解也能生成独特香气。⑤微生物的作用,微生物产生的各种酶(如氧化还原酶、水解酶等)能使原料成分分解为小分子,这些小分子经过一系列的化学反应,最终生成丰富的风味物质。值得一提的是,发酵食品的后熟过程对其独特风味的形成起到了关键作用。

1.4 中国传统发酵食品现状及前沿应用技术

1.4.1 发酵食品的现状与发展趋势

在全球范围内,欧洲和北美洲的发酵食品生产规模领先,其次是亚洲和南美洲,而非洲和大洋洲的生产规模相对较小。不同地域的发酵食品种类也各具特色,如欧洲的发酵乳制品和肉制品,中东地区的发酵乳制品,东亚和东南亚的发酵豆制品等。

近年来,我国经济快速发展,发酵食品产业也随之迅猛增长。然而,与西方国家相比,我国的发酵食品工业化程度仍然较低。目前,仅有白酒、啤酒等少数产品实现了工业化生产,许多具有地方特色的发酵食品仍然停留在小规模手工作坊的生产阶段。因此,我们急需引进新技术,从菌种选择、发酵工艺改进到产品质量标准化等方面,全面提升发酵食品行业的发展水平。

食品发酵已融合了多个学科的知识。随着科技的进步,食品发酵技术应关注以下几个方向的发展:优良菌种的筛选与培育、动植物组织培养技术、固定化技术的应用、发酵设备的研发、发酵产物的分离纯化、非热杀菌技术的开发、微生物代谢研究、开发高附加值产品、环保型生产工艺的研发、利用发酵法生产单细胞蛋白等。

1.4.2 发酵食品前沿应用技术

将先进的生物技术如基因工程、合成生物学以及分子生物学等融入传统发酵食品的制作过程中,能够显著提升产品的风味特性,增添营养价值,并去除抗营养成分,同时确保发酵食品品质的持久性和稳定性。例如,我们可以借助合成生物学的力量,让工业酿酒酵母产出特定的香气分子,如芳樟醇和香叶醇,从而在酿造啤酒时自然形成更加宜人的啤酒花香,无须再额外添加啤酒花成分。

1.4.2.1 人工感知技术的应用

随着感知科学研究的不断深入,如酸味受体的确定以及酸甜苦咸鲜五种味觉神经元结构的明确,人们对于人工感知技术的理解逐渐加深。研究显示,舌头特有的味觉受体细胞(TRC)对酸味有着精细的感知能力,这种感知能够调节大脑中味觉神经元的活动,进而触发相应的行为反应。这一发现为人工感知器官的模拟和应用提供了可能。

目前,虽然利用人工智能技术探索风味物质并进行组合,以及实现人工感知器官(如电子眼、电子鼻、电子舌)的模拟研究尚处于起步阶段,其功能仅限于对现有产品的有效分类,还无法精确指出样品之间的物质和感官差异。但是,技术的飞速进步意味着人工感知器官在不久的将来有望在更多领域得到广泛应用。这种发展与生物传感器从"酶电极"到"多功能传感器"的演变历程有着异曲同工之妙。

借助智能感官技术等手段,可以进行食物感知、物质分析、仿生传感、感官评价和消费者分析。例如,通过计算机视觉技术模拟人的视觉来观察食物的外观特征,利用电子鼻模拟人的嗅觉来检测食物的香味,使用机械嘴模拟进食过程，以及通过机械触觉模拟手指的触觉来评估食物的软硬度、流动性等质构特性。通过数据学习和训练这些技术，能够输出关于食品多感官特性的描述，如产品对消费者情感的影响，以及产品与消费者目标之间的差异等。

1.4.2.2 发酵食品微生物新技术的应用

随着一系列对生物产业带来深远影响的技术迅速兴起，我们可以采用多样化策略，对重要的发酵微生物进行有针对性的选择和改良，发掘并改造那些传统方法难以触及的功能性微生物，包括那些无法培养的微生物种类。通过编辑这些关键微生物的遗传信息，能够构建出全新的、效率更高的微生物生态系统，从而提升整个微生物细胞工厂的发酵智能。例如，可以让微生物具备自动识别和利用原料的能力，实现风味物质代谢的自我调控，高效积累营养物质并降解抗营养因子，同时在复杂环境中自我适应，对不利条件展现出强大的抵抗力。

（1）微生物的快速精确定量技术。当前，虽然解读传统发酵食品中复杂微生物群体的组学技术已经相当成熟，但这些技术只能对微生物进行相对数量的测定，并且无法有效区分死菌和活菌的数量。为了深入探讨微生物与目标代谢物之间的关系，需要更深入地了解在发酵过程中具有活性的功能微生物的绝对数量变化。因此，结合尖端生物技术，开发一种能够快速且精确地定量发酵食品中活性微生物的技术显得尤为重要。目前，发酵食品的微生物定量检测方法的对比如表1-2所示。

表1-2 发酵食品微生物绝对定量技术[①]

检测方法	时间	准确度	操作难度	成本	特异性	定量方式
菌落计数	长	一般	一般	低	低	绝对定量
qPCR	较短	较高	一般	较高	较高	绝对/相对定量
EMA/PMA-qPCR	较短	较高	一般	较高	较高	绝对定量
流式细胞术	短	高	高	高	低	绝对定量
CRISPR-Cas12a耦合荧光探针系统	短	高	一般	高	高	绝对定量

① 陈坚,汪超,朱琪.中国传统发酵食品研究现状及前沿应用技术展望[J].食品科学技术学报,2021,39(2):1-7.

（2）人工合成技术。传统发酵食品中的自然混合菌群体系往往复杂且稳定性不佳，其功能上的重叠还可能导致原料转化效率低下和不良副产物的产生，进而影响产品的品质和风味稳定性。通过人工合成和调控功能菌群，可以有效地解决风味、安全与健康等方面的问题。

（3）发酵食品感知新技术的应用。应深入探究发酵食品的感知机制，研究食品的感官属性以及消费者的感知体验，剖析感官之间的相互作用和味觉的多样性，揭示大脑如何处理各种化学和物理刺激，进而实现感官的模拟。同时也要理解不同个体在感官上的差异，运用多学科交叉的方法进行消费者行为分析，并评估感官及消费者的方法论，构建一个融合发酵学、食品科学、神经生物学和大数据技术的综合性研究体系。

①基于神经生物学的发酵调控。目标是识别出发酵产品中影响风味的关键成分，探索这些成分如何引发食用后的舒适或不适感，并据此制定相应的干预措施，以提高产品食用后的舒适度。初步构建舒适度模型和理论，并通过动物模型来确立舒适度的评估指标。为了深入理解舒适度的标志物和作用机制，采用行为学、体外脑组织培养的高通量筛选技术，以及进行生化和生理学实验。这些研究将为后续的人体测试和转化研究奠定基础。

②基于大数据的风味网络技术。风味化合物并不等同于风味本身，化合物的种类和比例对于风味的形成至关重要。基于人工处理大量信息和实现全局优化的难度，可借助大数据和人工智能技术来构建风味网络。这将有助于解决风味相关的问题，优化现有的风味，预测可能的新型风味，并开发出具有创新风味的食品。

第 2 章　发酵调味品的加工工艺

发酵调味品的加工工艺主要涵盖原料准备、发酵、灌装和成品检测等关键步骤。原料如小麦、大豆等需经过清洗、研磨等预处理以保证品质。然后通过非发酵（如混合、加工等）及发酵工艺（常规和特殊流程）进行发酵。将发酵好的调味品灌装到容器中，并加入适量气体以保持新鲜度和质量。接着，进行成品检测，确保产品的质量、有效期等指标符合标准。整个加工过程注重原料质量控制和产品检测，以确保发酵调味品的最终品质。

2.1　食醋的加工工艺

醋，即食醋，是一种酸性调味料，以其独特的酸味和醇厚的口感在烹饪中占据重要地位。其主要成分包括乙酸和高级醇类，而酸味的强度则取决于其中醋酸的含量，一般在 5% ~ 8%。食醋是人们生活中不可或缺的调味品，是由多种原料经过精心发酵制成的酸味调味剂。在酿醋过程中，主要原料如大米或高粱经过发酵，使得含碳化合物（如糖、淀粉）转化为酒精和二氧化碳。随后，酒精在醋酸杆菌的作用下与空气中的氧气结合，进一步氧化成醋酸和水。简而言之，酿醋的精髓就在于将酒精转化为醋酸的化学反应过程。

2.1.1 原料处理

（1）原料的杂质处理。谷物原料经过分选机处理，利用风力吹出其中的尘土和轻质夹杂物，随后通过多层筛网筛选出纯净的谷粒。对于薯类原料，则采用搅拌棒式洗涤机有效去除表面附着的沙土。

（2）原料的粉碎与水磨。为了提升原料与微生物酶之间的接触面积，确保充分的糖化过程，原料需进行粉碎。生料制醋时，原料的粉碎程度应达到 50 目以上；而在酶法液化制醋过程中，则采用水磨法来实现原料的粉碎。常见的原料粉碎设备包括锤式粉碎机、刀片轧碎机以及钢板磨。

（3）原料的蒸煮。淀粉质原料在粉碎后，需经过润水处理，并在高温条件下蒸煮。这一过程旨在破坏植物组织和细胞，使淀粉得以释放，由颗粒状转变为更易被淀粉酶水解的溶胶状态。同时，高温蒸煮能有效杀灭原料中的杂菌，降低酿醋过程中杂菌污染的风险。原料蒸煮的温度应保持在 100℃ 或更高。

2.1.2 食醋酿造原理

酿醋是一种传统工艺，以含有淀粉或糖的农作物为原料，通过微生物的发酵作用，经历两个主要阶段来生产含醋酸的食用液体。酿醋过程包括三个核心要点：原料的天然性、两阶段的发酵过程以及成品中醋酸的含量。

在两阶段的发酵过程中，第一阶段是糖化与酒精化。在这一阶段，糖化菌和酵母菌共同作用，将原料中的淀粉分解为糖，进而转化为麦芽糖和葡萄糖。这些糖随后被转化为酒精（乙醇）和二氧化碳。这一过程中，糖化和酒精化是同时进行的，因此也称为"复式发酵"。

进入第二阶段，醋酸菌开始发挥作用。它们将第一阶段产生的酒精（乙醇）氧化为醋酸。当这两个阶段的发酵完成后，醋便得以生成。然而，醋的色泽、香气和风味主要是在后熟过程中逐渐形成的。色泽的形成依赖于美拉德反应，而香气主要来自酯类化合物。醋的综合味道则涵盖了各种酸、醇和氨基酸等成分。

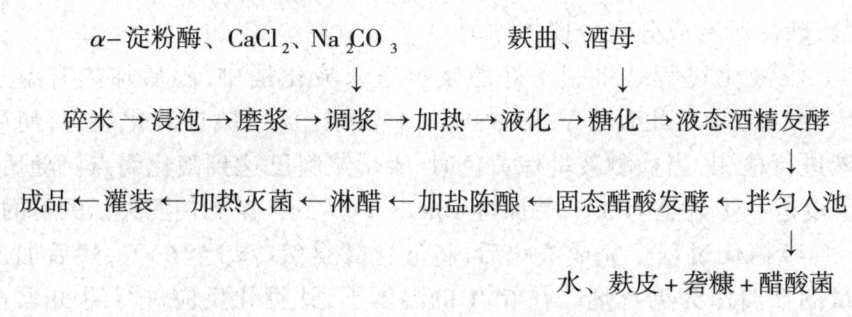

2.1.3 酶法液化通风回流制醋

酶法液化通风回流制醋工艺是一种先进的酿造技术,它运用酶制剂对原料进行液化处理,显著加速了原料的糖化过程。此外,该工艺还采用了自然通风和醋汁回流的方法,替代了传统的倒醅操作,从而确保了醋醅发酵的均匀性,并大幅提高了原料的利用率。

2.1.3.1 工艺流程

酶法液化通风回流制醋工艺流程如图 2-1 所示。

α-淀粉酶、$CaCl_2$、Na_2CO_3　　　　麸曲、酒母
　　　　　↓　　　　　　　　　　　　　↓
碎米 → 浸泡 → 磨浆 → 调浆 → 加热 → 液化 → 糖化 → 液态酒精发酵
　　　　　　　　　　　　　　　　　　　　　　　　　　　　　　　↓
成品 ← 灌装 ← 加热灭菌 ← 淋醋 ← 加盐陈酿 ← 固态醋酸发酵 ← 拌匀入池
　　　　　　　　　　　　　　　　　　　　　　　　　　↑
　　　　　　　　　　　　　　　　　　　水、麸皮 + 砻糠 + 醋酸菌

图 2-1　酶法液化通风回流制醋工艺流程

2.1.3.2 主要生产设备

(1) 液化及糖化罐。该设备通常采用容积约为 $2m^3$ 的不锈钢罐体,内部配备有搅拌装置和蛇形冷却管,蒸汽管则直接连接至罐体中心部位,以确保高效的加热和冷却效果。

(2) 酒精发酵罐。这款发酵罐的容积大约为 $30m^3$,能够容纳 7000kg 的物料。其主体采用不锈钢材质,内部设有冷却装置,以满足酒精发酵过程中对温度控制的精确要求。

(3) 醋酸发酵池。醋酸发酵池的设计同样考虑到了 $30m^3$ 的容积,以满足大规模生产的需求。在距离池底 15～20cm 的位置,设置了一个竹篾制成的假底,用于支撑发酵物料。假底下方储存有醋汁,并在假底四周设有 12 个直径为 10cm 的风洞,以促进空气流通。喷淋管上开有小孔,通过泵将醋汁打入喷淋管,并在旋转过程中均匀地将醋汁淋浇

在醋醅表面，以确保发酵的均匀性和效率。

2.1.3.3 生产操作及管理

（1）原料配比。原料包括：碎米 1200kg，麸皮 400kg，砻糠 1650kg，水 3250kg，食盐 100kg，酒母 500kg，醋酸菌种子 200kg，麸曲 60kg，α-淀粉酶 3.9kg，氯化钙 2.4kg，碳酸钠 1.2kg。

（2）水磨与调浆过程。碎米需用水充分浸泡至无白心状态。将碎米与水按 1∶1.5 的比例送入磨粉机中，磨成细度达到 70 目以上的粉浆。将得到的粉浆送入调浆桶中，使用碳酸钠调整 pH 值至 6.2~6.4。在调浆过程中，还需加入 0.1% 的氯化钙以及每克碎米添加 5U/g 的 α-淀粉酶，确保所有成分充分搅拌均匀。

（3）液化过程。将制备好的浆料送入液化桶中，随后加热升温至 85~92℃，并在此温度下保持 10~15min。为了验证液化效果，使用碘液进行检测，当检测液呈棕黄色时，表示浆料已达到液化终点。随后，将温度进一步升至 100℃，并保持 10min，以达到灭菌和使酶失活的目的。

（4）糖化过程。完成液化后，将液化醪自然冷却至 63℃，然后加入适量的麸曲作为糖化剂。在 63℃的温度下，让糖化反应进行约 3h。在此期间，可以通过碘液检测来验证糖化是否完成，当碘液检测无颜色反应时，即表示糖化过程已完成。

（5）糖化与发酵准备。在糖化锅内将糖化醪冷却至 27℃后，使用泵将 3000kg 的糖化醪转移至酒精发酵罐中。加入 3250kg 的水，并调整醪液的 pH 值至 4.2~4.4。接入 500kg 的酒母作为发酵剂。在整个过程中，需控制醪液的温度在 33℃左右，确保发酵醪的总量达到 6750kg。

（6）酒精发酵过程。一旦发酵开始，品温会逐渐上升。当品温接近 33℃时，需要在发酵罐的夹套内通入冷却水进行降温，以保持酒精发酵的品温在 30~37℃。经过大约 5d 的发酵，酒醪的酒精含量将达到 8.5% 左右，酸度在 0.3%~0.4%，此时即可判断发酵过程结束。

（7）进料与发酵启动。将酒醪、麸皮、砻糠和醋酸菌种子通过制醋机充分混合后，装入醋酸发酵池内。控制发酵池内的温度在 35~38℃，最有利于醋酸菌的繁殖。用塑料布盖好池口，开始醋酸发酵过程。

（8）松醅与温度调节。由于上层醋醅中的醋酸菌繁殖较快，温度上升也较快,通常24h内可升至40℃。而中层醋醅温度相对较低,因此需要进行松醅操作,即将上层和中层的醋醅疏松并混合均匀,以确保整个发酵池内温度分布均匀。

(9)醋汁回流。在松醅后,每当醋醅温度升至40℃以上时,即可进行醋汁回流操作,以降低醅温。每天可进行6次回流,每次放出醋汁100～200kg。通常经过120～130次回流后,醋醅即可成熟。

(10)醋酸发酵温度控制。醋酸发酵过程中,前期温度可控制在42～44℃,以促进醋酸菌的快速繁殖和代谢。后期温度则控制在36～38℃,以保证醋酸发酵的稳定进行。如果温度升高过快,除了通过醋汁回流降温外,还可将通风洞全部或部分塞住,以调节和控制温度。

(11)加盐与溶解。当醋酸发酵进行到20～25d时,测定醋醅中酒精含量已微,醋汁酸度达6.5～7g/100mL,且酸度不再上升时,表明醋醅已成熟。此时,将食盐置于醋醅面层,利用醋汁回流溶解食盐,使其均匀渗入醋醅中。这一步骤有助于避免醋酸被氧化分解成CO_2和H_2O。

(12)淋醋与收集。淋醋操作在醋酸发酵池内进行。首先,将二遍醋浇淋在成熟的醋醅面层上,从池底收集头醋。当流出的醋汁醋酸含量降至5g/100mL时,停止收集头遍醋。头遍醋可用于配制成品醋。头遍醋收集完毕后,再在醋醅上浇入三遍醋,下面收集到的是二遍醋。最后,在醋醅上加水,下面收集三遍醋。收集到的二遍醋和三遍醋可供下批淋醋循环使用。

(13)灭菌、配制与包装。淋醋完成后,进行灭菌处理以杀灭残留的微生物。随后,根据需要进行配制和调味,最后进行包装和贴标,即可得到成品醋。整个制醋过程与固态发酵制醋相似,但采用了液态发酵技术以提高生产效率。

2.1.4 液态发酵法制醋

液态发酵法制醋是一种在液体状态下进行的醋酸发酵技术,主要包括表面发酵法、淋浇发酵法、液态深层发酵法和固化菌体连续发酵法等。

液态发酵法制醋工艺流程如图2-2所示。

```
α-淀粉酶、CaCl₂、Na₂CO₃    糖化曲    酒母    麸皮+砻糠+醋酸菌
       ↓                    ↓       ↓              ↓
淀粉质原料 → 调浆 → 液化 → 糖化 → 酒精发酵 → 酒醪 → 醋酸发酵
                                                      ↓
                           成品 ← 灭菌 ← 配兑 ← 醋醪
```

图 2-2　液态发酵法制醋工艺流程

（1）原料粉碎。原料通过干法或湿法方式进行精细破碎，干法要求达到 60 目以上细度，湿法则需 50 目以上细度。

（2）调浆与预处理。将粉碎后的原料与水混合，并添加 0.1% 的 $CaCl_2$ 和 10% 的 Na_2CO_3 调整 pH 值至 6.2～6.4。按原料的 60～80U/g 比例加入 α-淀粉酶制剂，并充分搅拌，直至形成 18～20°Bé 的粉浆。

（3）液化。粉浆经泵送入糖化罐，加热至 85～90℃维持 15min，通过碘液检测确认液化完成。

（4）灭菌与糖化。升温至 100℃灭菌 20min，然后迅速冷却至 63～65℃，加入麸曲或糖化酶进行糖化，持续 1～1.5h。加水调整浓度至 8.5°Bé，并降温至 32℃。糖化醪需满足糖度 13～15°Bx，还原糖约 3.5g/mL，总酸（以醋酸计）含量约为 8.5°Bé。

（5）酒精发酵。糖化醪进入酒精发酵罐，接入 10% 酒母，控制温度 30～34℃，发酵 3～5d，直至酒精含量达到 6%～7%，糖度降至 0.5°Bx 以下。

（6）醋酸发酵。使用自吸式发酵罐，灭菌后接入 10% 醋酸菌种子液，在料液酸度 2%、温度 33～35℃、通风比 1:（0.08～0.1）的条件下发酵 40～60h。当酒精含量降至 0.3% 左右，总酸不再增加时，结束发酵并灭菌。

（7）过滤。使用板框过滤机对发酵液进行过滤，注意控制压力和观察滤液质量。

（8）配制与加热。半成品醋经化验后按标准配兑，加入 2% 食盐，加热至 75～80℃灭菌后，送入成品贮存罐。

（9）产品后处理。为改善风味和色泽，可采用熏醅增香、增色法，或将液态发酵醋与固态发酵醋勾兑，以获得更佳品质。

液态发酵法不使用辅料，如麸皮和谷糠，因此显著减少了这些材料的消耗，进而节约成本。同时，这种方法还有助于改善环境卫生，减轻劳

动强度,并推动生产过程的机械化、自动化,实现管道输送,从而显著提高生产效率,并缩短生产周期。然而,液态发酵法制出的醋在风味、色泽和稠厚度方面可能稍显不足。为了改善这些方面,可能需要采用其他技术和方法来进行调整和优化。尽管如此,液态发酵法的优势仍使其在醋的生产中占据重要地位。

2.1.5 食醋生产新工艺

食醋的生产新工艺是以糯米和饮用白酒为核心原料,通过传统酿造技术将糯米转化为富含风味的黄酒液,将黄酒液与白酒按一定比例混合稀释,调整酒精度与风味。在混合液中加入活性醋母,通过表面静置发酵法,让醋酸菌在液面附近自然生长并转化酒精为醋酸,最终酿制出风味独特、口感醇厚的白米醋。

2.1.5.1 工艺流程

食醋生产新工艺流程如图 2-3 所示。

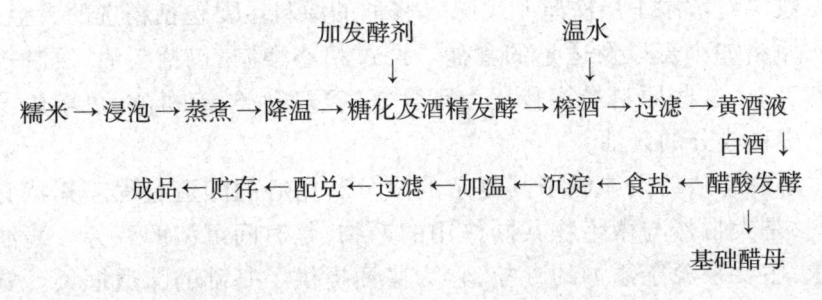

```
                   加发酵剂           温水
                     ↓                ↓
糯米 → 浸泡 → 蒸煮 → 降温 → 糖化及酒精发酵 → 榨酒 → 过滤 → 黄酒液
                                                       白酒↓
成品 ← 贮存 ← 配兑 ← 过滤 ← 加温 ← 沉淀 ← 食盐 ← 醋酸发酵
                                                 ↓
                                               基础醋母
```

图 2-3 食醋生产新工艺流程

2.1.5.2 生产操作

(1)黄酒液的精心制备过程涉及多个关键步骤。将糯米浸泡约10h,随后沥干水分并蒸煮 20min,确保米饭完全熟透而不过于软烂,保持均匀一致的口感。将米饭摊晾至 35~37℃,并加入适量的糖化酶(15U/g)、米曲霉麸曲(5%)和黄酒干酵母(0.1%),充分搅拌均匀后入缸进行糖化酒精发酵。整个发酵过程中,温度需严格控制在 25℃左右,并每天搅拌一次，以确保发酵的均匀性。经过 7~9d 的酒精发酵，发酵过程结束。之后，将酿酒料与 100%~120% 的温水混合均匀，压榨过滤，并检测酒精度，以便在后续配制稀酒精液时准确计算所需酒精量。

（2）基础醋母的制备是一个精心控制的过程。稀释米酒液至酒精含量为 6%~8%。取用固态发酵醋醅内的无盐醋液，其醋酸含量需达到 5g/100mL。将稀释后的米酒液与醋液按 1∶1 的比例混合后，进行醋酸发酵。在发酵过程中，温度需严格控制在 28~32℃，确保醋酸菌的活性。经过 25d 的醋酸发酵，醋化过程完成，最终得到基础醋母。

2.2 酱油的加工工艺

酱油是一种历史悠久且享有盛誉的调味品，通常被称为"豉油"，是烹饪中不可或缺的一部分。它以其独特的咸鲜风味和丰富的营养成分，为无数菜肴增添了层次感和美味。酱油的原料主要包括精选的大豆、淀粉质原料如小麦以及适量的食盐。经过精心酿制，包括制油、发酵等一系列工艺，这些原料最终转化为富含氨基酸、糖类、有机酸、色素以及香料等多种成分的酱油。

酱油的独特风味源于其复杂的成分和精心的酿造过程。其特有的香气，是大自然与微生物共同作用的产物，是时间沉淀的芬芳。酱油的咸味，主要来源于添加的食盐，它为酱油提供了基础的味道框架。氨基酸和钠盐赋予了酱油诱人的鲜味，让人回味无穷。同时，糖和其他醇甜物质为酱油增添了甜美的口感，使之更加丰富多元。有机酸和酪氨酸等成分则为酱油带来了微微的酸味和爽适的苦味，这些细微的差别使得酱油的味道更加立体和饱满。

酱油还富含天然的红褐色色素，这些色素不仅赋予了酱油美丽的外观，也为菜肴增添了诱人的色泽。在烹饪中，无论是炒菜、炖汤还是腌制，酱油都能以其咸、酸、鲜、甜、苦五味的和谐调和，为菜肴增添和改善口感，让每一道菜都散发出迷人的香气和味道。因此，酱油成为人们日常生活中不可或缺的调味佳品，深受人们的喜爱和追捧。

第 2 章　发酵调味品的加工工艺

2.2.1 原料

2.2.1.1 蛋白质原料

酱油的酿造过程中,蛋白质原料的选择至关重要。传统上,大豆及其衍生品如脱脂大豆是常用的主要原料,但也可以选择其他高蛋白且合适的代用原料。

大豆作为酿造酱油的重要原料,涵盖了黄豆、青豆和黑豆等多个品种,其丰富的营养成分是酱油独特风味的基石。大豆中蛋白质含量高达35%~45%,脂肪约占15%~25%,此外还含有碳水化合物、纤维素和灰分等多种成分。其中,大豆球蛋白是大豆蛋白质的主要组成部分,占据了约84%的比例。在酿造酱油时,选择颗粒饱满、干燥、杂质少、皮薄新鲜且蛋白质含量高的大豆至关重要。然而,由于大豆的脂肪在酱油酿造过程中并未得到充分利用,现代酱油生产更倾向于使用脱脂大豆。

脱脂大豆经过特殊处理,去除了大部分脂肪,分为豆粕和豆饼两种。豆粕作为片状颗粒,蛋白质含量高(约47%~51%),水分含量低,无须粉碎即可直接使用,因此在酱油生产中占据重要地位。豆饼则是机榨法从大豆中提取油脂后的产物,根据压榨工艺的不同,分为冷榨豆饼和热榨豆饼。其中,热榨豆饼由于经过高温处理,水分含量较低,蛋白质含量高,且质地疏松易于粉碎,特别适合于酿造酱油。

脱脂大豆在酿造酱油时具有显著优势。脱脂处理破坏了大豆的细胞组织,使得酶更容易渗透并加快了作用速度,从而提高了原料的利用率,并显著缩短了酿造周期。此外,除了大豆和脱脂大豆外,酿造酱油还可以选择其他高蛋白、无毒、无异味的物质作为代用原料,如蚕豆、豌豆、花生饼、葵花子饼、芝麻饼以及脱酚后的菜籽饼和脱脂蚕蛹粉、鱼粉、糖糟等。这些原料的多样性不仅为酱油生产提供了更多可能性和选择,也为酱油的口味和品质注入了新的元素。

2.2.1.2 淀粉质原料

在酱油的酿造过程中,淀粉扮演着关键角色。它会被分解为糊精和葡萄糖,不仅为微生物生长提供必要的碳源,还参与形成酱油独特的风味和色泽。

在酱油的酿造过程中,葡萄糖发挥着至关重要的作用。作为淀粉分解的主要产物之一,葡萄糖在酵母菌的发酵作用下,能够转化为酒精、甘油、丁二醇等物质,这些转化产物不仅构成了酱油香气形成的重要前体,还为酱油增添了独特的甜味。同时,在特定细菌的作用下,葡萄糖又能进一步转化为各种有机酸,这些有机酸再经过一系列反应形成酯类物质,极大地丰富了酱油的香气层次。此外,酱油中残留的葡萄糖和糊精不仅强化了酱油的甜味,还赋予了其独特的黏稠感,从而帮助形成酱油优良的体态。

小麦,作为传统酱油酿造的主要淀粉质原料,不仅富含淀粉,还含有一定量的蛋白质。这些蛋白质中,约 3/4 的酱油氮素成分来源于大豆蛋白质,而剩下的 1/4 则来自小麦蛋白质。小麦蛋白质主要由麦胶蛋白质和麦谷蛋白质构成,它们中的谷氨酸含量丰富,为酱油提供了不可或缺的鲜味。从化学成分上看,小麦主要由 67%~72% 的淀粉、10%~13% 的粗蛋白质,以及一定量的脂肪、纤维素、灰分和水分组成。

麸皮,作为小麦加工面粉的副产品,同样在酱油酿造中扮演了重要角色。它富含淀粉、戊聚糖、蛋白质和其他营养成分,其疏松的质地和较大的表面积为米曲霉的生长和产酶提供了理想的环境,对酱油的制曲和淋油过程具有积极的影响。特别是麸皮中的戊聚糖,它是酱油色素形成的关键前体物,有助于提升酱油的色泽。然而,由于麸皮中淀粉含量相对较低,因此在一定程度上可能会影响到酱油香气和甜味成分的生成量。

除了小麦和麸皮,还有其他多种富含淀粉且无毒无异味的物质,如薯干、碎米、大麦、玉米等,它们都可以作为酿造酱油的淀粉质原料。这些原料的多样性不仅丰富了酱油生产的原料选择,也为酱油的品质和风味提供了更多的可能性。

2.2.1.3 食盐

食盐在酱油的酿造过程中起着至关重要的作用。它赋予了酱油适当的咸味,并与氨基酸共同作用,为酱油增添了鲜美的口感,从而起到关键的调味作用。不仅如此,食盐在酱醪发酵阶段还能有效抑制杂菌的生长,确保酱油的品质。在成品酱油中,食盐还能防止酱油变质,延长其保质期。

食盐的主体成分为 NaCl,但常常因为生产工艺或来源的不同而含有一些杂质,如 $MgSO_4$、$MgCl_2$、Na_2SO_4、$CaSO_4$ 和 KCl 等。这些杂质往往是由于卤汁的混入而存在的。为了区分食盐的品质,根据其 NaCl 的含量,食盐被划分为不同的等级,如优级盐,其 NaCl 含量需达到至少93%;一级盐则要求 NaCl 含量不少于 90%;而二级盐的 NaCl 含量则至少为 80%。

食盐的来源丰富多样,包括海盐、岩盐和井盐等。在我国,海盐尤为常见,占据了食盐生产的主导地位。值得注意的是,如果食盐中含有过多的卤汁,可能会给酱油带来苦味。要想消除这种苦味,一种简便有效的方法是使食盐中的卤汁通过自然吸收空气中的水分而潮解,进而让卤汁流失,从而达到脱苦的效果。

2.2.1.4 水

在酱油的酿造过程中,水是至关重要的成分之一,它不仅参与发酵过程,还影响着酱油的品质和风味。因此,选择没有污染、符合饮用水标准的水作为酱油酿造用水,对于保证酱油的品质和安全至关重要。

没有污染的水是酱油酿造的基本要求。这意味着水源应该远离工业污染、农业污染和其他可能的污染源,以确保水的纯净度。没有污染的水不仅不会对酱油的发酵过程产生负面影响,还能为酱油带来更加纯正的口感和风味。

符合饮用水标准的水也是酱油酿造的重要条件。饮用水标准规定了水中各种有害物质的含量限制,包括细菌、病毒、重金属、有机污染物等。只有符合这些标准的水才能被用于酱油酿造,以确保酱油的安全性和卫生性。

在选择酱油酿造用水时,还需要注意水的硬度。硬度适中的水有利于酱油的发酵和品质的提升。如果水的硬度过高,可能会抑制微生物的生长和代谢,从而影响酱油的发酵过程和风味。因此,在选择酱油酿造用水时,需要测试水的硬度,并根据需要进行调整。

2.2.2 酱油酿造用微生物

在酱油的生产流程中,制曲和酱醪(酱醪)发酵堪称两大核心环节,每一步都依赖于微生物的参与和它们所发挥的无可替代的作用。在制曲阶段,米曲霉作为关键角色,其分泌的丰富酶类不仅能提升酱醪发酵的速率,还显著地影响了色素的形成、鲜味成分的累积,以及原料的高效转化。而在紧随其后的酱醪发酵阶段,酵母菌和乳酸菌的发酵活动对酱油最终风味的塑造起到了决定性的作用。这两大微生物群体通过其独特的代谢途径,为酱油赋予了丰富而独特的风味。可以说,酱油的酿造过程实际上是对微生物进行巧妙利用的结果,这些微生物在酱油的生产中发挥着不可替代的作用。

2.2.2.1 米曲霉

米曲霉(*Aspergillus oryzae*)作为曲霉的一种,与黄曲霉(*Aspergillus flavus*)有着相似的外观,因此同属于黄曲霉群。米曲霉在生长过程中,最适温度范围为32~35℃,低于28℃或高于40℃时生长速度会明显放缓,而超过42℃则完全停止生长。米曲霉产酶的效率与培养温度和时间紧密相关,随着培养时间的延长,酶活力会逐渐增强,并在某一时间点达到峰值,随后开始下降。在较低的温度下,产酶的高峰会相对滞后;而当温度超过25℃时,蛋白酶和谷氨酰胺酶的生成量会随着温度的升高而减少,而淀粉酶的生成量则会增加。因此,在制曲过程中,前期应控制温度在32~35℃,以促进菌丝的生长;后期则将温度调整至28~30℃,有利于蛋白酶和谷氨酰胺酶的生成。

2.2.2.2 酱油曲霉

酱油曲霉(*Aspergillus sojae*)是20世纪30年代由日本学者坂口从酱曲中成功分离出的一种特殊曲霉。它的分生孢子表面具有明显的小突起,而孢子柄则展现出平滑的特质。与米曲霉相比,酱油曲霉的碱性蛋白酶活力更为出色,这一特性使其在酱油酿造过程中具有独特的优势。

2.2.2.3 酵母菌

在酱醪的发酵过程中,分离出的酵母菌种类繁多,涵盖了7个属共计23个种。其中,对于酱油风味和香气形成尤为重要的菌种多属于鲁氏酵母(*Saccharomyces rouxii*)和球拟酵母属(*Torulopsis*)。作为酱油酿造中的主要酵母菌,鲁氏酵母适宜在28~30℃的温度下生长,当温度达到38~40℃时生长速度会放缓,而超过42℃则停止生长。其最适pH值为4~5。在酱醪发酵后期,糖浓度降低、pH值下降时,鲁氏酵母自溶,而球拟酵母活跃。作为酯香型酵母,球拟酵母产生如4-乙基苯酚、2-苯乙醇等芳香成分,与酱醪香味成熟紧密相关。同时,它产生的酸性蛋白酶能水解未分解的肽链,进一步丰富酱油风味。

2.2.2.4 乳酸菌

酱油乳酸菌如嗜盐片球菌、酱油四联球菌和植质乳杆菌,适应于高盐环境,耐乳酸能力适中,确保酱油pH值稳定,风味独特。乳酸不仅提味增香,还与乙醇反应生成乳酸乙酯,为酱油增添香气。嗜盐片球菌与鲁氏酵母共同产生糠醇,增强酱油香气。但酱油曲和酱醪中也可能存在有害菌,如毛霉、青霉等,若控制不当则影响酱油品质。少量杂菌生长属正常,但过量则会降低酱油质量。

2.2.3 种曲制备

种曲是酱油生产的关键材料,通过逐级扩大培养试管斜面菌种获得。优质种曲孢子数丰富,繁殖能力强,直接影响成曲的酶活力和杂菌数量,进而影响酱油质量与产量。因此,种曲的精心制备是酱油生产中至关重要的环节。

2.2.3.1 菌种

在制种曲时,选取优质菌株如 AS3.951、UE336、渝 3.811 等是首要任务。这些菌株从菌种保藏中心获得后,需先在察氏培养基中保藏。但为适应生产环境,还需使用察氏培养基进行转接和驯化,避免直接生产时出现生长缓慢、孢子数少等问题。

原菌的保藏推荐使用察氏培养基转接冰箱保藏法,即在4℃低温下使菌株休眠,减少代谢,但保持生命活动。为确保活性,建议每3~4个月转接一次,并减少不必要的转接次数以防菌种退化。

对于条件允许的工厂,砂土管保藏法更为理想。简易法直接干燥砂土加入米曲霉孢子,真空干燥法则先加孢子悬浮液后真空干燥,再低温保藏,后者保藏效果更佳。

2.2.3.2 种曲室和制造种曲用具

种曲室设计应紧凑高效,通常尺寸为长4m、宽3.5m、高3m,墙体厚度需因地制宜。室内布局包括一扇门、一扇窗和一天窗,顶部采用弧形设计,地面选用水泥材质,配备排水沟和保暖设施。整体结构需保证密封性,便于灭菌操作,同时周边环境需维持清洁。

制种曲所需工具包括竹匾或曲盘、拌和台、筛子、竹箩、木铲和草帘等。种曲质量要求为米曲霉孢子数量丰富且纯净度高。为预防杂菌污染,原料处理、操作细节和曲室、工具的灭菌工作都至关重要。

使用种曲室前,需先冲洗并晾干竹匾和曲盘,再移入室内。其他灭菌用具亦应一并移入。灭菌时,关闭门窗,采用甲醛或硫黄作为灭菌剂,硫黄对霉菌杀灭效果较好,两者混合使用效果较好。

灭菌过程采用熏蒸法,确保药剂蒸汽在密闭的曲室内弥漫超过20h,以彻底杀菌。药剂用量建议为每立方米空间使用硫黄25g或甲醛10mL。对于草帘等物品,应先洗净后蒸汽灭菌,再移入专用灭菌盛器内。工作人员在接触灭菌后的曲料前,需用肥皂洗手并使用75%酒精擦手,确保无菌操作。

2.2.3.3 制种曲工艺流程

制种曲工艺流程如图2-4所示。

第 2 章　发酵调味品的加工工艺

```
麸皮、面粉、水    试管斜面菌种→三角瓶扩大培养
    ↓                    ↓
混合→蒸料→过筛→摊晾→接种→装匾→第1次翻曲加水
                                        ↓
        种曲←揭去纱布或草帘←第2次翻曲加水
```

图 2-4　制种曲工艺流程

2.2.3.4 种曲培养

根据工厂需要,一般有两种配比方案。

方案一:麸皮 80kg、面粉 20kg、水 70kg 左右。

方案二:麸皮 100kg、水 95~100kg。加水量应使原料能捏之成团、触之即碎。原料拌匀后过筛,堆积润水 1h 后,100kPa 蒸汽压下蒸料 30min 或常压蒸料 1h 再焖 30min,确保熟料疏松,含水量在 50%~54%。

曲料品温降至 40℃左右时接种,接种量通常为 0.5%~1%。种曲培养方法有两种,即竹匾操作和曲盘操作。在培养过程中,需注意品温、湿度控制及定期翻曲,以促进曲霉均匀生长。为提高孢子量,可采取调节 pH 值偏酸性、增加曲料水分含量和添加草木灰等措施。整个培养过程通常需要 68~72h。

2.2.3.5 种曲质量标准

(1)外观品质。种曲外观应展现孢子生长旺盛,色泽呈现为新鲜的黄绿色,且不应有任何因杂菌生长导致的异色。当用手捏碎种曲时,应有孢子飞扬的现象,内部不应有硬心,整体感觉应疏松。

(2)气味特征。种曲应散发出特有的曲香,不应有酸气、氨气等任何不良气味。

(3)水分含量。种曲的水分控制是关键,自用种曲的水分应保持在 15% 以下,而出售的种曲水分则需控制在 10% 以下,以确保其稳定性和保存期限。

(4)孢子数量。种曲的孢子数是衡量其质量的重要指标。每克种曲应含有 25 亿~30 亿个孢子(以湿基计)。同时,将 10g 种曲烘干

后,过筛(75目,即筛孔尺寸为90.2μm)的孢子质量应占干物质质量的18%以上。

(5)发芽率。种曲的孢子发芽率是评价其活力的关键指标。高质量的种曲应保证孢子发芽率在90%以上,以确保其在后续生产过程中的繁殖能力和效果。

2.2.3.6 曲精

曲精是将成熟的种曲进行低温干燥处理后,进一步分离并收集纯净的米曲霉孢子,然后进行密封包装而成的。这种曲精的孢子含量极高,每克曲精中孢子数可超过200亿个。在酱油的生产过程中,为了替代种曲的使用,只需将相当于原料总质量0.05%的曲精均匀地加入酱油曲熟料中。然而,由于曲精的添加量相对较少,容易在混合过程中造成不均匀,可能导致曲料中菌丝的生长情况不一致。因此,在添加曲精时,务必要确保搅拌均匀。曲精的使用不仅方便快捷,而且易于储存和运输,特别适用于那些缺乏制造种曲条件的小型酿造厂。

2.2.4 发酵

酱油制作中,成曲与盐水混合成浓稠的半流动状态的混合物为酱醪,不流动状态的混合物为酱醅。随后,酱醪或酱醅在发酵容器中经酶和微生物发酵,分解转化物料,形成酱油特有的色、香、味、体。此过程即酱油发酵。

2.2.4.1 工艺流程

酱油发酵工艺流程如图2-5所示。

食盐→溶解→盐水
↓
成曲→粉碎→制醅→入缸(池)→保温发酵→成熟酱醅

图2-5 酱油发酵工艺流程

2.2.4.2 发酵设备

（1）发酵室。发酵室作为容纳发酵容器的关键场所，其结构必须坚固且地质坚硬，以确保能够承受沉重的发酵容器和物料。室内环境应保持清洁，并具备便捷的排水设施和冲洗设施。此外，发酵室还需具有良好的保温性能，配备通风装置，以保证发酵过程中的环境条件。考虑到工艺流程的高效性，发酵室通常设在曲室附近，如楼上制曲、楼下发酵的布局，使得各工序能够紧密相连。

（2）发酵容器。发酵容器是酱油生产的核心设备，常见的类型包括发酵缸、发酵罐和发酵池。

①发酵缸。易于保温的小容积缸，可组合并置于保温槽中。常用水浴保温，温差小，效果好。

②发酵罐。类型多样，如夹层水浴、水池式和移动式。夹层水浴利用温水保温，水池式固定在保温池内，移动式可方便吊移和自动出渣。

③发酵池。多为钢筋混凝土结构，地上式，设假底和蒸汽管保温。池内涂防腐涂层以防腐蚀。

（3）制醅机。制醅机，又称"落曲机"或"下池机"，是用于将成曲粉碎、与盐水混合制成醅，并将其送入发酵容器的机械设备。它由机械粉碎、斗式提升及绞龙拌和兼输送三个主要部分联合组成，确保了酱油生产过程中的高效与便捷。

2.2.4.3 发酵工艺

（1）食盐水的配制与浓度调整。在酱油生产过程中，食盐水的配制是重要的一步。首先，将食盐加入水中溶解，然后使用波美计来测定其浓度。由于波美计的读数会受到温度的影响，因此需要根据当时的温度将测得的浓度调整到标准温度（通常为 20 ℃）下的浓度。盐水的浓度在发酵过程中扮演着关键角色。过高的盐水浓度会显著增强对酶的抑制作用，从而延长发酵周期。同时，这种高盐环境也会抑制酱醅发酵中必要的耐盐性乳酸菌和酵母的生长，最终影响酱油的整体风味。相反，如果盐水浓度过低，对酶的抑制会减弱，导致蛋白质和淀粉的水解率上升。然而，这样的低盐环境同样会减弱对杂菌的抑制作用，使得生酸菌和腐败菌容易滋生,进而可能阻碍发酵过程的顺利进行。

在酱油生产过程中,盐水浓度的选择至关重要。通常,采用固态低盐发酵法时,制醅的盐水浓度会控制在139°Bé左右(NaCl含量约为13.5%)。而对于有盐发酵法,制醪的盐水浓度则相对较高,通常达到20°Bé(NaCl含量约为24.6%)。这样的浓度选择旨在确保发酵过程能够稳定、有效地进行,同时保持酱油的优良品质。

(2)制醅入池。在酱油生产过程中,成曲首先通过制醅机被均匀地粉碎成约2mm的颗粒。这一步骤确保了水分能够迅速且均匀地渗透到曲内。接下来,将粉碎的成曲与温度为55℃、浓度为12~13.9°Bé的盐水按一定比例混合搅拌。初始发酵时,酱醅的温度应控制在42~44℃,这是蛋白酶发挥最佳作用的温度范围。

铺设酱醅时,底层10cm应干燥疏松,随后逐步增加盐水,保证成曲吸水。盐水用量直接影响固态低盐发酵的成品质量和原料利用率。过少则成曲浸透不足,酶作用受限,降低氨基酸生成,酱醅味淡且易色变、产生焦糊味;过多则酱醅黏稠,淋油困难,影响色素生成。适量拌水则酶溶出充分,酶解效果好,醅温稳定,酱醅红棕鲜艳,味道鲜美。

(3)发酵酱油。发酵是酱油生产的核心,发酵过程中米曲霉酶及有益微生物分解原料中的蛋白质和淀粉,形成独特的色、香、味。

①配制盐水。盐水浓度约为11~13°Bé,每100kg水溶解1.5kg食盐得1°Bé。盐水温度随季节调整,维持酱醅品温在42~46℃。

②制醅。热盐水与破碎成曲混合,逐层加入池中。底部少水,逐渐加大,表面均匀浇水,避免氧化。

③前期保温。关注水解过程,保持品温40~45℃。发酵温度42~45℃,约10d。

④后期降温。品温降至40~43℃,约10d。

注意盐水浓度、温度控制、水量分配和发酵温度,确保酱油品质。

2.3 大酱的加工工艺

大酱是以大豆为主要原料,通过米曲霉等微生物发酵制成的调味品,种类繁多,营养丰富且易于消化。我国大酱生产历史悠久,随着新技术、新设备的应用,大酱生产水平显著提高,实现了机械化生产,提高了产品质量和卫生标准,降低了成本,改善了劳动条件。

2.3.1 大酱生产的原料

2.3.1.1 大豆

大豆,作为一种重要的农作物,不仅在中国,而且在全球范围内都有广泛的种植和食用。其中,黄豆、黑豆和青豆作为大豆的三大品种,各具特色,但黄豆因其在大豆酱酿制中的广泛应用,常被视为大豆的代表。

黄豆以其丰富的营养成分和独特的口感,成为酿制大豆酱的首选原料。其蛋白质含量高,以球蛋白为主,还包括清蛋白和少量的非蛋白质含氮物质。这些蛋白质在发酵过程中被分解成氨基酸,是豆酱色、香、味形成的关键。特别是谷氨酸,作为鲜味的主要来源,在大豆蛋白中含量丰富,使得酿制出的大豆酱味道鲜美。

在酿制大豆酱时,选择优质的大豆原料至关重要。首先,大豆必须干燥,相对密度大,无霉烂变质。这是因为水分过高或霉变的大豆会影响发酵过程,甚至导致豆酱变质。其次,大豆的颗粒应均匀无皱皮,皮薄且有光泽,无虫伤及泥沙杂质。这样的大豆不仅外观美观,而且易于加工和发酵。最后,大豆的蛋白质含量也是一个重要的指标,高蛋白质的大豆能够酿制出更加浓郁、口感更佳的豆酱。

中国各地均栽培大豆,但东北大豆以其优越的品质和独特的口感,在国内市场上享有很高的声誉。这主要得益于东北地区得天独厚的自然条件,如肥沃的土壤、适宜的气候和充足的水源等。这些条件为大豆的生长提供了良好的环境,使得东北大豆的颗粒饱满、蛋白质含量高、口感醇厚。

大豆酱作为中国传统调味品之一,不仅具有独特的口感和营养价值,还承载着深厚的文化意义。它见证了中国人民的烹饪智慧和对美食的追求,同时也是中华饮食文化的重要组成部分。无论是在家庭日常饮食中,还是在餐馆酒楼中,大豆酱都扮演着不可或缺的角色,为各种菜肴增添了丰富的口感和风味。

2.3.1.2 食盐

(1)食盐在酱类生产中的作用。食盐不仅是酱类生产的重要原料之一,还在发酵过程中扮演着多重角色。首先,食盐具有抑制杂菌污染的功能。在发酵过程中,各种微生物会竞争生存空间,而食盐的存在能够有效地抑制部分有害杂菌的生长,保证发酵环境的纯净,从而使酱醅能够安全地成熟,保证酱品的质量。其次,食盐还是酱咸味的主要来源。酱的咸味是其风味的重要组成部分,而食盐的添加量直接影响到酱的咸淡。适量的食盐不仅可以增加酱的风味,还可以延长酱的保质期,因为高盐环境能够进一步抑制微生物的生长。最后,食盐还是提供酱类风味的主体成分之一。虽然食盐本身不直接产生风味,但它能够与酱中的其他成分相互作用,如氨基酸、糖类等,通过美拉德反应等化学反应,产生出丰富多样的风味物质,使酱的味道更加鲜美。

(2)用盐要求。由于大酱一般直接食用,对食盐的品质要求相对较高。首先,应选择色泽洁白的食盐,这样的食盐纯度较高,杂质较少,更符合食品安全的要求。其次,氯化钠含量也是重要的指标之一。一般要求氯化钠含量在98%左右,这样的食盐纯度更高,风味更好。最后,对于食盐的水分、夹杂物及卤汁含量也有严格的要求。水分过多会导致食盐易结块、易变质,夹杂物和卤汁则会影响食盐的纯净度和风味。因此,在选择食盐时,应选择水分、夹杂物及卤汁含量少的优质食盐,以确保大酱的品质和风味。

第2章 发酵调味品的加工工艺

2.3.1.3 水

在酱类生产中,需要用到大量的水,这些水主要用于原料处理和工艺操作等环节。尽管酱类生产对水质的要求不如酒类生产那么高,但保证水质的基本清洁和适宜性仍然非常重要。

一般来说,符合饮用水国家标准的井水、自来水等都可以用于酱类生产。这些水源通常都经过了处理和消毒,能够满足基本的卫生要求。然而,不同的酱类生产可能对水质有不同的要求,如一些高档的酱类可能需要使用更为纯净的水来保证产品的品质。

在酱类生产中,水的用途多种多样。首先,水被用于清洗和浸泡原料,以去除原料中的杂质和不良成分。其次,在发酵和熬制过程中,水能起到调节浓度、温度等作用。最后,水还被用于设备的清洗和消毒,以确保生产环境的卫生。

因此,尽管酱类生产对水质的要求相对较低,但保证水质的清洁和适宜性仍然是至关重要的。使用符合国家饮用水标准的水源,可以有效避免水质问题对产品质量和人体健康的影响。同时,企业也应根据实际情况和产品特点,选择合适的水处理方法和设备,以确保水质的稳定性和可靠性。

2.3.2 制曲

2.3.2.1 制曲工艺流程

大酱制曲工艺流程如图2-6所示。

　　　　　　　水　　　　面粉　　　　种曲
　　　　　　　↓　　　　　↓　　　　　↓
大豆 → 清洗 → 浸泡 → 蒸熟 → 混合 → 冷却 → 接种 → 厚层通风培养 → 大豆曲

图2-6 大酱制曲工艺流程

2.3.2.2 制曲原料处理

(1)清选与洗净大豆。在酱类生产的第一步中,选取合适的大豆至关重要。应挑选那些豆粒饱满、色泽鲜艳、具有自然光泽且未发生霉变的大豆。随后,大豆需要经过仔细的清洗,以去除表面的泥土、杂质以及可能存在的上浮物。这一步骤对于确保酱类产品的质量和口感具有重要意义。

(2)浸泡大豆。清洗后的大豆需要进行浸泡处理。通常是将大豆放入清洁的缸或桶内,并加入适量的水进行浸泡。根据生产需求,也可以选择直接将大豆放入加压锅内进行浸泡。在浸泡过程中,大豆会逐渐吸收水分,导致豆粒膨胀,表皮的皱纹逐渐消失。浸泡的时间与水温密切相关,一般来说,冷水浸泡需要的时间更长。夏天大约需要 4~5h,春秋季则可能需要 8~10h,而在寒冷的冬天,可能需要长达 15~16h 的浸泡时间。浸泡完成后,需要沥干水分,此时大豆的质量通常会增至原来的 2.1~2.15 倍,容量也会增加到 2.2~2.4 倍。

(3)蒸熟大豆。蒸熟是大豆处理的关键步骤之一。可以采用高压蒸豆或常压蒸豆的方法。在高压蒸豆过程中,将浸泡后沥干的大豆放入高压锅内,关闭锅门后接通蒸汽进行蒸煮。当气压达到 0.05MPa 时,需要排除锅内的冷空气,然后继续增加蒸汽压力至 0.1MPa,维持 3min 后关闭蒸汽并立即排出锅内的蒸汽。在常压蒸豆过程中,需要在锅内铺好竹箅子和包布,通过箅子底下的蒸汽将大豆一层一层地装入锅内。当全部大豆装入后,盖好锅盖,待全部上汽后蒸煮 1h,然后关闭蒸汽并焖料 10min。无论采用哪种方法,都需要确保大豆煮熟而不烂,手捻豆内稍有硬心,以确保大豆蛋白的适度变性。

(4)处理面粉。由于过去采用的面粉处理方法不仅损耗较大,而且还会使面粉中水分增加,不利于后续的制曲过程。因此,现在许多厂家直接利用未经处理的面粉进行生产,不仅提高了生产效率,还降低了生产成本。

2.3.2.3 制曲

在大酱生产的制曲阶段,原料的配比是至关重要的。传统上,原料配比包括大豆100kg和标准粉(即小麦粉)40～50kg。这样的配比旨在确保大豆在发酵过程中能够得到足够的营养支持,同时面粉的添加也有助于调节大豆的含水量。

蒸煮后的大豆含水量较高,直接用于制曲可能会导致发酵不均匀或发酵速度过快。因此,在蒸煮后的大豆中加入适量的面粉是一个关键步骤。面粉的加入不仅可以降低大豆的含水量,还能使大豆表面均匀地粘上一层薄薄的面粉层。这一步骤对于后续的发酵过程至关重要,因为它有助于确保大豆中的微生物能够均匀生长和繁殖,从而得到高质量的曲料。

现在,大中型工厂通常采用厚层通风制曲技术来生产曲料。这种技术利用通风设备控制曲料中的温度和湿度,以促进微生物的生长和繁殖。在操作过程中,首先将蒸煮好的大豆送入曲池并摊平,然后通过通风设备将曲料吹冷至40℃以下。接下来,按照比例撒入含有种曲的面粉,并用铲和耙等工具将大豆和面粉翻拌均匀。

在制曲过程中,保持适当的品温是关键。一般来说,品温应控制在30～32℃,以促进微生物的生长和繁殖。随着微生物的繁殖和代谢活动的增强,曲料中的温度会逐渐升高。当品温升至36～37℃时,需要通过通风设备进行降温处理,使品温降至32℃左右。这个过程有助于保持微生物的活性并促进菌丝的生长。

在制曲过程中,由于通风设备的作用,曲料中的上下温差可能会较大。为了解决这个问题,可以进行翻曲操作。翻曲的目的是将曲料上下翻动,使温度分布更加均匀。一般来说,翻曲需要进行2次左右,以确保曲料中的温度分布均匀。翻曲后的品温应维持在33～35℃,这是微生物生长和繁殖的最适宜温度范围。

整个制曲过程需要4d左右的时间。当曲料呈现出黄绿色并散发出浓郁的曲香时,即可判定为成品曲。此时,曲料中的微生物已经充分繁殖和代谢,为后续的发酵过程提供了充足的酶和风味物质。

2.3.3 大酱的生产工艺

2.3.3.1 大酱的生产方式

大酱作为一种历史悠久的调味品,其发酵方法多种多样,每一种方法都赋予了大酱独特的风味和品质。

（1）传统的天然晒露法是一种古老而自然的发酵方式，它完全依赖于大自然的恩赐。在这种方法中，大豆经过清洗、浸泡、蒸煮和拌面等预处理后，被放置在特定的环境中进行自然发酵。这个过程通常需要经过长时间的阳光照射和自然的微生物作用，使大豆中的蛋白质和糖分得到充分分解和转化，产生出丰富的风味物质。由于这种方法不添加任何化学物质，所以成品大酱的质量高、风味纯正，深受消费者喜爱。然而，随着现代科技的进步和人们生活节奏的加快，传统的天然晒露法已经无法满足大规模生产的需求。因此，速酿法、固态低盐发酵法及无盐发酵法等新型发酵方法应运而生。

（2）速酿法是一种通过添加化学或生物催化剂来加速发酵过程的方法。这种方法可以大大缩短发酵周期，提高生产效率。但是，由于添加了化学物质，可能会影响大酱的品质和风味。

（3）固态低盐发酵法是一种更为现代和科学的发酵方法。这种方法在保持传统发酵工艺的基础上，通过控制盐分的添加量和发酵条件，使大豆在固态状态下进行发酵。由于盐分的添加量较少，所以大酱的咸度适中，口感更加柔和。同时，固态低盐发酵法还具有发酵周期短、管理方便等优点，因此已经得到了广泛的应用。

（4）无盐发酵法则是一种更加创新的方法。这种方法完全不添加盐分，通过控制发酵条件和添加特定的微生物菌种，使大豆在无菌环境下进行发酵。这种方法可以最大限度地保留大豆的原味和营养成分，同时避免了盐分对健康的影响。但是，由于技术难度较大和成本较高，目前无盐发酵法还处于研究和试验阶段。

2.3.3.2 大酱的生产流程

大酱的生产流程如图2-7所示。

食盐+水→配制→澄清→盐水　　　　食盐+水→配制→澄清→盐水
↓　　　　　　　　　　　　↓
成曲→入发酵容器→自然升温→第1次加盐水→酱醅保温发酵→第2次加盐水及盐→翻醅→成品

图2-7　大酱的生产流程

（1）大豆曲入池与升温。当大豆曲被移入发酵容器时，首先需要将它们扒平并稍稍压紧。这样做的目的不仅是让盐分能够缓慢渗透，确保大豆曲的每一部分都能充分吸收盐水，还有助于保温升温。在酶和微生物的作用下，大豆曲开始发酵并产生热量，使品温迅速升至40℃。这个过程的时间长短会受到入池品温、环境温度等多种因素的影响，因此需要灵活掌握。

（2）加盐水。盐水的配制是大豆曲发酵过程中的重要环节。按照100kg水加1kg盐的比例，可配制约1°Bé的盐水。接着，为得到14.5°Bé和24°Bé的盐水，需调整盐的浓度并澄清后取上清液备用。当大豆曲的品温升至40℃时，淋入占大豆曲重量90%、温度为60～65℃、浓度为14.5°Bé的盐水。这样，物料能充分吸收盐水，同时温度达到最适发酵的45℃左右。此过程确保酱醅含盐量在9%～10%，既提供咸味又抑制非耐盐微生物，达到灭菌效果。盐水渗透后，面层加封细盐，盖好罐盖，进入发酵阶段。

（3）发酵。在发酵阶段，维持品温在约45℃至关重要，同时确保酱醅的水分含量在53%～55%。这一环境有利于大豆曲中的微生物和酶发挥最佳效能，它们会在这些条件下作用于原料中的蛋白质和淀粉，促进降解过程并生成新的风味物质，从而赋予豆酱独特的色、香、味、体。发酵期一般持续10d，但务必注意，过高的发酵温度会损害豆酱的鲜味和口感，因此温度控制是确保豆酱品质的关键。

（4）第二次加盐水及后熟。当酱醅发酵成熟后，需要再次加入盐水和细盐进行调味和补充。这次加入的盐水浓度为24°Bé，量约占大豆曲重量的40%，同时加入约10%的细盐（包括封面盐）。然后翻拌均匀，使食盐全部溶化。在室温下再发酵4～5d，可以进一步改善制品的风味。如果需要增加豆酱的风味，还可以将成熟酱醅的品温降至30～35℃，然后人工添加酵母培养液，再进行一个月的发酵。这个过程可以使豆酱的风味更加丰富和浓郁。

2.4 甜面酱的加工工艺

甜面酱,作为一种独特而受欢迎的酱类调味品,其核心原料是面粉。经过精心的制曲和保温发酵过程,它得以诞生。这款酱料味道独特,甜中带有淡淡的咸味,同时散发着浓郁的酱香和酯香,为烹饪增添了无尽的魅力。

甜面酱在烹饪中的应用十分广泛。它可用于酱爆和酱烧等多种菜品的制作,如著名的"酱爆肉丁"。此外,它还可作为蘸料,与大葱、黄瓜、烤鸭等美食完美结合,丰富了这些食材的口感层次。

甜面酱之所以具有如此美妙的味道,是因为在发酵过程中,米曲霉所产生的淀粉酶和少量的蛋白酶等酶类物质,对经糊化的淀粉和变性的蛋白质进行了巧妙的转化。这些大分子物质被降解成小分子物质,如麦芽糖、葡萄糖和各种氨基酸,这些成分赋予了甜面酱甜味和鲜味,使其味道更加醇厚。

除了味道上的优势,甜面酱还富含多种风味物质和营养物质,这使得它不仅能为菜肴增添滋味,还能丰富菜肴的营养成分。同时,它还具有开胃助食的功效,能够刺激食欲,让人在享受美食的同时,也能得到健康的滋养。

2.4.1 甜面酱酿造的原料

2.4.1.1 面粉

在酿制甜面酱的精湛工艺中,面粉作为核心原料,其品质对最终产品的色泽、口感和营养价值有着至关重要的影响。面粉通常可细分为特制粉、标准粉和普通粉三种。其中,标准粉是生产甜面酱时最常用的面粉类型。这种面粉的成分经过精心调配,适合用于发酵和转化过程,能够产生理想的风味和口感。标准粉在甜面酱制作中的应用,确保了甜面酱在色泽、口感和营养价值上都能达到较高的标准。相比之下,普通粉虽然也可以用于制作甜面酱,但由于其含有微细麦麸,这些麦麸中富含的五碳糖是生成色素和黑色素的主要物质。在甜面酱的发酵和转化过程中,五碳糖会参与化学反应,导致甜面酱的色泽变成黑褐色,不仅外观不佳,而且可能影响口感和营养价值。因此,使用普通粉制作的甜面酱往往色泽不光亮,味觉上也相对较差。特制粉则是面粉中的高品质产品,其成分更加纯净,不含有影响甜面酱品质的杂质。使用特制粉制作的甜面酱,在色泽、口感和营养价值上都能达到更高的水平。特制粉生产的甜面酱通常呈棕红色,色泽光亮,味道鲜美,深受消费者喜爱。

面粉作为甜面酱制作的主要原料,其品质直接影响到甜面酱的口感、风味以及整体质量。面粉的主要成分是淀粉,它是甜面酱中糖物质的主要来源,为甜面酱的发酵和口感形成提供了必要的物质基础。在挑选面粉时,新鲜度是一个非常重要的考量因素。新鲜的面粉含有较高的淀粉和其他营养成分,能够确保甜面酱在发酵过程中得到充分的营养支持,从而制作出口感醇厚、风味独特的甜面酱。相反,变质的面粉则可能因脂肪分解而产生不愉快的气味,这些异味会直接影响甜面酱的风味和口感。同时,变质面粉中的营养成分也可能发生变化,导致甜面酱的营养价值降低。

为了确保甜面酱的质量,在选择面粉时应注意以下几点:

(1)观察面粉的颜色和气味。新鲜的面粉颜色洁白,无异味;而变质的面粉可能颜色发黄或发暗,伴有异味。

(2)检查面粉的包装和保质期。选择包装完好、在保质期内的面粉,避免购买过期或包装破损的面粉。

(3)注意面粉的存储条件。将面粉存放在干燥、阴凉、通风的地方,避免阳光直射和潮湿环境,以延长面粉的保质期。

2.4.1.2 食盐及水

食盐及水的选择同大酱。

2.4.2 制曲

制曲是酿造甜面酱过程中一个至关重要的环节，它直接关系到甜面酱的口感、风味和品质。根据不同的制曲方法和设备，制曲可以分为地面曲、床制曲、薄层竹帘制曲、厚层通风制曲以及多酶法速酿稀甜酱（这种方法并不需要传统的制曲步骤）。

地面曲制曲法通常在地面上进行，曲体形状多样，但最为常见的是面饼状。面饼的大小、厚度和块形都可以根据需要进行调整，以适应不同的发酵需求。地面曲制曲法的特点是操作简单，但需要注意环境的卫生和湿度控制，以确保曲的质量。

床制曲法通常在特定的制曲床上进行。曲体形状以馒头或卷子形为主，而且这种方式通常不需要接种。床制曲法的优势在于可以更好地控制温度和湿度，促进曲的稳定发酵。此外，曲体形状的特殊设计，可以增加曲与空气的接触面积，有利于微生物的生长和代谢。

薄层竹帘制曲法采用面穗形状的曲体，需要在竹帘上进行接种。竹帘的使用可以确保曲体均匀分布，同时有利于空气流通和温度控制。薄层竹帘制曲法的特点在于可以精确控制曲体的厚度和密度，使得发酵过程更加均匀和稳定。此外，接种过程也可以引入特定的微生物菌种，以改善甜面酱的风味和品质。

2.4.2.1 馒头或卷子形曲的制作工艺

在甜面酱的生产过程中，馒头或卷子形曲的制作是一个关键的步骤。这种曲体形状不仅有利于微生物的生长和代谢，还能提高甜面酱的风味和品质。

（1）原材料准备。选用优质的小麦面粉作为原料。

（2）和面。按照每10kg小麦粉加入35～39kg饮用水的比例，进行充分拌和，确保面团的湿度和弹性。和面时要确保面团的湿度和弹性适中，以便后续加工和发酵。

（3）加工馒头（或卷子）。将和好的面团加工成馒头（或卷子）形状，每个馒头或卷子的重量控制在1～1.5kg。

（4）蒸熟。将加工好的馒头（或卷子）放入蒸笼中，保持间距

1～1.5cm。开阀门通蒸汽,待圆汽后再继续蒸约30min,直到散发出熟香味即为熟透。蒸馒头(或卷子)时要注意火候和时间,确保熟透且不过度。

（5）出笼摊晾。将蒸熟的馒头(或卷子)取出,放置在通风处进行摊晾,以降低温度,同时也有利于后续的操作。

（6）入曲室培养。将摊晾后的馒头(或卷子)放入已准备好的曲室中进行培养。曲室需提前打扫干净,并用硫黄或甲醛熏蒸消毒。室内地面上铺一层10～15cm厚的洁净麦草,上面再铺一层芦席。馒头(或卷子)堆放在芦席上,高度控制在40～50cm。在培养过程中,要控制好室内的温度和湿度,每天翻倒一次,当品温高于40℃时,每天可翻倒两次。

（7）堆垛。经过15d左右的培养,品温逐渐下降至28～35℃,此时可以将馒头(或卷子)堆垛成高度为80～90cm的大堆,并停止翻倒。堆垛时要保持馒头(或卷子)的完整性,避免破损或变形。

（8）成熟与出室。再过7d左右,馒头(或卷子)成为成曲,可以出室进行后续的发酵过程。成熟后的成曲要及时出室进行后续处理,避免过度发酵或变质。

2.4.2.2 面穗形曲的制作工艺

面穗形曲作为甜面酱生产中的重要原料,其制作过程需要精确控制,以确保曲体的品质和风味。

（1）原料准备。选用优质的小麦面粉作为原料。此外,曲室地面、墙壁及竹帘架子等用具必须彻底清洗干净,晾干后使用硫黄或甲醛进行熏蒸消毒,确保培养环境的卫生安全。竹帘在使用一段时间后也需要进行刷洗和晾干,以保持清洁。

（2）调制面穗。使用和面机将小麦粉加水调成棉絮状的散面穗,颗粒大小似黄豆。和面时要控制加水量,确保面穗的湿度适中。

（3）蒸熟。将调制好的面穗放入蒸面机内,通过常压加热蒸煮,确保面穗完全熟透且保持玉白色,口感不黏且略带甜味。蒸面时要掌握蒸煮时间和火候,确保面穗熟透且不过度。

（4）摊晾。将蒸熟的面穗取出,放置在通风处进行摊晾,降低温度至适宜接种的范围。面穗摊晾时要迅速降低温度,但不可过度吹风以免表面干燥。接种时要确保菌种均匀分布,避免出现局部浓度过高或过低的情况。摊帘时要控制面穗的厚度和密度,避免过厚或过密影响通风和发酵效果。培养过程中要密切监控室内的温度和湿度,及时调节以保持适宜的发酵环境。同时要有专人管理,确保培养过程顺利进行。

（5）接种。当面穗温度降至 37～40℃时,接入沪酿 3.042 米曲霉菌种,通过充分掺拌使菌种均匀分布。

（6）摊帘培养。将接种后的面穗均匀摊放在竹帘上进行培养。在培养过程中,要严格控制室内的温度和湿度,确保面穗能够充分发酵。

（7）成曲。经过约 2～3d 的培养,当面穗表面长满黄绿色孢子时,即成为成曲(面穗曲)。此时可以取出进行后续处理或保存备用。

通过对以上工艺流程和操作要点的控制,可以确保面穗形曲的品质和风味达到最佳状态,为甜面酱的生产提供优质的原料。

2.4.3 甜面酱的酿造工艺

甜面酱的酿造工艺如图 2-8 所示。

加盐水
↓
成曲→入发酵缸→自然发酵→搅拌→甜酱→检验→磨细→过滤→灭菌→成品

图 2-8 甜面酱的酿造工艺

（1）配制盐水。盐水应在前一天配制好并澄清,这样可以去除其中的杂质和沉淀物,确保盐水的纯净度。盐水的浓度(Bé 值)和温度(60～65℃)都是影响发酵效果的重要因素。

（2）发酵制醪。甜面酱的发酵过程分为两种方式。

自然升温发酵:将成曲送入发酵容器内,注入加热至 60～65℃的盐水,让其逐渐渗透入曲内。在此过程中,需要控制品温在 53～55℃,并每天搅拌一次,以促进发酵的均匀性。经过 4～5d 的发酵,曲会吸足盐水并发生糖化反应,7～10d 后酱醅成熟,变成浓稠带甜的酱醪。

制醪机拌和发酵:将盐水加热到 65～70℃,同时将成曲堆积升温至 45～50℃。使用制醪机将曲与盐水充分拌和后送入发酵容器内,此时要求品温达到 53℃以上。发酵过程中,需要将面层用再制盐封好并加盖,以保持发酵环境的稳定性。发酵时间一般为 7d,之后再次加入沸盐水并翻匀,得到浓稠带甜的酱醪。

(3)磨细。酱醪成熟后,由于其中含有疙瘩,口感不佳,因此需要进行磨细处理。磨细可以使用石磨或螺旋出酱机。螺旋出酱机因其直接在发酵容器内操作,同时磨细和输出的特性,极大地降低了劳动强度,提高了工作效率。

(4)过滤。磨细后的甜面酱需要通过3目细筛进行过滤,以去除小团块和杂质,确保成品酱的细腻口感。

(5)灭菌和防腐。甜面酱作为调味品,其卫生条件和贮藏稳定性至关重要。为了延长甜面酱的贮藏时间并防止变质,需要进行灭菌和防腐处理。通常,将磨细过滤后的甜面酱加热至75℃,并添加0.1%的苯甲酸钠作为防腐剂。在加热过程中,需要注意控制火候,避免面酱烧焦。此外,苯甲酸钠的添加量也需严格控制,以确保甜面酱的安全性和口感。

通过以上步骤,就可以制作出高质量的甜面酱,既满足了人们对美味的要求,又确保了产品的卫生和安全。

2.5 豆腐乳和豆豉的加工工艺

2.5.1 豆腐乳的加工工艺

豆腐乳又称"腐乳",是我国历史悠久的传统发酵调味品之一。腐乳的制作过程起始于豆浆的凝乳物,经过微生物的精心发酵,最终转化为一种风味独特的大豆制品。大豆作为腐乳的主要原料,富含35%~40%的蛋白质,其营养价值极高,种类齐全,是植物性蛋白质的重要来源。

2.5.1.1 概述

腐乳主要以大豆为原料,其生产过程涵盖了浸泡、磨浆、制坯、培养、腌坯、配料以及装坛发酵等多个精细步骤。根据生产工艺的不同,腐乳的发酵类型主要分为三种。

（1）腌制腐乳。直接将豆腐坯加盐腌制，装坛加入辅料进行发酵。由于没有经过前期发酵，因此主要依靠辅料中的微生物来完成发酵过程。这种方法生产的腐乳发酵时间较长，且色香味可能稍显不足。

（2）毛霉腐乳。先让豆腐坯在低温条件下（约16℃）培养毛霉，形成坚韧的皮膜并积累蛋白酶。然后，在腌制和装坛后进行后发酵。这种腐乳由于毛霉的作用，具有独特的风味和口感。但受限于温度条件，一般只在冬季生产。

（3）根霉型腐乳。采用耐高温的根霉菌进行生产，可以在夏季高温季节进行。然而，由于根霉菌的蛋白酶和肽酶活性较低，生产的腐乳在形状、色泽、风味及理化质量上可能不如毛霉腐乳。

为了改进腐乳的风味和降低成本，近年来研究者通过实验发现，采用混合菌种酿制豆腐乳不仅能增加其风味，还可以减少辅料中白酒的用量，从而提高经济效益。

2.5.1.2 腐乳酿制工艺

腐乳酿制工艺如图2-9所示。

大豆→洗涤→浸泡→打浆→过滤→煮浆→点浆→蹲脑→压榨切块
　　　　　　　　　　　　　　　　　　　　　　　　　　↓
成品←后熟←装坛及灌汤←腌坯←发酵←接种
　　　　　　　↓　　　　　　　　　　　↓
　　　　　汤料配制　　　　　　毛霉菌→菌悬液

图2-9　腐乳酿制工艺

（1）豆腐坯的制作。豆腐坯的制作流程涵盖了一系列精心设计的工序，包括浸豆、磨浆、滤渣、点浆、蹲脑、压榨成形和切块等。这些步骤共同确保了豆腐坯的高质量，为后续腐乳的发酵奠定了基础。与普通豆腐的制作相似，但豆腐坯的制作在点浆和压榨环节有其独特要求。

①浸泡。水温需控制在25℃以下，以免泡豆水变酸影响蛋白质提取。夏季因气温高，需多次换水以降低温度。

②磨浆。采用石磨或钢磨进行，加水量为大豆的2.8倍，边加料边加水。

③滤浆。首先过滤出头浆(1kg大豆得4~5kg头浆),随后使用70~80℃的热水进行四次洗浆,最终合并得1kg大豆对应10~11kg豆浆,浓度为5~6°Bé。

④煮浆。将滤出的豆浆加热至95~100℃,以促进蛋白质的变性和凝聚。

⑤点浆(点花)。在热浆中缓缓滴入凝固剂,同时持续搅拌。点浆温度需维持在82℃,pH值在6.8~7,凝固剂浓度和加入速度需适中。

⑥蹲脑。点浆后静置20~30min,使蛋白质充分凝集成块。

⑦压榨与切块。待豆腐花下沉、黄浆水澄清后,进行压榨,直至豆腐坯含水量控制在65%~70%,且厚薄均匀。压榨完成后,将豆腐坯切成大小适宜的小块。

这些精细的操作步骤确保了优质豆腐坯的制作,为后续的腐乳发酵提供了最佳基础。

(2)前期发酵。前期发酵是腐乳生产的关键,即豆腐坯培养毛霉或根霉。目的是使豆腐坯长满菌丝,形成皮膜并积累蛋白酶。需精确控制生长条件,如温度、湿度和时长。毛霉生长分孢子发芽、菌丝生长和孢子形成三阶段。

①接种。豆腐坯侧面放置,行间留空隙,喷雾或浸沾菌液后取出,以防水分过多。高温时加食醋降pH值。

②培养。堆高叠放,湿布覆盖。根据季节调整温度和时间:春秋20℃培养48h;冬季16℃培养72h;夏季30℃培养30h。毛霉老熟程度决定培养时间。

③腌坯。菌丝变黄、孢子增多时停止毛霉生长,开始腌坯。分层加盐法腌制,逐层增加用盐量,确保NaCl含量在12%~14%。腌制后排出盐水,干燥收缩。

(3)后期发酵。后期发酵是腐乳制作的关键阶段,通过豆腐坯上生长的毛霉以及配料中各种微生物的协同作用,促使腐乳进一步成熟,形成独特的色、香、味。这一阶段主要包括装坛、灌汤和贮藏等关键工序。

坛子经过沸水灭菌处理后,倒扣沥干水分,待降至室温后准备装坛。取出腌制好的盐坯,轻轻沥干表面的盐水,再小心放入坛中。在装坛过程中,盐坯的排列不宜过紧,以免阻碍后期的发酵过程。按照层次加入各种配料,如红曲、面曲、红椒粉等,以增添腐乳的风味和色泽。待坛子装满后,再灌入预先配制好的汤料。

根据所需腐乳的品种和风味,配制好相应的汤料,然后将其缓缓灌入坛中。灌汤的量要适中,不宜过满,以免在发酵过程中汤料溢出坛外。腐乳汤料的配制是影响腐乳风味的关键因素之一,不同的配料和比例可以形成不同风味的腐乳。

装好坛的腐乳需要进入贮藏阶段进行后熟。后熟过程主要是利用微生物的发酵作用,进一步转化腐乳中的成分,形成更加独特的风味和口感。后熟的时间因品种和温度而异,一般需要 30～60d。在后熟过程中,需定期检查腐乳的发酵情况,确保其正常发酵。经过后熟和检验合格的腐乳,就可以上市销售了。

2.5.1.3 工艺类型

腐乳作为一种以霉菌为主要发酵菌种的大豆制品,其独特的干酪状质地令人印象深刻。其口感鲜美,风味独树一帜,质地细腻且营养丰富,是中国传统发酵调味品中的瑰宝,充满了浓郁的民族特色。

(1)腌制型腐乳。这种腐乳以四川大邑县的唐场豆腐乳为代表。其制作过程中,豆腐坯首先经过煮沸处理,然后加盐腌制,最后装入坛中并加入特定的辅料进行发酵。腌制型腐乳以其独特的风味和细腻的口感,深受人们喜爱。

(2)毛霉型腐乳。毛霉型腐乳的制作过程涉及在豆腐坯上培养毛霉,或者通过纯种毛霉的人工接种进行发酵。前期发酵阶段,毛霉在豆腐坯上生长,利用其产生的蛋白酶将蛋白质分解成氨基酸,从而为腐乳带来特有的风味。

(3)根霉型腐乳。采用耐高温的根霉菌种,经过纯菌培养并人工接种,根霉型腐乳得以发酵制成。尽管利用根霉菌可以实现腐乳的四季均衡生产,但某些根霉菌种的蛋白酶活力较低,可能影响腐乳的最终风味。然而,少孢根霉(RT-3)因其耐高温和高蛋白酶活力,成为制作高质量腐乳的理想菌种。

(4)混合菌种酿制腐乳。考虑到毛霉和根霉各自的特点,有些腐乳采用了这两种菌种的混合发酵方式。这种混合菌种酿制的腐乳,旨在结合两者的优势,创造出更加丰富和独特的风味。

(5)细菌型腐乳。采用纯细菌接种在腐乳坯上进行发酵。以黑龙江的克东腐乳为例,它是我国唯一一种采用细菌进行前期培菌的腐乳。

这种腐乳以其滑润细腻的口感和入口即化的特点,赢得了广大消费者的喜爱。

2.5.1.4 产品类型

(1)红腐乳,又称"红方",它的特色在于装坛之前会用红曲涂抹豆腐坯的表面。成品后,其外表呈现出诱人的酱红色,而断面则呈现出杏黄色。红腐乳的滋味鲜甜,还带有淡淡的酒香,令人回味无穷。

(2)白腐乳,以其乳黄色、淡黄色或青白色的外观而著称。它散发着浓郁的酯香,口感鲜味爽口,质地细腻,是腐乳中的一道亮丽风景。

(3)花色腐乳,以其多样化的风味而备受喜爱。通过添加各种不同的辅料,如辣味、甜味、香辛和咸鲜等,展现出了各具特色的风味,满足了不同人群的口味需求。

(4)酱腐乳,在后期发酵过程中,以酱曲为主要辅料进行酿制。这种独特的酿造方式赋予了酱腐乳独特的风味和口感,使其成为腐乳中的一道独特佳肴。

(5)青腐乳,又称"青方",俗称"臭豆腐"。尽管它的产品表面颜色呈青色或豆青色,并且具有较为刺激性的气味,但这也是其独特的魅力所在。品尝青腐乳时,会感受到那股独特的臭中带香的味道,让人回味无穷。

2.5.1.5 腐乳生产的原料与辅料

1. 主要原料

(1)蛋白质原料。大豆,因其高蛋白质和低脂肪变性率的特点,成为制作腐乳的首选原料。未经提油处理的大豆制成的腐乳口感柔滑、细腻,带有独特的风味。冷榨豆饼则是大豆经过冷榨法提取油脂后的副产品,它保留了大豆的大部分营养成分,为腐乳生产提供了优质的原料选择。而豆粕,则是大豆经过软化轧片并利用溶剂萃取脱脂后的产物。为了确保腐乳的品质和原料的高效利用,豆粕的加工过程中采用了低温真空脱除溶剂的方法,这一技术有助于保留较高的水溶性蛋白质,进而提升腐乳的营养价值和口感。

（2）水。腐乳的生产对水质有严格的要求。水必须清洁且含有较少的矿物质和有机质。城市地区可使用自来水，但要求水质符合标准，且硬度尽可能低，以避免影响腐乳的得率和品质。

（3）胶凝剂。盐卤是海水制盐后的产品，主要成分是氯化镁（$MgCl_2$），具有苦味。适当稀释后可用于豆腐的凝固，赋予豆腐独特的香气和口味；石膏（$CaSO_4·2H_2O$）是一种矿物质，需经过烘烤处理后方可使用。它可与豆浆中的蛋白质反应，形成稳定的凝胶结构；葡萄糖酸内酯，一种新型的凝固剂，易于与豆浆混合，并在高温和适宜的pH值条件下迅速转变为葡萄糖酸，使蛋白质凝固。它具有保水性好、产品质地细嫩的优点。

（4）食盐。在腌坯过程中，食盐扮演着举足轻重的角色。它首先为产品增添适宜的咸味，提升整体风味。更为关键的是，食盐还能与氨基酸结合，进一步丰富和提升产品的鲜味。此外，食盐的另一个重要作用在于降低产品的水分活度，这一特性有助于抑制微生物的生长，从而发挥防腐作用，确保腌制品的品质与安全。因此，对食盐的质量要求极高，必须保持其干燥且杂质含量低，以满足腌制品的高品质要求。

2. 辅助原料

（1）糯米。在腐乳的生产中，糯米常用于制作酒酿，其品质要求高，需选择纯正、颗粒均匀、质地柔软的糯米，以保证酒酿的高产率和优质口感。100kg糯米可产出酒酿超过130kg，同时产生约28kg的酒酿糟。

（2）酒类。黄酒，以性醇和、香浓、酒精含量低（16%）为特点，常用于提升腐乳的香气和风味，增加腐乳的档次；酒酿，由糯米发酵而成，富含糖分，酒香浓郁，酒精含量较低（12%），常用于制作具有独特风味的腐乳；白酒，在腐乳生产中，根据需求可使用酒精度约为50%（体积分数）的白酒；米酒，以糯米、粳米等为原料，经发酵、压榨等工艺制成，酒精含量在13%~15%（体积分数）。

（3）曲类。面曲，由面粉经米曲霉培养而成，是甜面酱的半成品，用于腐乳生产时，可赋予腐乳独特的风味；米曲，以糯米为原料，通过接种米曲霉并控制培养条件制成，是腐乳生产中常用的发酵剂；红曲，以籼米为主要原料，经红曲霉菌发酵而成，其色素常用于将腐乳坯染成鲜红色，促进腐乳的成熟。

(4)甜味剂。腐乳中常用的甜味剂包括蔗糖、葡萄糖和果糖等,它们各自具有不同的甜度,用于调节腐乳的口感。此外,还有糖精钠、甘草、甜叶菊苷等非糖类甜味剂,它们也被用作腐乳的甜味调节剂。

(5)香辛料。香辛料在腐乳生产中应用广泛,包括胡椒、花椒、甘草、陈皮、丁香、八角等多种香料。这些香辛料不仅能为腐乳增添独特的风味,还能抑制不良气味,提高食欲,促进消化,并具有一定的防腐和抗氧化作用。在特定风味的腐乳中,还会添加如玫瑰花、桂花、虾料、香菇和人参等高质量香辛料,以增添其独特风味。

2.5.1.6 发酵豆制品所需的微生物

(1)毛霉。毛霉在食品工业中占据着举足轻重的地位。其卓越的淀粉酶活力使得淀粉得以高效转化为糖,同时,它还能产生蛋白酶,有效分解大豆蛋白质,释放营养。正因如此,毛霉在腐乳和豆豉等传统食品的制作中发挥着关键作用,为产品注入了丰富的营养和独特的风味。在发酵过程中,毛霉或相关细菌能巧妙地将蛋白质、淀粉和脂肪分解为低分子化合物,如氨基酸、糖和脂肪酸,并合成酯类等芳香物质,为腐乳等食品赋予迷人的色泽和香气。

(2)曲霉。曲霉是发酵豆制品生产中不可或缺的主要微生物。在制作腐乳、豆豉、豆酱等豆制品时,曲霉发挥着至关重要的作用,对产品的风味和色泽的形成具有显著影响。

(3)根霉。根霉与毛霉同属毛霉科,在腐乳的酿造过程中也发挥着类似的作用。不过,与毛霉相比,根霉的生长温度偏低,因此受到一定的季节性限制。尽管如此,根霉依然以其独特的功能为腐乳等豆制品的制作贡献了重要力量。

2.5.1.7 豆腐坯制作

豆腐坯制作工艺流程如图 2-10 所示。

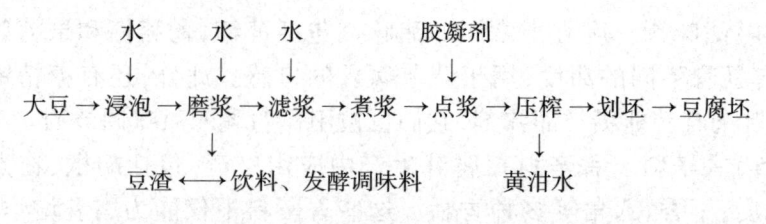

```
水      水      水           胶凝剂
↓      ↓      ↓            ↓
大豆→浸泡→磨浆→滤浆→煮浆→点浆→压榨→划坯→豆腐坯
              ↓                ↓
          豆渣←→饮料、发酵调味料   黄泔水
```

图2-10　豆腐坯制作工艺流程

（1）大豆浸泡。大豆与水的比例控制在1∶2.5，即100kg大豆需水200~250kg。使用软水有助于缩短浸泡时间，提高大豆蛋白的提取效率。根据季节调整，春秋季水温10~15℃，浸泡8~12h；夏季水温30℃，浸泡6h；冬季水温0~5℃，浸泡12~16h。浸泡至豆瓣劈开即可。生产时可添加碳酸钠，量为干大豆的0.2%~0.3%，使泡豆水pH值为10~12。

（2）磨浆。磨浆颗粒粒度应控制在15μm左右。磨浆时加水量与大豆的比例约为1∶6，即1kg浸泡后的大豆加2.8kg水。

（3）滤浆。普遍采用锥形离心机，转速1450r/min，滤布孔径0.15mm（96~102目）。腐乳生产要求豆浆浓度约为5°Bé，根据腐乳类型调整，特大型腐乳6°Bé，小块型腐乳8°Bé。确保每100kg大豆产出豆浆1000kg。

（4）煮浆。豆浆需快速煮沸至100℃，并维持96~100℃约5min，避免反复烧煮影响稠度和蛋白质凝固。

（5）点浆与"蹲脑"。点浆时控制豆浆pH值在6.6~6.8，以优化蛋白质凝固效果。一般75~80℃，特大型和中块型腐乳可至85℃。生产上常用盐卤浓度20~24°Bé，小白方腐乳14°Bé。需均匀混合豆浆与盐卤。小块型腐乳蹲脑10~15min，特大型腐乳7~10min。细流加入盐卤，边滴边搅动豆浆，至全部凝胶状态后停止。

（6）压榨。压榨即制坯，上箱后需缓慢加压，直至黄泔水基本停止流出。春秋季豆腐坯水分70%~72%，冬季71%~73%，小白方水分76%~78%。

（7）划坯。压榨完成后，按品种规格将豆腐坯划块，分热划和冷划两种。划块后送入培菌间进行发霉和前发酵。不同地区划块规格有所不同，如上海地区常见规格为4.8cm×4.8cm×1.8cm，江苏南京地区为4.1cm×4.1cm×1.6cm。

2.5.1.8 腐乳发酵

腐乳的发酵是一个持续过程,从生产到贮存都在进行。发酵过程由腐乳坯上自带的微生物与酶类以及配料中的微生物和酶系共同参与。这些微生物和酶类作用于主料和辅料作为反应基质,通过一系列生化反应促使腐乳逐渐成熟,并赋予其独特的风味。毛霉(或根霉)型腐乳发酵工艺为:前期发酵→后期发酵→装坛(或装瓶)→成品。

1. 前期发酵

前期发酵,也称为"发霉过程",是腐乳制作中至关重要的一个环节,主要涉及豆腐坯培养毛霉或根霉的过程。这一阶段的目的是让豆腐坯表面长满细密且坚韧的菌丝,并积累大量的蛋白酶,为后续蛋白质的水解奠定基础。成功的前期发酵需要精确掌握毛霉的生长规律,并严格控制培养环境的温度、湿度和时间。

(1)接种

①制备孢子悬液。在三角瓶中加入400mL冷开水,用竹棒将菌丝打碎并摇匀,随后用纱布过滤。滤渣再次用400mL冷开水洗涤并过滤,将两次的滤液混合,制成孢子悬液。

②豆腐坯的摆放。将已划块的豆腐坯整齐地摆放在笼格或框内,侧面竖立,并保持适当的间距以便通风散热,为毛霉菌的生长创造有利条件。

③孢子悬液喷洒。使用喷枪或喷筒将孢子悬液均匀地喷洒在豆腐坯的前、后、左、右、上五面,确保每一面都能均匀覆盖。

(2)培养

在培养过程中,室温需保持在26℃,以促进毛霉菌的生长。培养初期,约20h后可见菌丝生长,此时需进行第一次翻笼,以调节上下笼格的温度差,确保菌丝生长速度一致。随后,在28h、44h和52h分别进行第二次、第三次翻笼,以确保菌丝均匀生长。当菌丝生长接近完成时,即约68h后,需散开笼格以冷却菌丝。青方腐乳的菌丝应在长成白色棉絮状时停止生长,而红腐乳则需长至淡黄色。

（3）腌坯

当菌丝变色并出现灰褐色孢子时，需停止发霉，开始腌坯。将菌丝分开并紧贴在豆腐坯上，放入大缸腌制，未长菌丝面朝上。腌坯时，分层加盐，盐量逐层增加，最后撒盖面盐。盐量和时间随季节调整，确保NaCl含量在12%~14%。腌坯3~4d后压坯，加入食盐水淹过豆腐坯，再腌3~4d。结束后放出盐水，干燥收缩。

2. 后期发酵

后期发酵是腐乳制作的关键，通过毛霉与微生物协同作用，使腐乳成熟。工序包括装坛、灌汤、陈酿。目的是通过腌制使豆腐收缩变硬，并借微生物酶分解物质，经陈酿引发生化反应，赋予腐乳细腻口感和鲜美风味，形成独特的色、香、味、体。

（1）配料与装坛。取出盐坯，沥干盐水后，按照一定数量装入坛中。装坛时要避免过紧，以免影响发酵效果，导致发酵不完全或产生夹心现象。盐坯应依次排列，用手压平，并分层加入配料，如红曲、面曲、红椒粉等。装满后，灌入汤料。配料与装坛是腐乳后熟的关键步骤，以小红方为例，其配料包括酒精度为15°~16°的黄酒、面曲、红曲和糖精等。每坛装入的盐坯数量和配料比例需根据具体生产需求进行调整。

（2）灌汤。配好的汤料需灌入坛内或瓶内，灌汤量视所需品种而定，但不宜过满，以免发酵过程中汤料溢出。对于不同种类的腐乳，灌汤的方法和汤料配方也有所不同。例如，青方腐乳在装坛时不灌汤料，而是加入花椒和盐水；红方腐乳则使用红曲醪、面酱、黄酒等混合磨成的糊状汤料；上海白方腐乳在装坛后需腌制数天，并使用特定配比的盐水和黄酒作为灌汤料。在灌汤过程中，还需注意控制汤料的温度和浓度，以确保腐乳发酵过程的顺利进行。

3. 封口贮藏

在腐乳制作过程中，封口是极为关键的一步。首先，需选择适配的坛盖，并在坛盖周围撒上适量的食盐，随后使用水泥浆进行封口。在涂抹水泥浆时，需留意其厚度，以防水泥浆水渗入坛内，影响腐乳品质。同时，应在水泥上明确标记腐乳的品种和生产日期。在装坛之前，坛子必须经过沸水灭菌处理,待其冷却至室温后方可进行装坛操作。

腐乳在贮藏期内,可采用天然发酵法或室内保温发酵法进行发酵。

(1)天然发酵法。此方法主要利用户外较高的气温促使腐乳自然发酵。腐乳发酵后应放置在通风干燥处,避免雨淋和暴晒。在南方地区,红方腐乳通常需贮藏3~4个月,而上海小白方则只需30~40d即可成熟。此方法适用于气温较高的季节。

(2)室内保温发酵法。在气温较低、无法进行天然发酵的季节,可采用室内保温发酵法。此时需使用加温设备将室温维持在35~38℃。在此条件下,红方腐乳大约需要70~80d成熟,而青方腐乳则需40~50d。此外,腐乳的发酵效果与辅料的质量密切相关,特别是黄酒的质量。若黄酒质量不佳,易导致发酵过程中变酸,产生不良风味。因此,必须确保黄酒的质量上乘。同时,用于包装的坛、罐必须彻底清洗干净。若将腐乳装入玻璃罐中,应确保腐乳汤灌满整个容器,排除空气,并外加塑料盖拧紧。

2.5.1.9 其他类型腐乳生产

1. 腌制型腐乳

豆腐坯在加工过程中,首先会经过加水煮沸的步骤,随后加盐腌制以去除多余水分并增加风味。接着,将这些腌制好的豆腐坯直接装入坛中,并加入各种辅料如面糕曲、红曲米、米酒或黄酒等。这种加工方法的特点是豆腐坯不经过前期的自然发酵过程,而是直接进入后发酵阶段,依赖加入的辅料引发变化,从而使腐乳逐渐成熟。采用这种方法的腐乳品种包括四川唐场腐乳、湖南慈利无霉腐乳以及浙江绍兴棋方腐乳等,它们均属于腌制型腐乳。

工艺流程:豆腐坯→煮沸→腌坯(食盐)→装坛(各种辅料)→成品。

这种腐乳加工工艺的一大优势在于所需厂房和设备较少,操作简单易行,降低了生产成本和技术门槛。然而,其不足之处在于由于蛋白酶源相对不足,导致后期发酵过程较长,从而影响了腐乳中氨基酸的生成量,使得产品的色香味可能不够理想,口感也可能不够细腻。

2. 细菌型腐乳

细菌型腐乳生产的独特之处在于利用纯种细菌直接接种在腐乳坯上,这些细菌会迅速生长繁殖并产生丰富的酶类。具体操作为:豆腐首先经过48h的腌制过程,使盐分含量达到6.8%,随后接种嗜盐小球菌进行发酵。然而,这种方法在塑造腐乳的完整形态方面有所欠缺,因此需要在装坛前对腐乳坯进行加热烘干处理,使其含水量降至约45%,以确保后续工序的顺利进行。尽管细菌型腐乳在成型性上稍逊一筹,但其口感鲜美,这是其他类型腐乳所难以比拟的。

3. 王致和臭豆腐

王致和臭豆腐,以其独特的"臭香交织"风味享誉全国。它的色泽淡青,表面覆盖着一层薄如蝉翼的絮状长菌丝,质地细腻且完整不碎。

王致和臭豆腐的白坯含水量控制得较低,仅保持在66%~69%,这一特点有助于保证其在后续发酵过程中的稳定性和口感。其前期培菌时间相对较短,仅需36h,就能促使有益的微生物快速繁殖,为后续的发酵过程打下坚实基础。在腌坯过程中,王致和臭豆腐的用盐量相对较少,通常在11%~14%,这既保证了腐乳的咸度适中,又促进了蛋白质分解酶的活性,使豆腐更易被分解。在后期发酵阶段,王致和臭豆腐采用低盐水作为汤料,并在辅料中仅添加少许花椒,既保证了腐乳的鲜美口感,又避免了过度咸味和辛辣味的干扰。经过精心发酵,王致和臭豆腐中的部分蛋白质释放出硫氨基和氨基,产生了独特的硫臭和氨臭,但这些气味在品尝时却转化为令人愉悦的香气。同时,由于食盐的抑制作用减弱,蛋白质分解更为彻底,成品中氨基酸的含量异常丰富,特别是丙氨酸的含量较高,赋予了腐乳独特的甜味和酯香味。

4. 河南酥制腐乳

这种酥制腐乳以其醇香浓厚的风味而深受喜爱,其独特的工艺特点主要体现在装坛后的发酵过程中。在装坛时,每1kg豆腐坯搭配12.5kg的黄面酱和100g的麸香面,通过逐层拌匀的方式,确保了辅料的均匀分布。

在23~27℃的适宜温度下,腐乳被放置2~3d,使其自然发酵。在这个过程中,每天添加煮沸的汤料和黄酒,每次分别为7.5kg的汤料和250g的黄酒,共需添加三次,以促进腐乳的进一步发酵和味道的提升。

使用2.5kg的黄面酱进行封口,使腐乳在坛中继续自然发酵。经过长达4个月的天然晒露,腐乳完成了其独特的发酵过程,形成了醇香浓厚、品味精良的独特风味。这种精细的制作工艺和长时间的发酵过程,确保了酥制腐乳的独特口感和品质,使其成为美食爱好者们喜爱的佳品。

5. 桂林腐乳

桂林腐乳源自广西桂林,历经三百余年的传承,以其独特的白腐乳品种而著名。它的色泽淡雅,呈现为淡黄色,质地细腻如丝,散发出诱人的香气,味道鲜美无比。桂林腐乳的主要品种包括辣椒腐乳、五香腐乳和桂花腐乳,每一种都独具特色,深受食客喜爱。

桂林腐乳的制作工艺十分讲究,首先采用酸水点脑技术,确保白坯的含水量控制在69%~71%。每坛腐乳装入80块,同时加入占总坛体积20%的三花米酒4g,再添入其他精选配料。在五香腐乳中,每万块腐乳会加入香料1.5kg,食盐50kg,这些香料由八角(占88%)、草果(占4%)、良姜(占2%)、陈皮(占4%)以及花椒(占2%)精心调配而成。对于辣椒腐乳和桂花腐乳,则会额外添加辣椒粉或桂花香料,以增添其独特的风味。

6. 别味腐乳

别味腐乳是一种通过添加各种独特辅料制作而成的腐乳品种,包括虾子腐乳、火腿腐乳、五香腐乳、白菜辣腐乳、玫瑰腐乳、香菇腐乳及霉香腐乳等。

(1)装坛方法

①红色腐乳制作。在腌制好的豆腐坯上均匀涂抹红曲膏,确保六面全红。主要辅料与面曲混合,逐层撒在豆腐上,随后装坛,加入相应汤料

并封坛。

②白色腐乳制作。主要辅料与面曲混合后,逐层撒在豆腐毛坯上,灌入汤料,最后封坛。

③白菜辣腐乳。每块腌制好的豆腐用腌白菜叶包裹,装入坛中。逐层添加面糕,灌入汤料,最后封坛。

④霉香腐乳。将豆腐毛坯直接装坛,每层撒适量食盐,每坛约用 1.1kg 食盐。次日灌入汤料,坛口再撒上 0.05kg 食盐,最后封坛。

（2）主要辅料加工方法

①虾子。将虾子装入布袋中,蒸熟后备用。

②火腿。火腿切块后,加入酱油、食盐及花椒、大料、桂皮等调料,蒸煮至熟透,再切成薄片备用。

③糖渍陈皮。鲜橘皮切碎后,与砂糖和适量水一同煮成糊状备用。

④辣椒糊。将辣椒粉、面曲和红曲按比例混合,搅拌均匀成糊状备用。

⑤腌白菜。新鲜大白菜去除老皮和嫩心,加盐腌制,每日翻动,一个月后封缸保存。春季取出晾至半干,加入五香粉和姜丝,放入坛中自然发酵备用。

⑥香菇。香菇泡发后洗净,切块,用盐和五香粉调味后蒸熟备用。

⑦红曲膏。红曲与黄酒混合浸泡,随后磨成细膏,再用黄酒调匀至适宜稠度。

（3）装坛用汤料配方

①甜汤料。适用于五香、白菜辣腐乳。配方包括黄酒、白酒、砂糖、糖精等。

②普通调料。根据品种特点配制咸淡适中的汤料。

③霉香汤料。用白酒加水调至特定酒精含量。

（4）装瓶用汤料配方

①甜红汤料。适用于红色品种。配方包括原汤、黄酒、红曲膏、糖精、砂糖等。

②甜白汤料。适用于白色品种。配方与甜红汤料相似,但不含红曲膏。

③酒汤料。适用于五香、霉香、白菜辣等品种。配方包括原汤、黄酒和白酒。

2.5.2 豆豉的加工工艺

豆豉作为中国传统特色的发酵豆制品调味料,其制作原料主要依赖于黑豆或黄豆。在加工过程中,利用毛霉、曲霉或细菌蛋白酶的作用,分解大豆蛋白质,当分解达到一定程度时,再通过加盐、加酒、干燥等方法来抑制酶的活力,从而延缓发酵过程,最终得到美味的豆豉。

豆豉的历史悠久,据记载,其生产技艺最早起源于江西泰和县,并随着技术的不断发展和完善,逐渐传播至海外。在日本,豆豉曾被称为"纳豉",而现如今,这个词更多地用于指代日本独特的糖纳豆。在东南亚各国,豆豉也是人们餐桌上常见的调味品,而在欧美地区则不太流行。

豆豉不仅味道独特,而且营养价值丰富,富含蛋白质、各种氨基酸、乳酸、磷、镁、钙以及多种维生素。这些营养成分使得豆豉不仅色香味俱佳,还具有一定的保健作用。在中国,无论南北,人们都喜欢加工和食用豆豉,使其成为中华美食文化中的一道亮丽风景线。

2.5.2.1 豆豉的定义及分类

豆豉主要选用整粒的黑豆或黄豆(或豆瓣)作为原料。经过蒸煮和发酵等工艺处理后,豆豉以其独特的黑褐色或黄褐色外观,鲜美可口、咸淡适中、回甜化渣的口感,以及特有的豆豉香气而著称。豆豉不仅营养丰富,含有高达20%的蛋白质、7%的脂肪和25%的碳水化合物,还富含人体所需的多种氨基酸、矿物质和维生素,因此深受人们喜爱,并广泛流传于各地。长期食用豆豉还有助于开胃增食。

在中国,豆豉的品种繁多,其中较为著名的有广东阳江豆豉、开封西瓜豆豉、广西黄姚豆豉、山东八宝豆豉、四川潼川豆豉、湖南浏阳豆豉和永川豆豉等。

豆豉的分类多种多样,以下是按照不同标准进行的分类。

1. 以原料划分

(1)黑豆豆豉。如江西豆豉、浏阳豆豉、临沂豆豉等,采用优质黑豆为主要原料。

（2）黄豆豆豉。如广东阳江豆豉，以及上海、江苏一带的豆豉，以黄豆为主要原料。

2. 以性状划分

（1）干豆豉。经过发酵后再进行晒干，含水量约为25%~30%，常见于南方地区。
（2）湿豆豉。不经晒干的原湿态豆豉，含水量较高，常见于北方家庭制作。
（3）水豆豉。制曲后采用过饱和的浆液进行发酵，成品为浸渍状的颗粒。
（4）团块豆豉。以豆泥做成团块，经过制曲和发酵，风味独特，有烟熏味。

3. 以发酵微生物种类划分

（1）毛霉型豆豉。如四川的潼川和重庆的永川豆豉，在较低温度下利用毛霉菌进行发酵。
（2）曲霉型豆豉。如上海、武汉、江苏等地的豆豉，利用黄曲霉或米曲霉进行制曲。
（3）细菌型豆豉。如临沂豆豉，通过细菌在豆表面繁殖进行发酵。
（4）根霉型豆豉。如东南亚的印度尼西亚等国食用的"摊拍"，利用根霉进行发酵。

4. 以口味划分

（1）淡豆豉。发酵后的豆豉不经过盐腌制，口味较淡，如传统的浏阳豆豉。
（2）咸豆豉。发酵后的豆豉在拌料时加入盐水腌制，口味较重，为多数豆豉所采用。

第2章 发酵调味品的加工工艺

5. 以辅料划分

豆豉还可以根据添加的辅料不同进行分类,如酒豉、姜豉、椒豉、茄豉、瓜豉、香豉、酱豉、葱豉、香油豉等。

2.5.2.2 豆豉生产工艺

豆豉生产工艺如图2-11所示。

大豆→清选→浸泡→蒸煮→冷却→制曲→选曲→
拌曲(辅料)→发酵→水豆豉→干燥→干豆豉

图2-11 豆豉生产工艺

1. 原料选择与浸泡

豆豉主要选用大豆,包括黑豆、黄豆、褐豆等作为原料,其中黑豆因皮厚、色黑、营养价值高而特别受欢迎。在挑选时,应选择颗粒饱满、新鲜的小型豆或大豆。将选好的大豆放入池中,加入清水,确保水超过豆面约30cm。大豆与水的比例大约为1∶2。浸泡时间因季节而异,冬季需5~6h,其他季节则约3h。浸泡后的大豆含水量应控制在45%左右,以确保后续工艺的效果。

2. 蒸豆处理

蒸豆是豆豉制作的关键步骤之一,其目的在于软化大豆组织,使蛋白质适度变性,有利于酶的分解作用。同时,蒸豆还能有效杀死附着于豆上的杂菌,提高后续制曲的安全性。蒸豆的方法主要有两种:水煮法,将清水煮沸后,投入大豆煮约2h;汽蒸法,将浸泡好的大豆沥干水分,放入常压或高压蒸煮设备中进行蒸煮。对于工业生产,常采用旋转式高压蒸煮罐,在0.1MPa压力下蒸煮1h。蒸好的熟豆应具有豆香味,用手指轻压能成薄片且易粉碎,蛋白质含量已达到一次变性,含水量控制在45%左右。这样的熟豆既不会过硬导致成品不酥,也不会因水分过高而导致制曲时温度控制困难和杂菌繁殖。

3. 制曲

制曲是豆豉制作的关键,旨在通过霉菌作用让豆粒产生酶系,为发酵创造条件。翻曲是重要步骤,需抖散豆曲防止发生粘连。传统制曲利用自然条件下的微生物自然繁殖,产生霉系,赋予豆豉独特风味。不同微生物种类影响制曲工艺。

（1）曲霉制曲

①天然制曲。天然制曲依赖米曲霉,宜在温暖季节进行。蒸煮后的大豆冷却至35℃移入曲室,铺成中间薄、四周厚的2cm层。在25～35℃室温下,豆豉先结块,后菌丝覆盖,此时需翻曲调节温度至32℃。再升温至35～37℃时通风降温至33℃。随后结块出现嫩黄绿色孢子,再翻曲。维持品温28～30℃约6～7d,豆粒皱纹、孢子暗黄绿色、内部见菌丝,即完成出曲,此时水分约21%。传统方法受季节影响,现代技术采用沪酿3.042菌株,缩短周期至3d,实现了全年生产。

②纯种制曲。纯种制曲使用沪酿3.042米曲霉。煮熟并冷却至35℃的大豆,混合0.3%的沪酿3.042种曲和5%面粉,拌匀后移入曲室,铺于竹簸箕中约5cm厚。拌和时,先拌一半种曲与大豆,再拌另一半种曲与面粉,最后将种曲、大豆、面粉彻底拌匀,确保大豆表面均匀黏附面粉,利于通气和米曲霉生长,提升豆豉风味。在室温25℃、湿度90%以上的条件下,22h后可见菌丝覆盖豆粒,温度升至35℃时翻曲并搓散,72h后布满菌丝和孢子即可出曲。

（2）毛霉制曲

①天然制曲。蒸煮后的大豆冷却至30～35℃,铺于曲室簸箕或晒席,厚3～4cm。冬季室温2～6℃,品温5～12℃,制曲周期15～22d。3～4d后豆豉现白霉点,8～12d后菌丝旺盛,16～20d毛霉成熟,菌丝浅灰直立,高0.3～0.5cm,豆豉表层暗绿,即成曲。每100kg原料可产约125～135kg成曲。

②纯种毛霉制曲。成都市调味品研究所的M.R.C-1号纯种毛霉改变了传统制曲工艺。该菌种在25～27℃下生长快,酶活力强,制曲质量高,全年生产,周期缩短至3～4d。制作时,蒸煮后的大豆冷却至30℃,接种0.5%该菌种,搅拌后铺于消毒簸箕,厚3～5cm。在

第2章 发酵调味品的加工工艺

23～27℃下,24h豆粒现白菌点,36h菌丝茂密,48h毛霉生长高峰,需控温不超31℃。3d后孢子产生,曲色转灰,成曲制作完成。成熟孢子可保存为后续菌种。

③细菌制曲。水豆豉和家庭版豆豉多依赖于细菌制曲技术,其最佳制作时期为寒露后至春分前。对于家庭小批量生产,煮好的大豆趁热包裹在麻袋中,保温密闭发酵3～4d,待豆粒表面布满黏稠的液体,能够拉丝且散发出特有的豆豉风味时,即可完成制曲。

大规模生产水豆豉,常采用豆汁和熟豆两种制曲方式。豆汁制曲是将煮豆后过滤出的豆汁静置发酵,待豆汁产生特有的豉味和氨气,以筷子挑之悬丝长挂,即为豉汁。而熟豆制曲则在竹箩中进行,底部铺上扁蒲草,上面铺放煮熟的大豆,再覆盖一层扁蒲草,随后在室温下自然发酵。培养2～3d后翻拌一次,继续发酵3～4d直至成熟。这两种方法都是依赖自然接种的微生物,特别是枯草杆菌和乳酸菌,来完成整个制曲过程。

2.5.2.3 制醅发酵

豆豉制曲方法不同,产品种类繁多,制醅操作也随之而异。

1. 米曲霉干豆豉

(1)水洗过程。水洗豆豉旨在去除表面的孢子、菌丝和多余酶系,以保持其独特风味。通过水洗,能避免苦涩味,保留原料中氨基酸、糖等风味成分,防止过度分解导致的变形和失光。在温水中轻洗成曲,至表面干净、无残留,注意控制时间以防吸水过多。水洗后,成曲含水量应保持在33%～35%。

(2)堆积吸水。水洗后的豆曲需沥干并堆积,通过间歇洒水调整至约45%的含水量。适宜的湿度对发酵至关重要,过多易致脱皮、溃烂、失光,过少则影响发酵,使成品硬而不酥。

(3)升温加盐。调整好豆曲的水分后,覆盖塑料薄膜进行保温。经过6～7h的堆积,豆曲的品温上升至约55℃,此时可见豆曲重新长出菌丝,并散发出特殊的清香气味。此时,迅速将食盐拌入豆曲中,食盐的添加量一般为18%。

（4）发酵过程。加盐后的豆曲立即装入罐中,装至八成满。在装罐过程中,应层层压实。随后,盖上塑料薄膜及盖面盐,密封置于室内或室外常温处进行发酵。发酵过程通常需要4～6个月,待豆豉成熟后即可取出。

（5）晾晒与成品。将发酵成熟的豆豉分装至容器中,置于阴凉通风处晾干。晾晒过程中,需确保豆豉的水分含量降至30%以下,以免影响产品的品质和口感。晾干后的豆豉即为成品,可保存以供食用。

2. 米曲霉调味湿豆豉

（1）晾晒与孢子去除。为了便于去除孢子并避免产品带有苦涩味,应将成曲置于阳光下进行晾晒。此过程中,紫外线照射不仅有助于减少水分,还能消灭成曲中的潜在有害微生物,为后续的发酵过程创造更有利的环境。晒干后的成曲通过轻轻扬动去除孢子,以备后续使用。

（2）装坛与混合。将晒干去衣的成曲与食盐、香料等混合均匀,然后装入缸中并置于阳光下。待食盐完全溶化,且混合物达到适宜的稀稠度后,便可将其装入坛中。

（3）原料配比。精心选择原料并控制好比例对于制作高质量的豆豉至关重要。制作西瓜豆豉的原料配比如下:大豆100kg,西瓜瓤汁125kg,食盐25kg,并适量添加陈皮丝、生姜和茴香等调味料,以提升豆豉的风味。

（4）发酵与成品。将混合好的原料装坛后,密封并置于室外阳光下进行发酵。经过大约40～50d的自然发酵,西瓜豆豉即可成熟。此时,成品色泽鲜亮,口感醇厚,具有浓郁的豆香和西瓜的甜香。如果以其他果汁或番茄汁代替西瓜汁,则可以制作出风味独特的果汁豆豉或番茄汁豆豉。

3. 毛霉型豆豉

（1）拌料与浸焖。首先将成曲倒入拌料池中,轻轻打散后加入定量的食盐和水,搅拌均匀后让其浸焖一天。随后,再加入白酒、酒酿和香料等,再次搅拌均匀,以确保所有原料充分融合。

（2）发酵过程。将拌好的醅料装入坛子或浮水罐中,装填时确保层层压实,至容器八成满,然后压平表面。盖上塑料薄膜,并添加老面盐进行密封。如果使用浮水罐进行发酵,则不需要添加老面盐,而是采用倒覆盖的方式,并在罐沿加水,确保水分不干涸,并每7~10d更换一次水,以保持清洁。浮水罐发酵的方式能够产生最佳的成品效果。装罐后,将容器置于常温处进行发酵,大约需要10~12个月的时间,直至豆豉完全成熟。

（3）原料配比。豆豉的制作原料配比如下：以大豆为基准,取100kg;食盐按18%添加,即18kg;白酒需选择体积分数50%以上的,用量为3kg;酒酿加入量为4kg;水的添加量需根据醅料的实际情况调整,约6~10kg,将醅料的含水量调整至大约45%。

4. 细菌型水豆豉

对浮水坛进行彻底清洗,确保无杂质。准备好所需的原料。老姜洗净后,使用刮刀轻轻去除粗皮,再用快刀将其切成米粒大小的姜粒。花椒需要去除籽和柄,只选用干净、小巧且肉质结构紧密的部分。腌制萝卜则要先进行晾晒至半干,随后洗净,迅速切成黄豆大小的萝卜粒。

按照精确的配比,准备以下材料来制作豆豉：20kg黄豆的豆豉曲、40kg豉汁、15kg萝卜粒、2kg姜粒、8kg食盐以及50g花椒。将食盐均匀地撒入豉汁中,并充分搅拌以确保食盐完全溶解。按照特定的顺序,将豆豉曲放入已准备好的浮水坛中,随后加入花椒,接着是姜粒,最后是萝卜粒。每一种材料都应均匀地分布在坛中,确保每一层都紧实而有序。所有原料入坛后,盖紧坛盖,确保浮水充足,使坛子保持密封状态。将坛子放置在适宜的环境下进行密闭发酵,至少需要1个月,待其完全成熟后,即可享用美味的水豆豉。

5. 无盐发酵制醅

在豆豉的制作过程中,食盐的添加虽然能防止腐败并增添风味,但高盐量会抑制酶的活性,导致发酵过程缓慢且成熟周期长。为了缩短发酵周期,同时保持发酵醅的品质,可以采用无盐制醅发酵的方法。

（1）米曲霉无盐发酵。用温水洗净豆粒表面的菌丝和孢子,沥干后放入拌料池。加入60℃热水调整豆曲至约45%的含水量。将湿润豆曲放入保温发酵罐,用塑料膜和盐层覆盖,维持品温在 55 ~ 60℃,发酵约 56 ~ 57h。之后,加入 18% 食盐拌匀,装罐并静置,直至食盐完全溶化。若无保温发酵容器,可将豆曲与热水混合至 45% 含水量,加 4% 白酒防腐,覆盖保温材料,堆积发酵 56 ~ 72h 后拌入食盐。

(2)毛霉曲无盐制醅。对于毛霉曲,测定其水分含量,加入 65℃ 的热水至含水量达到 45%。加入适量的白酒和酒酿,迅速拌匀。可将混合物堆积并覆盖,使其自然升温,或放入保温发酵容器中,保持品温在 55 ~ 60℃。经过约 56 ~ 57h 的发酵后,加入定量的食盐,即可得到成品。

6. 团块豆豉

团块豆豉的制作过程融合了制曲和发酵两个关键步骤。首先,大豆经过浸泡和蒸煮,趁热在石臼中捣碎或用粉碎机研磨成细腻的豆泥。在豆泥的制作过程中,加入香料和相当于干豆重量 6% ~ 8% 的食盐,确保搅拌均匀。随后,将豆泥捏制成规则的卵圆形团块,每块湿重约 250g。将这些团块整齐地摆放在用竹篾编织的箅内,底部和表面都覆盖一层薄薄的稻草,以保持适当的湿度和温度。

将装好团块的竹箅移至培菌室,室温控制在 25℃,湿度 90% 以上。培养 4 ~ 5d,团块表面形成浆液和菌斑。随后,逐渐通风降低湿度,使团块内部菌丝生长。再培养 5 ~ 6d,制曲完成。初期霉菌和酵母生长占优势,但随着时间的延长,pH 值逐渐升高,细菌成为优势菌群,控制内部发酵,产生独特风味。

为了进一步提升团块豆豉的风味和延长其保质期,通常还会进行烟熏处理。将豆豉团块整齐地摆放在具有稀疏孔洞的竹箅上,并置于烟塘之上。烟塘内使用锯末或木柴生烟,其中以生柏枝升烟效果最佳。通过间歇熏烟的方式,使团块中的水分缓慢蒸发,并在水分析出和吸收的交替过程中,将烟气的成分带入团块内部,实现深度熏制。同时,保持低温烟熏,确保苯并芘等致癌物质的含量控制在安全范围内。最佳的烟熏方法是每日熏烟 3 次,每次 90min,连续熏制 3 ~ 4d。在整个烟熏过程中,需严格遵循"见烟不见火"的原则,将熏烟温度控制在 35℃ 以下。

经过烟熏处理的团块豆豉,可以直接敞放保存 3 ~ 4 个月。在食用前,需洗净烟尘并切成小块,然后煎炒或蒸煮作为美味的菜肴享用。

2.5.2.4 洗曲

豆豉成曲发酵前,其表面往往附着大量的孢子和菌丝。如果不经过清洗直接进行发酵,最终的产品会带有明显的苦涩味和霉味,且外观会显得干瘪,色泽黯淡无光。因此,洗曲是制作豆豉过程中一个至关重要的步骤,但在清洗时还需特别注意避免成曲的脱皮。

洗曲的方法主要有以下两种:

(1)人工洗曲。在人工洗曲的过程中,需要避免将豆曲长时间浸泡在水中,以防止其含水量过高。清洗的目的是让豆曲表面无残留的菌丝,同时保持豆身油润且避免脱皮。这需要细致的操作和经验的积累。

(2)机械洗曲。利用机械设备进行洗曲则更为高效。将豆曲放入铁制圆筒内,通过机械转动使豆粒相互摩擦,从而洗去豆粒表面的曲菌。洗涤完成后,用竹箩盛装豆豉,并再次用清水冲洗2~3次,确保豆曲表面的清洁。这种方法不仅提高了生产效率,而且能够更好地控制豆曲的脱皮率。

2.5.2.5 发酵与干燥

豆曲经过清洗之后,便可以进行喷水、加盐、加盖和加入香辛料的步骤,随后放入坛中进行发酵。在拌料过程中,确保豆曲的含水量达到约45%是较为理想的,这样可以保证发酵的顺利进行。

对于发酵容器,推荐使用陶瓷坛,因为陶瓷坛具有良好的透气性和保温性能,有助于豆曲的均匀发酵。在装坛时,应将豆曲装满,并层层压实,以确保发酵过程中的温度和湿度分布均匀。随后,使用塑料薄膜进行封口,确保发酵过程在厌氧条件下进行。

在发酵过程中,微生物会分泌出各种酶,通过一系列复杂的生化反应,形成豆豉特有的色、香、味。经过一定时间的发酵,豆曲转化为成熟的水豆豉,此时可以直接食用,品味其独特的风味。

若想要将水豆豉保存更久或用于其他烹饪需求,可以将其取出后进行干燥处理。通过适当的干燥,水豆豉的水分含量可以降低至约20%,从而转化为干豆豉。干豆豉不仅易于保存,还能在烹饪中发挥独特的作用。

2.5.2.6 湖南浏阳豆豉

（1）原料准备。选择优质无瑕疵的黑豆或黄豆，依据季节差异调整浸泡时间：冬季 6h 内，春秋 4h，夏季则减少至 3h。待豆粒表面大部分皱纹消失，沥干并继续湿润至豆粒饱满，含水量控制在 50% 左右。随后，采用常压或加压方式蒸煮，确保豆粒完全熟透，无腥味，并维持含水量在 55% ~ 56%。

（2）制曲过程。熟豆冷却至 35 ~ 38℃，均匀铺于簸箕中，厚薄适中。将簸箕移入 28 ~ 30℃ 的曲室培养，豆粒表面逐渐出现菌丝并形成块状。适时翻曲并调整位置，确保温度均匀。经约 96h 培养，豆粒表面孢子变为暗黄绿色，即制曲完成。此时成曲含水量约 21%，散发出独特曲香。

（3）清洗与润湿。通过筛选或清水淘洗，去除成曲表面多余菌丝，保留内部菌丝。清洗后堆置 1 ~ 2h，根据湿度适量洒水，使曲粒含水量增至约 85%。

（4）调味与发酵。依据湖南浏阳豆豉传统配方，将食盐、辣椒粉和生姜粉等辅料与豆豉曲充分混合。随后，将混合物分层装入陶坛或塑料桶，压实后密封，并置于 35℃ 发酵室中。以黄豆曲为基，发酵时间根据季节而异，通常在 7 ~ 30d。

（5）产品包装。发酵完成的豆豉，即可作为成品包装。若需长期储存，可进一步干燥至水分含量约 20%，制成干豆豉，以便长期保存。

第 3 章 发酵食品添加剂的加工工艺

在现代食品加工工业中,添加剂的使用已经成为不可或缺的一环,它们不仅能够改善食品的感官特性,还能延长食品的保质期,甚至增加食品的营养价值。本章将对食用色素、防腐剂、酸味剂和增稠剂等发酵食品添加剂的加工工艺进行深入剖析。

3.1 食用色素的加工工艺

食用色素也被称为"着色剂",是食品添加剂的一个重要类别,专门用于提升食品的视觉效果。这种可食用的染料不仅广泛应用于食品加工,还常见于药物和化妆品的着色。通过添加食用色素,可以调整或保持食品的颜色,从而提升消费者的食欲。

食用色素分为源自自然的和人工制造的两大类。人工色素是指用人工化学合成方法所制得的有机色素,主要是以煤焦油中分离出来的苯胺染料为原料制成的。而天然食品色素,则是从自然资源如动物、植物以及微生物中提取的色素,构成了食用色素的一个重要部分。其中,植物提取的染色物质尤为常见。这些天然色素除了能为食品增添色彩外,很多还具有一定的生理活性功能。

3.1.1 红曲红

红曲色素也被称为"红曲红",是由红曲菌经过发酵得到的一种出色的天然食用色素。这种色素是红曲菌在代谢过程中自然产生的。红曲色素实际上是一类聚酮化合物,由红曲霉在特定代谢阶段合成。学者们已通过有机溶剂成功提取并分离出红曲色素,得到了多种颜色的结晶,如红色针状和黄色片状,甚至还包括紫色针状结晶。这些发现揭示了红曲色素实际是由橙、黄、红三类色素混合而成的。

3.1.1.1 主要原辅料及预处理

从广泛意义上说,红曲是红曲菌发酵后的产物。而狭义上,它特指以大米为主要原料,通过红曲菌发酵得到的红曲米。在中国,福建和浙江是红曲的主要生产地,其中福建的古田红曲享有盛名。红曲不仅用于酿造,还广泛应用于食品染色和中药配伍。根据应用,红曲可以分为酿造用、色素用和功能性三类。特别是色素红曲,其生产菌——红曲菌,是全球唯一能生产食用色素的微生物。红曲色素可以来源于红曲米或红曲菌的深层发酵物。

3.1.1.2 主要微生物与生化过程

红曲菌在生物分类上属于子囊菌纲的曲菌科。我国常用的红曲生产菌种有多种,如 As3.913、As3.914 等,它们都有很强的色素生产能力。而某些菌种如 As3.972 则既适合色素生产也适合酿造。

红曲菌能够利用诸如淀粉、果糖、木糖等多种糖类进行生长。其生长所需的氮源包括 $NaNO_3$、NH_4NO_3 等。

曲种包括斜面菌种、三角瓶菌种以及生产曲种。对于斜面菌种,采用麦汁或米曲汁作为基础培养基,通过添加醋酸以调整 pH 值至 4.5~5.0。之后进行灭菌处理,待冷却后接种,然后在 32℃ 的环境下培养 7~10d,最后存放在冰箱中以备后用。

三角瓶菌种的制备使用籼米饭作为培养基。在灭菌并冷却后,进行接种,菌种在 32~35℃ 的温度范围内培养 7~10d,直至成熟。随后,在 40℃ 下烘干,直至其水分含量降低至 8%~10%,最后存放在阴凉干燥的地方。

生产菌种的制备:将三角瓶菌种浸泡在浓度为 3% 的醋酸中,醋酸的量为菌种的两倍,浸泡时间为 4~6h。然后将其磨浆并搅拌均匀,以备接种使用。接下来,选用优质的籼米,先将其浸渍 4～6h,然后淋清沥干并蒸熟。之后将蒸熟的米饭摊开晾凉至 35～38℃,并接种 1% 的三角瓶菌种。

在整个培养过程中,曲房的温度控制在大约 30℃,而曲料的温度则维持在 33～34℃。培养过程大约持续 8d,其间需要定期翻曲、通风,并使用 pH 值为 5.0 的水进行浸水处理。最终培养出的曲种在 40～45℃ 的温度下进行干燥。

3.1.1.3 加工工艺

1. 固态发酵工艺

红曲色素的生产大多依赖传统的固态发酵方式。此方法首先利用红曲菌进行发酵,生成红曲米,随后从红曲米中萃取红曲色素。固态发酵在红曲生产中的优势在于其低能耗,大规模生产过程中无须严格的消毒措施。其培养基简洁且主要由经济实惠的天然物质构成,整个生产过程节水、易操作,且提取成本低廉。更重要的是,固态发酵工艺不产生废水废渣,从而避免了二次污染。从可持续发展的视角来看,固态发酵技术拥有显著的优势。固态发酵制备红曲色素的工艺流程可参见图 3-1。

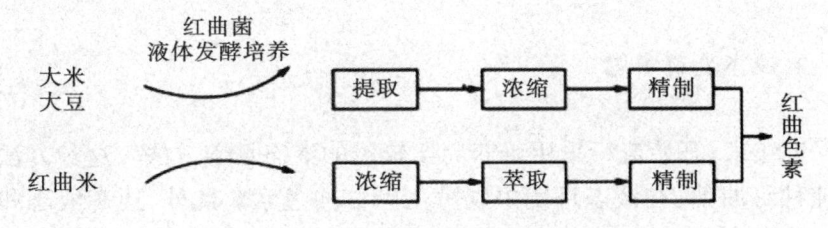

图 3-1 固态发酵制备红曲色素工艺流程

红曲红的生产工艺起始于红曲米,具体步骤如下:研磨红曲米,加入乙醇,并调整 pH 值。然后进行长时间的浸提,再通过离心处理,最终进行干燥,得到成品。关键的工艺条件包括使用浓度为 70% 的乙醇,将 pH 值调至 8,浸提时间需持续 24h,最后可采用真空干燥法,在 45℃ 的温度下进行干燥。

红曲米的生产流程如下:将籼米或糯米煮熟,待温度降至

40~50℃时,接入红曲种子;维持室温大约在33℃,并保持相对湿度在80%左右。经过3d的培养,当米粒表面出现白色菌丝时,进行翻曲操作以降低温度,同时在室内喷水以保持适宜的湿度,此过程中需定期检查并控制品温不超过40℃。到了第4~5d,将曲米装入洁净的麻袋中,在净水中浸泡5~10min,使其充分吸水并破碎菌丝。沥干水分,重新放入曲盘中进行制曲。在此过程中,需注意控制品温不超过40℃,并进行适时的翻曲和保温操作。随着时间的推移,米粒逐渐变为红色。到了第7~8d,品温开始下降,表明制曲过程趋于成熟。整个生产周期大约需要10d。

影响固态发酵生产红曲红的几个关键因素包括:

(1)培养基的配比。培养基的成分,如碳源和氮源的种类,对红曲霉菌的生长以及色素的合成具有直接的影响。因此,一个理想的培养基应能有效促进色素的生成,同时还应具备组成简洁、来源广泛、成本低廉且易于获取的特点。

(2)固态发酵的环境参数。固态发酵过程中的各种条件,如接种的数量、基质的初始湿度、酸碱度、发酵的时长以及在发酵过程中是否额外添加氮源,都会影响到菌体的繁殖和生长,进而对色素的产量产生影响。在确定这些条件时,需要综合考虑菌体的生长需求和色素的合成要求。

(3)金属元素的影响。在大米浸泡的水中加入不同类型的无机盐,也会对最终色素的产量产生一定的影响。

2. 液态发酵工艺

近年来,开始流行采用培养周期较短的液态培养方法。这种方法利用纯种红曲菌,在液态环境中发酵生产红曲色素。此外,还有液态和固态两步结合的生产方式,即先将红曲菌种在液态环境中培养成种子,再移植到大米上进行固态发酵,生成红曲。这种方法生产的红曲色素含量比传统工艺更高。

液态发酵制备红曲色素的工艺流程可参见图3-2。

液态发酵的主要步骤涉及菌种培养、发酵、色素提取、分离和干燥等。在菌种培养阶段,取少量完整的红曲米,经过酒精消毒后在无菌环境下研磨。之后将研磨后的红曲米加入盛有无菌水的小瓶中,过滤后得到的滤液在20~32℃下让菌种活化24h。取少量菌液稀释后在培养

第 3 章 发酵食品添加剂的加工工艺

皿上进行培养,形成单独的菌落。将红曲霉菌移植到斜面培养基上。在斜面培养基上培养 7d 后,将菌种接种到液态培养基中,在恒定的温度和转速下摇瓶培养 72h。

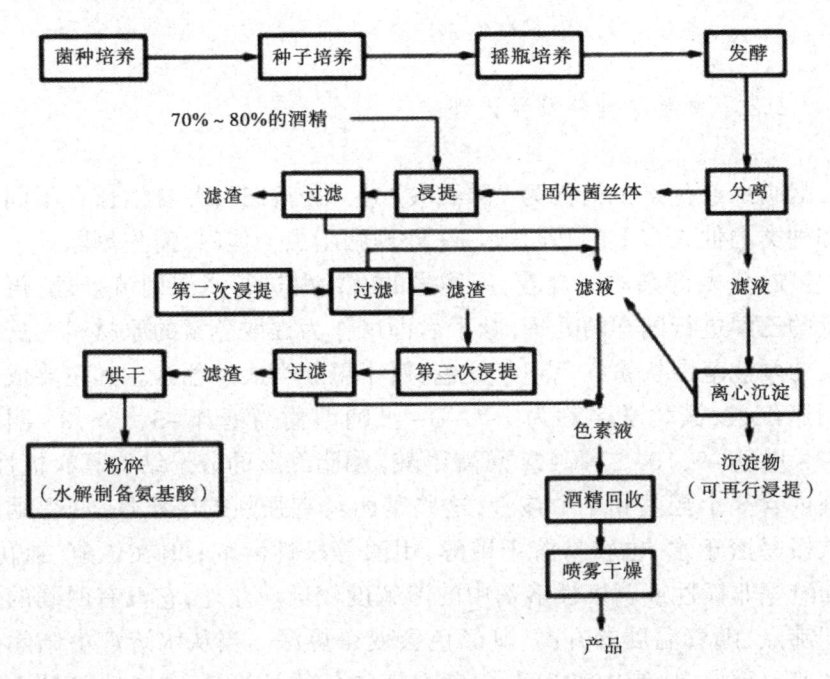

图 3-2 液态发酵制备红曲色素工艺流程

液态发酵是生产色素的核心环节,周期大约为 50~60h。发酵完成后,将发酵液进行压滤或离心分离以提取色素。为确保提取完全,滤渣会用高浓度的酒精进行多次提取。之后将所得的滤液合并,回收酒精并浓缩,最后进行喷雾干燥。在喷雾干燥前,可加入适量的添加剂作为色素的载体。关键的工艺条件包括:发酵温度保持在 32~34℃,发酵时间 60~72h,滤液用盐酸调节 pH 值至 4.0 左右使色素沉淀。之后用高浓度的乙醇浸提滤饼,并调节 pH 值至 6.5,在 60~70℃的温度下加热使蛋白质凝聚。最后,色素清液在减压条件下浓缩蒸发,再进行喷雾干燥。

红曲色素作为一种天然色素,被认为是非常安全的食用色素,实验证明它不含有黄曲霉毒素。动物实验也显示,食用含有红曲色素的食物不会导致急、慢性中毒,也没有致突变的作用。此外,红曲色素还具有降低血脂、血压,抗突变,防腐,保鲜等多重生理活性。因此,红曲色素集

"天然、营养、多功能"于一体。

3.1.2 胭脂虫红色素

3.1.2.1 主要原辅料及预处理

胭脂虫红色素也被称为"洋红酸"或"胭脂红",源自生长在不同地域和种类的仙人掌上的胭脂虫。在处理胭脂虫干体时,需先剔除仙人掌刺、沙粒、头发等杂质。接着,用等量的石油醚进行煮沸回流处理,再用等量的乙醇进行同样的处理,晾干后即可作为提取色素的原材料。这种色素的颜色范围从粉红色到紫红色,属于蒽酮类天然色素。其主要成分为胭脂红酸,其化学名称为7-C-D-吡喃型葡萄糖苷-3,5,6,8-四羟基-1-甲基-9,10-二氧-2-蒽醌甲酸。胭脂红酸的分子结构具有极性,因其内含8个羟基和1个羧基,这些基团具有强烈的亲水性,使得胭脂红酸极易溶于水,也较易溶于甲醇、甲酸等极性溶剂;但在乙醚、氯仿、石油醚等非极性或弱极性溶剂中的溶解度较低。此外,它没有明确的熔点和沸点,随着温度的升高,其颜色会变得更深。当从水溶液中结晶出的胭脂红酸加热到130℃时,会变为亮红色的晶体,而在250℃时会分解。这种色素具有出色的理化稳定性,无毒无害,因此在食品、药品、化妆品等多个领域都有广泛的应用。

3.1.2.2 工艺流程与操作要点

胭脂虫红色素提取工艺流程:胭脂虫→剔除其中明显的杂质→石油醚除蜡→无水乙醇除醇溶物→提取→液固分离→精制→浓缩→冷冻干燥→理化指标检测及性质分析。

目前全球范围内,西班牙、秘鲁、日本、韩国、德国以及丹麦等国家都在积极进行胭脂虫色素的生产和技术研发。这些国家中,有些是原料产地国,而有些则主要依赖进口原料。

胭脂虫红色素的提取方法如下所示:

(1)水提法。水提法是一种传统的提取方法,提取工艺流程:胭脂虫→水提取→放置→过滤→浓缩→溶解→脱水→离心→干燥→色素。

（2）醇提法。醇提法也是一种较为传统的提取方法，主要工艺流程：胭脂虫→乙醇提取→放置→过滤→浓缩→甘油溶解→脱水→沉淀→离心→干燥→色素。

（3）丙酮-氨水提取法。其优点是效率高，但周期较长，其工艺流程：胭脂虫→丙酮-氨水提取脱溶剂→蒸干→氨水溶解→蒸干→胭脂红色素。

（4）水提和酶处理法。其工艺流程：胭脂虫→水提取→蛋白酶处理→过滤→树脂吸附→洗脱→陶瓷膜过滤→减压浓缩→胭脂红色素。

（5）微波增强提取法。鉴于微波在物质传递和热能传递中的促进作用，将其运用到天然产物的有效成分提取和浓缩过程中，有望提升提取效果。

（6）超声波辅助萃取法。已有研究报告显示，超声波法被用于提取多种色素，如牵牛花色素、叶绿素、甘草色素等。然而，目前超声波提取法的研究仍主要限制在实验室的小规模应用上。

由于胭脂虫红色素是一种水溶性的蒽醌类色素，直接从胭脂虫中提取的色素可能含有少量溶剂残留、重金属离子和虫体蛋白等杂质，这些杂质可能会影响色素的品质甚至对人体健康产生威胁。因此，对胭脂虫红色素进行进一步提纯是非常必要的。下面简要介绍几种提纯方法：

（1）超滤膜提纯法。超滤膜分离技术能够在不改变原生物环境的情况下实现物质的分离，且无须使用溶剂，从而避免了污染。在天然色素工业中，可以选择适当孔径的超滤膜来提纯色素。将经过预处理的色素溶液通过不同分子截留量的超滤膜进行过滤，然后将透过液进行减压浓缩和冷冻干燥，就可以得到提纯后的胭脂虫红色素。这种方法成本低，且可以回收利用未达到要求的色素溶液，减少浪费。

（2）硅胶凝胶色谱提纯法。凝胶色谱也称为"排阻色谱"，是一种利用凝胶对不同大小的分子产生不同的阻滞作用来实现物质分离的方法。相比其他分离方法，凝胶色谱具有操作简单、分离效果好且能有效保护被分离物质的活性等优点，因此具有广阔的应用前景。

3.2 防腐剂的加工工艺

在我国,目前广泛应用的食品防腐剂主要分为化学防腐剂和天然防腐剂两大类。在食品工业中,化学防腐剂因其价格实惠、使用方便且高效,而得到了广泛应用。研究显示,我国常用的食品防腐剂包括硝酸盐、亚硝酸盐、对羟基苯甲酸酯类以及山梨酸(钾)等。相较于化学防腐剂,天然防腐剂以无毒、无残留、无公害等特点脱颖而出。这类防腐剂主要以植物、动物或微生物的代谢产物为原料,利用酶法转化、发酵等工艺,生产出具有防腐作用的天然食品添加剂,以满足不断增长的食品工业需求。

本节将重点介绍两种通过发酵工艺制备的微生物代谢产物防腐剂:乳酸链球菌素与聚赖氨酸。

3.2.1 乳酸链球菌素

乳酸链球菌素也被称为"Nisin",是一种由特定的革兰氏阳性细菌,如乳球菌和链球菌,所产生的细菌素。这种物质被分类为A(Ⅰ)1型抗生素,它的合成依赖于mRNA,并且在翻译后的修饰过程中会包含一些特殊的氨基酸。乳酸链球菌素的生产过程涉及使用乳酸乳球菌亚种对牛乳或乳清进行发酵。得到的发酵液会经过浓缩、分离,然后进行喷雾干燥,最后研磨成小颗粒。其通常的成分包括2.5%的乳链菌肽、74.4%的氯化钠、23.8%的处理过的牛乳固体以及1.7%的水分。

3.2.1.1 主要原辅料及预处理

用于生产乳酸链球菌素的主要原材料是牛乳或乳清。这些原材料需要符合特定的标准,包括但不限于:必须来自健康的牛群,不能使用产前15d内的胎乳和产后7d内的初乳,不能含有肉眼可见的杂质,牛乳的味道和气味必须正常,不能有过浓的黏性,颜色应为白色或略带黄色;需要对牛乳中的细菌数、体细胞数、酸度等进行严格的检验;原材料中不得添加任何化学物质和防腐剂,有机氯和汞的残留量也必须低于特定的标准;对于原料乳的抗生素检测,其重要性不容忽视,因为它直接关系到人体的健康;乳腺炎乳中白细胞数量的增加会对乳酸菌产生噬菌作用,而即使乳中只含有低浓度的抗生素,也可能会对发酵过程产生显著影响;饮用含有抗生素的牛乳和乳制品可能会对人体健康造成危害。因此,需要尽快开发出一种快速、安全、高效的抗生素检测方法。

除了对原材料进行严格的验收外,还需要进行一系列的预处理,包括净化、冷却、预热分离、脱脂乳杀菌以及真空浓缩等步骤。

3.2.1.2 主要微生物与生化过程

在乳酸链球菌素的生产过程中,使用的主要微生物包括乳链球菌和乳酸乳球菌。这些微生物在特定的条件下发酵,产生乳酸链球菌素。

3.2.1.3 加工工艺

乳酸链球菌素的生产工艺流程:原料→原料乳验收→原料乳的净化及冷却→预热分离→脱脂乳杀菌→真空浓缩→接种发酵→分离提取→喷雾干燥→包装→成品。

(1)原料乳的净化及冷却。原料乳需通过过滤或离心等方式进行净化。净化过程分三步:第一步,使用纱布过滤,去除牛乳中的大块杂质;第二步,在物料管内安装双联过滤器,进一步去除较小的杂质,确保处理后杂质含量不超过0.3mg/L;第三步,通过离心处理,去除极微小的杂质,如尘埃和细胞鳞片等,使杂质含量降低至0.1mg/L以下。完成净化后,利用冷却设备,如板式换热器,将原料乳冷却至5℃以下,并储存于贮乳罐中。

(2)预热分离。使用板式热交换器将原料乳预热至40℃,随后利用奶油分离机将稀奶油和脱脂乳分开。分离出的脱脂乳将用于乳酸菌素的生产,且其脂肪含量不得超过0.3%。

(3)脱脂乳杀菌、浓缩。脱脂后的料液需经过95℃、5min的热处理以杀菌。之后，在室温条件下，采用真空浓缩技术对脱脂乳进行浓缩。

（4）接种发酵。将浓缩后的脱脂乳转移至发酵缸中，温度保持在30℃。通过定量泵将发酵剂均匀混入浓缩乳中，发酵剂的添加比例为7%。在30℃下保温发酵大约20h，直至发酵的最终酸度达到240°T以上。

（5）分离提取。乳酸链球菌素的提取可以通过多种方法进行，包括离子交换、免疫亲和层析以及反相高效液相色谱等。但这些方法成本较高，且可能混入受监管的化合物。

（6）喷雾干燥、包装。将发酵好的成品通过均质机进行离心喷雾脱水。利用振动筛分机处理乳酸链球菌素粉，并采用充氮包装机进行包装，以确保产品的质量和保存期限。

3.2.2 聚赖氨酸

ε-聚-L-赖氨酸（ε-PL）是由特定的放线菌和芽孢杆菌生成的一种独特的同源多氨基酸。它具有出色的抗菌效能，能有效地抑制大肠杆菌O157：H7、单核细胞增生李斯特菌、金黄色葡萄球菌以及酿酒酵母等常见的食源性致病菌。此外，ε-PL还具有良好的水溶性、生物可降解性、稳定性以及低毒性。

3.2.2.1 主要原辅料及预处理

选用淀粉糖作为主要碳源，同时添加适量的无机盐和必需的微量元素以满足微生物的生长需求。

3.2.2.2 主要微生物与生化过程

当前普遍认为，ε-PL是通过糖酵解途径、三羧酸循环以及二氨基庚二酸（DAP）途径合成。图3-3详细展示了L-赖氨酸如何转化为DAP的过程，这也是ε-PL合成的重要步骤。

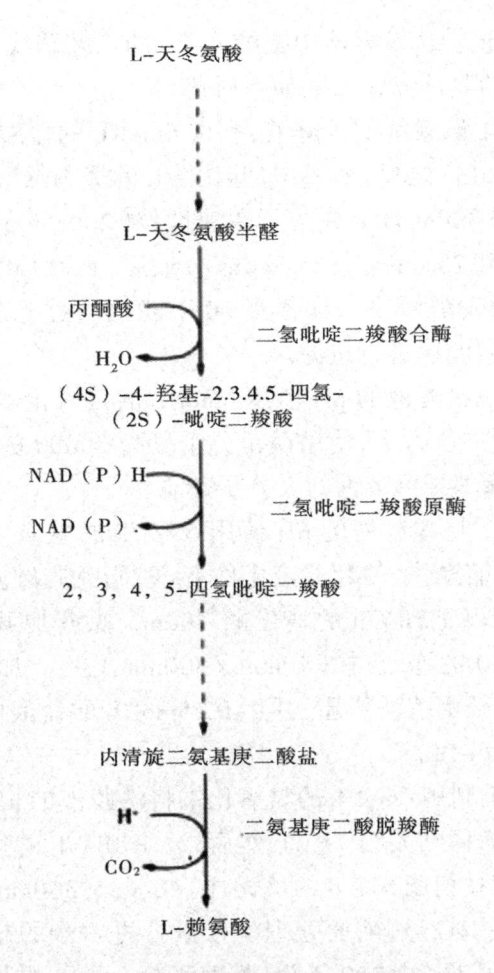

第3章 发酵食品添加剂的加工工艺

```
                    L-天冬氨酸
                        ⋮
                        ↓
                  L-天冬氨酸半醛
      丙酮酸 ⎫
            ⎬→         二氢吡啶二羧酸合酶
      $H_2O$ ⎭
            (4S)-4-羟基-2,3,4,5-四氢-
            (2S)-吡啶二羧酸
      NAD(P)H ⎫
              ⎬→       二氢吡啶二羧酸还原酶
      NAD(P)  ⎭
            2,3,4,5-四氢吡啶二羧酸
                        ⋮
                        ↓
              内消旋二氨基庚二酸盐
      $H^+$  ⎫
             ⎬→        二氨基庚二酸脱羧酶
      $CO_2$ ⎭
                     L-赖氨酸
```

图 3-3　L-赖氨酸形成 DAP 的途径

3.2.2.3 工艺流程与操作要点

（1）发酵工艺流程。ε-PL 发酵工艺流程如图 3-4 所示。

```
              一级种子 → 二级种子
                           ↓接种
玉米淀粉 —液化、糖化→ 糖液 —发酵→ 发酵液 → 陶瓷膜过滤 → 连续脱盐
                                                           ↓
        成品 ← 包装 ← 干燥 ← 结晶 ← 浓缩 ← 脱糖
```

图 3-4　ε-PL 发酵工艺流程

（2）提纯工艺。从发酵液中提纯 ε-PL 的工艺路线。流程分为五个部分，每个单元的具体操作参数如下所述。

单元操作一：取新鲜的发酵液，利用 6mol/L 的盐酸调整其 pH 值至 1.5，总体积约 3.5L。之后，向其中加入 2g/L 的聚丙烯酸钠母液，使其最终浓度达到大约 800mg/L。先进行快速搅拌（200r/min，持续 2min），然后转为慢速搅拌（75r/min，持续 3min）。最后，在 0.1MPa 的压力下，将经过絮凝处理的发酵液泵入配备有 10 个滤框的过滤器（面积 0.17m^2）和孔径为 1m 的微滤膜进行过滤。

单元操作二：将滤液的 pH 值用 6mol/L 的氢氧化钠调整到 6.5。在 0.10~0.15MPa 的压力下，使用截留分子量为 30000 的膜（体积 0.1m^3）进行超滤，以去除部分可溶性的大分子杂质。

单元操作三：将超滤液的 pH 值用 6mol/L 的氢氧化钠调至 8.5，然后通过稀释或浓缩操作，使超滤液中的 β-磷脂酰胆碱浓度大约维持在 15g/L。接下来，以 1.5BV/h 的速度将 300mL 滤液加载到装有 100mL Amberlite IRC-50 的色谱柱（40mm×300mm）上。加载完毕后，用 4~6BV 的去离子水清洗树脂，并用 0.25mol/L 的盐酸以 7.0BV/h 的速度从树脂上洗脱 β-PL。

单元操作四：利用 6mol/L 的氢氧化钠将洗脱液的 pH 值调整到 7.0，并将 β-PL 浓度稀释到大约 7g/L。然后，以 1.0BV/h 的速度将溶液加载到装有 100mL 大孔树脂 SX-8 的填充柱（40mm×300mm）上。

单元操作五：对经过前面处理的水进行进一步的超滤浓缩。这里采用的是截留分子量为 1000 的膜，膜面积为 0.1m^2，操作时的入口压力设定为 0.1MPa。当溶液的体积减小到 100mL 时，加入 200mL 的去离子水，并继续这个超滤过程三次。此后，在 0.05MPa 的压力和 50℃ 的温度条件下，利用旋转蒸发器将经过脱盐的溶液进一步浓缩到大约 20mL。最后，通过冷冻干燥的方法，可以得到固体 ε-PL 样品。

在每一个操作步骤中，都会取出大约 0.1g 的固体样品进行冷冻干燥。然后对这些样品中的蛋白质和 ε-PL 的含量进行检测。通过这些数据，可以进一步计算出蛋白质的去除率、ε-PL 的损失率以及产品的纯度，以此来监控并优化提纯过程。

3.3 酸味剂的加工工艺

酸味剂作为一种能够给食品增添酸味并有效抑制微生物生长的食品添加剂，是调整食品酸度的重要工具。它不仅是食品中的主要调味品，还具有刺激食欲、促进消化等功能。此外，酸味剂还具有提升酸度、改良食品口感、抗菌防腐、防止褐变、缓冲以及螯合等多重作用。

在中国已经获得批准使用的酸味剂包括柠檬酸、乳酸、磷酸等多种，合计达 17 种。

3.3.1 柠檬酸

在当前的柠檬酸人工合成实践中，发酵技术被广泛采用。与传统的制造方法相比，发酵法因其易于控制、高效且产量大而受到青睐。特别是随着现代生物技术的进步和高产菌株的引入，柠檬酸的发酵效率已大幅提升。目前，固态发酵、液态浅盘发酵及深层发酵是主流的发酵方式。固态发酵主要使用富含淀粉的农副产品为原料，通过一系列工艺步骤来生产柠檬酸。液态浅盘和深层发酵则主要使用糖蜜为原料，需严格控制无菌环境并接种菌种，其中深层发酵的流程更为复杂且对技术与设备要求较高。

3.3.1.1 主要原辅料及预处理

（1）糖蜜是一种常用的原料，其质量差异显著。优质的糖蜜常用于柠檬酸的生产，而质量较差的则多用于生产低价值产品，如酒精。预处理的核心是去除重金属离子，常用的方法是添加亚铁氰化钾等络合物，它能与多数重金属反应并生成沉淀。需要注意的是，亚铁氰化钾不仅能去除对菌丝有害的重金属，还会去除一些必需的微量元素。因此，其用量必须精确控制，最佳用量取决于糖蜜的类型，通常在每升培养基中加入200~1000mg（约300g糖蜜）。当亚铁氰化物的用量达到最佳时，游离态金属的含量会相对稳定。为防止发酵过程中的微生物污染，糖蜜必须经过灭菌处理，通常采用蒸汽灭菌法，建议条件为130℃，持续30min以上。尽管如此，蒸汽灭菌并不能完全保证发酵过程的无菌，因此还可能需要使用其他灭菌剂，如福尔马林和呋喃衍生物。

（2）精制或粗制蔗糖也是发酵的重要原料，主要来源于甘蔗或甜菜，非常适合黑曲霉菌株的发酵。这种糖在深层发酵中表现优异，但在表面发酵中效果欠佳，主要是因为糖液中酸的扩散率较低。糖液通常需要稀释到50%~60%的浓度，然后泵入已加有一定量水的发酵罐中，以确保最终糖浓度为15%~22%。接着，在110~120℃下进行0.5~1h的灭菌处理。之后，溶液在搅拌和通风的条件下冷却到32~35℃，然后接入黑曲霉的孢子或菌丝体种子培养物。现在，连续灭菌器的使用越来越广泛，在连续灭菌器中，糖液是与其他成分分开单独进行灭菌的。

（3）在发酵工艺中，淀粉也是一个重要的原料。它能被许多微生物直接利用，并经常作为发酵培养基的一部分。在食品和酿造行业中，淀粉被广泛用于生产淀粉酶和直链淀粉。在柠檬酸的生产中，常使用玉米、小麦、木薯和土豆等作为淀粉来源。

（4）培养基中还需要添加其他成分以提供氮源、磷源和多种微量元素。氮源可以是有机化合物（如氨、氨基酸）或非有机化合物（如铵盐、硝酸盐）。最常用的磷源是磷酸或磷酸盐。当使用糖蜜进行发酵时，由于糖蜜中含有足够的有机和无机氮化合物，因此很少需要额外添加氮源物质。然而，如果氮含量过高，部分糖会转化为生物量而非柠檬酸。水用于稀释基本原料，其质量应至少达到饮用水标准，并且需要灭菌以去除污染的微生物。同时，应控制水中的微量金属元素水平，并确保不含有机化合物及其降解物。

3.3.1.2 主要微生物与生化过程

1. 主要微生物

柠檬酸生成过程中存在大量的微生物，包含真菌与细菌，如石蜡节杆菌、地衣芽孢杆菌、棒状杆菌，还有黑曲霉、锐利曲霉、炭疽杆菌、詹氏青霉菌等。此外,还有酵母菌,如热带假丝酵母和嗜油性假丝酵母。在这些菌种中,黑曲霉因其能高效利用多种碳氮源且柠檬酸产量高、副产物生成少,而被视为工业化生产柠檬酸的首选。为了进一步提高柠檬酸的生产效率,科研人员已通过诱变育种技术对生产菌进行了优化。常用的诱变方法包括紫外线辐射和化学诱变。为了获得更高产的菌株,紫外线处理可以与其他化学诱变手段结合使用。同一种菌株在不同的发酵方式下,其柠檬酸的产量也会有所不同。因此,在固态或液态表面发酵中表现优秀的菌株,在深层液态发酵中未必同样出色。

2. 生化过程

研究显示,柠檬酸的产生主要通过糖酵解途径(EMP)。与多数真菌相似,黑曲霉通过糖酵解和戊糖磷酸途径(HMP)利用葡萄糖和其他碳水化合物作为能源来生产柠檬酸。在柠檬酸发酵过程中,戊糖磷酸途径只能部分解释碳的代谢情况,这可能是由于柠檬酸对6-磷酸葡萄糖脱氢酶具有抑制作用,但这一点尚待进一步证实。在发酵的后期阶段,阿拉伯糖醇和赤藓糖醇作为副产物开始积累,这表明戊糖磷酸途径并未被完全阻断。此外,黑曲霉还具备另一条由葡萄糖氧化酶催化的葡萄糖代谢途径。在高葡萄糖浓度、强通气和低其他营养物质浓度的条件下,这种酶会被诱导产生。这些条件也正是柠檬酸发酵的典型环境,因此葡萄糖氧化酶在柠檬酸发酵初期就会形成,并将一定量的葡萄糖转化为葡萄糖酸。然而,由于这种胞外酶直接受到环境 pH 值的影响,当 pH 值降至 3.5 以下时,酶会失去活性。随着柠檬酸的积累,溶液的 pH 值可降至 1.8,从而导致葡萄糖氧化酶失活。柠檬酸的生产过程是这样的:葡萄糖首先通过 EMP 或 HMP 途径转化为丙酮酸,然后在有氧条件下,丙酮酸一方面氧化脱羧生成乙酰辅酶 A,另一方面羧化生成草酰乙酸。最后,在柠檬酸合成酶的作用下,草酰乙酸与乙酰辅酶 A 缩合生成柠檬酸。

3.3.1.3 加工工艺

1. 工艺流程

当前,利用黑曲霉进行液体深层发酵生产柠檬酸已成为主流技术。以该技术为例,整个生产过程以淀粉为起点,将麸曲活化以制备孢子悬浮液。淀粉会经历液化和糖化过程,转化为糖化液,这个过程大约耗时24h。之后,会向糖化液中加入特定浓度的氮源和无机盐,以制成基础培养基,其中氮源常选用玉米浆和酵母浸膏等。完成培养基的高温灭菌和冷却后,会接入孢子悬浮液进行发酵,发酵周期通常在60~80h。发酵结束后,经过提取和精制,最终获得柠檬酸产品。

2. 操作要点

(1)碳氮比。由于原料如薯类的产地等条件差异,其成分含量也会有所不同,特别是蛋白质含量。例如,某些地区的甘薯干蛋白质含量适中,无须额外调整氮含量。对于蛋白质含量较高的甘薯干或较低的木薯干,需要相应地调整氮源,如添加玉米粉、米糠、麸皮等有机氮和适量的无机氮。

(2)温度。研究显示,当黑曲霉发酵柠檬酸的温度维持在28~30℃时,柠檬酸的产率和发酵速度均达到最优。温度超过35℃时,尽管初期产酸量较高,但最终的产酸率会下降。为了适应更高的温度并节省能源,我国在选育菌种时会进行高温驯育,使得菌种能在(37±1)℃的环境中发酵。

(3)控制生物量。为了保持最佳的发酵环境,发酵液中的生物量应控制在一定范围内,通常是12~20g/L。过高的生物量会影响氧气的溶解,增加搅拌的能耗,并消耗大量的葡萄糖。对于含有大量粗纤维的原料,生物量可以适当提高。生物量的增加会降低溶液中的溶氧量,影响柠檬酸的生成速度。

(4)通风量。柠檬酸发酵过程中的通风量并非固定不变,而是根据多种因素进行调整的,包括培养基的质量、菌种的生长需求、发酵罐的设计等。通风量过大会导致菌体过早衰老,不利于二氧化碳的固定,并造成能源浪费。因此,需要根据菌体的代谢规律和发酵条件来合理调控通风量。

(5)下游处理工艺。回收柠檬酸通常采用钙盐沉淀法。在一定的温度和pH值条件下,向柠檬酸溶液中加入石灰,生成不溶于水的柠檬酸三钙。通过控制柠檬酸浓度、温度、pH值和石灰加入速度,可以获得高质量的柠檬酸结晶。再通过洗涤、过滤、纯化和浓缩等步骤,最终得到纯净的柠檬酸产品。

3.3.2 乳酸

乳酸也被称作"α-羟基丙酸",其化学式为$C_3H_6O_3$,能轻松溶解于水、酒精、丙酮以及乙醚,同时还具备防腐作用。它是一种同时含有羟基和羧基的有机酸,被称为"α-羟酸"。当乳酸溶解于水时,其羧基会释放一个质子,进而形成乳酸根离子($CH_2CHOHCOO^-$)。

同型乳酸发酵,是一个由乳酸菌主导的生物化学过程,通过糖酵解途径将葡萄糖转化为乳酸。该过程的化学反应式可以概括为:一份葡萄糖与两份ADP和两份无机磷酸反应,生成两份乳酸和两份ATP。这一过程可以用以下方程式表示:

$$C_6H_{12}O_6 + 2ADP + 2Pi \rightarrow 2CH_3CH(OH)COOH + 2ATP$$

1分子葡萄糖生成2分子乳酸,理论转化率为100%。

3.3.2.1 主要原辅料及预处理

1. 碳源

乳酸的制造主要以农产品加工的副产品作为碳源。选择精制原料或粗原料取决于特定条件。例如,美国通常选用葡萄糖或蔗糖,而欧洲和巴西则倾向于使用甘蔗糖和甜菜糖。由玉米湿磨工艺得到的淀粉乳被视为一种极具竞争力的原料。不同的菌种对原料的利用效率各不相同。例如,葡萄糖非常适合乳杆菌属中的同型发酵菌种,特别是德氏乳杆菌德氏亚种,这种菌种也能发酵蔗糖或糖蜜,但不支持乳糖。德氏乳杆菌保加利亚亚种能够发酵乳糖,因此可以利用乳清及其渗透液,但不支持蔗糖,甚至有些菌株无法利用乳糖中的半乳糖部分。瑞士乳杆菌则能利用乳糖和半乳糖,但不能处理蔗糖。糖蜜,作为制糖过程中的副产品,主要用于动物饲料、酒精生产、酵母生产以及乳酸发酵,其所含糖分以蔗糖为主,非常适合德氏乳杆菌。

2. 氮源

乳酸菌在合成氨基酸、维生素和核苷酸等方面的能力有限,在合成培养基上生长困难。因此,通常需要在培养基中添加富含有机氮的物质,如酵母提取物、蛋白胨、玉米浆、乳清蛋白水解物、棉籽水解液以及植物蛋白胨等。这些物质为乳酸菌提供了必要的氨基酸、维生素、嘌呤和嘧啶等成分。常用的 MRS 培养基包含蛋白胨、牛肉提取物和酵母提取物,足以支撑乳酸菌的生长。当使用干酪乳清渗透液作为碳源时,添加蛋白酶水解的乳清蛋白水解物能显著提升德氏乳杆菌保加利亚亚种发酵乳酸的浓度和产量。在可选的氮源中,酵母提取物效果最佳,但其高昂的价格可能占乳酸生产成本的 30% 以上。对于乳酸这类低成本化学品而言,使用酵母提取物显得不经济,因此需要考虑更经济的氮源,如大豆蛋白胨等。

3.3.2.2 主要微生物与生化过程

采用微生物发酵法是制备 L-乳酸的主要途径,该方法通常使用糖类,如葡萄糖、蔗糖或淀粉,作为主要的碳源。在特定的培养基中,会引入特定的微生物,如乳酸菌,来进行发酵并产生乳酸。乳酸菌是一种能够高效转化培养基中的碳水化合物为乳酸的微生物,其种类繁多且在自然界广泛存在。我们日常食用的酸乳、泡菜、酱油、食醋和果汁中都可能含有这类乳酸菌。为了生产 L-乳酸,常用的菌种包括德氏乳杆菌、干酪乳杆菌、鼠李糖乳杆菌、嗜淀粉乳杆菌、瑞士乳杆菌、保加利亚乳杆菌以及植物乳杆菌等。除此之外,也有报道使用粪肠球菌和米根霉进行生产。其中,同型发酵的乳杆菌被看作具有高度应用前景的生产菌种,如 Lb.casei、lh.lactis 和 l.delbrueckii 等,它们的 L-乳酸产量都能超过 150g/L。然而,这类微生物产生的大部分 L-乳酸的光学纯度约为

97%,而为了生产聚乳酸,需要的光学纯度要达到99%以上。近年来,人们发现嗜热的芽孢杆菌也可以用于L-乳酸的发酵生产,其糖酸转化率相当高。并且,由于其发酵温度较高(50~60℃),因此大大减少了发酵过程中被其他微生物污染的风险,同时它生产的L-乳酸的光学纯度也极高,达到了99%或以上。

同型乳酸发酵的生化机制:在发酵过程中,葡萄糖首先转化为6-磷酸葡萄糖酸,然后在6-磷酸葡萄糖酸脱氢酶的作用下进一步转化为5-磷酸核酮糖。接下来,在5-磷酸核酮糖-3-差向异构酶的作用下,5-磷酸核酮糖会发生差向异构化,生成5-磷酸木酮糖。随后,在磷酸酮解酶的催化下,5-磷酸木酮糖会分解为乙酰磷酸和3-磷酸甘油醛。乙酰磷酸会经过磷酸转乙酰酶的作用转化为乙酰辅酶A,再依次经过乙醛脱氢酶和乙醇脱氢酶的作用,最终生成乙醇。而3-磷酸甘油醛则会通过糖酵解途径生成丙酮酸,在乳酸脱氢酶的催化下进一步转化为乳酸。

3.3.2.3 加工工艺

(1)菌种。CICIM B1821凝结芽孢杆菌被认定为一种出色的高温耐受型L-乳酸生产菌种。

(2)种子培养方式。首先在LB平板上,于50℃环境下静置培养一整夜,之后从平板上选取单菌落接种到LB液体培养基中。设定摇床转速为200r/min,并在50℃下过夜培养。取500mL的三角瓶,向其中分装200mL的种子培养基,采用5%的接种量,在50℃、200r/min的条件下培养6h,以备发酵罐接种使用。

(3)发酵过程。在15L的搅拌式发酵罐中,初始装液量为8L,整体进行罐上灭菌处理(121℃,20min)。葡萄糖在单独灭菌后分批次加入,确保加入后的葡萄糖终浓度不超过10%,发酵终止时残留糖浓度不高于1%,总添加量根据实验需求而定。发酵温度维持在50℃,pH值调至6.5。好氧阶段使用氨水进行调节,厌氧阶段则采用25%的$Ca(OH)_2$进行调节。好氧阶段的溶解氧(DO)值保持在30%以上,接种量设定为5%。

在15L的发酵罐实验中,初始装液量为9L,初始糖浓度为20%,未进行通氧处理。经过100h的发酵,乳酸产量达到了134g/L,残留糖分为4.5g/L,葡萄糖转化为乳酸的效率约为92%。其间产生的副产品包括丙酮酸、乙酸、丁二酸、甲酸、延胡索酸和乙醇等,但这些副产品的总量低于 1.2g/L。最高的乳酸生产速率为 3.81g/（L·h），且所产出的乳酸光学纯度超过了 99%。

（4）提取工艺。目前，乳酸的主要提取方法是利用有机溶剂进行萃取。常见的有机溶剂载体分为四种类型：溶剂化载体、阴离子活性载体、阳离子活性载体和整合型载体。在乳酸萃取方面表现优异的载体包括 Hostarex A327（一种叔胺）、Alamine 336（三辛胺至三癸胺的混合物）、Amberlite LA-2（仲胺）以及 Cyanex 923（氧化三辛基膦与氧化三庚基膦的混合物）等。当这些载体与乳酸结合形成特定的复合物后，会被有机相萃取出来。随后，通过水、稀盐酸、稀硫酸或氢氧化钠溶液进行反萃取，即可获得纯净的稀乳酸溶液。最后，经过真空浓缩处理，即可得到成品乳酸。目前，国外的大型乳酸生产厂家普遍采用这种有机溶剂萃取的方法来提取乳酸。

3.4 增稠剂的加工工艺

食品增稠剂也被称为"食品胶"或"糊精"，是一类具有强大亲水性的大分子物质。在一定的条件下，它们能够充分水化，形成黏稠、滑腻或胶冻状的液体。这些增稠剂在食品工业中发挥着多重作用，如乳化、成膜、保持水分、胶凝等。其中，利用其黏度来保持食品产品的稳定性和均一性是增稠剂的一个重要功能，因此，其黏度成为一个核心指标。尽管在食品加工中添加的增稠剂量很少，通常仅占产品总重的千分之几，但它们却能显著提高食品体系的稳定性，既有效又科学健康。这些增稠剂的化学成分主要是天然多糖或其衍生物（明胶除外，因为明胶是由氨基酸组成的），这些成分广泛存在于自然界中。

根据我国对食品添加剂的分类，食品增稠剂按其来源可大致归为五类。第一类是从植物的渗出液、种子、果皮和茎等部位提取的植物胶，如瓜尔胶、槐豆胶等。第二类是由含蛋白质的动物原料制取的动物胶，如明胶和干酪素。第三类是真菌或细菌与淀粉类物质作用后产生的生物胶，如黄原胶和结冷胶。第四类是从海藻中提取的海藻胶，如琼脂和卡拉胶。第五类是以纤维素、淀粉等天然物质为原料,经过化学改性制成的糖类衍生物,如羧甲基纤维素钠。下面以可得然胶为例展开讨论。

可得然胶,也被称为 Curdlan 或多糖 PS-140,是一种独特的多糖类物质。由于其在受热时会发生凝固,因此又被称为热凝胶多糖。这种物质是通过微生物发酵过程制得的,其化学本质是葡萄糖分子通过 β-1,3-葡萄糖苷键连接而成的一种水不溶性葡聚糖。这种葡聚糖可以溶解在碱性水溶液中。从结构上来看,可得然胶是不含糖基侧链的 β-1,3-葡聚糖中结构最为简单的一种。

3.4.1 主要原辅料

(1)碳源。在制备可得然胶时,碳水化合物常被用作主要的碳源。虽然多种糖类如葡萄糖、单糖、二糖以及糊精和淀粉等均可作为碳源,但在生产可得然胶方面蔗糖的效率通常不如葡萄糖。出于成本效益考虑,糖工业的一些廉价副产品,如来源于甜菜或甘蔗的糖蜜,也被视为具有吸引力的替代碳源选项。

(2)氮源。对于多糖的生产,有机氮源通常优于无机氮源。优质的有机氮源包括玉米浆、豆饼粉、酵母粉和蛋白胨等。此外,特定的氨基酸也能被某些多糖生产菌有效利用。而简单的无机氮,如氨水、硝酸盐和铵盐,有时也可用作氮源。但需要注意的是,氮源的浓度会直接影响到菌体的生长和产物的积累。一般来说,氮源会与菌体结合,形成更为复杂的结构。因此,碳源的浓度应控制在仅够菌体增殖的最小量,以避免菌体过度增殖消耗过多的碳源,从而降低多糖的产量。产物的数量和质量都与氮源的类型和数量紧密相关。

(3)磷酸盐的影响。磷酸盐的浓度对菌体细胞的生长和可得然胶的形成具有显著影响。有研究者采用两步发酵法研究了无机磷酸盐浓度对特定菌株产可得然胶量的影响。他们发现,在限制氮源条件下,当菌体细胞开始产生可得然胶时,由于细胞生长停止吸收磷酸盐,磷酸盐的浓度会趋于稳定。实验结果显示,菌体产可得然胶时磷酸盐的最适残留浓度在 0.1~0.3g/L。当在限氮条件下保持磷酸盐浓度为 0.5g/L 时,经过 120h 的发酵,可得然胶的产量可以达到 55g/L。尽管在没有磷酸盐的情况下,可得然胶的产量非常低,但相对较低的磷酸盐浓度对可得然胶的生产最为有利。当菌体细胞内的磷酸盐浓度从 0.42g/L 增加到 1.68g/L 时，可得然胶的产量也会从 4.4g/L 增加到 28g/L。然而，当不考虑菌体细胞浓度时，可得然胶的最大生产率可以达到 70mg/（g 菌体·h）。

3.4.2 主要微生物与生化过程

（1）主要微生物。产生可得然胶的主要微生物是粪产碱杆菌（Alcaligenes faecalis 变种）或放射性土壤杆菌（A. radiobacter），它们都属于土壤杆菌属。

（2）生化过程。可得然胶的生物合成大致经历三个核心环节：首先是底物的摄取过程；接着是在生物酶的催化下，细胞内的单糖聚合成多糖；最后是这些多糖产物被排出细胞。在氮源受限的环境下，类异戊二烯这种载脂在可得然胶的合成中扮演了至关重要的角色，尤其是当菌体细胞因氮源耗尽而停止二次生长后。此外，UDP-葡萄糖作为糖基载体，在可得然胶的合成过程中起到了关键的先导作用。同时，细胞内的核苷不仅在核糖苷的合成中扮演重要角色，还能广泛调节菌体的生长和代谢。

3.4.3 工艺流程与操作要点

可得然胶是由粪产碱杆菌产生的一种典型的次级代谢产物，它在菌体生长稳定期的后期，特别是在氮源缺乏的条件下被合成出来。这种微生物多糖类物质主要使用土壤杆菌属作为生产菌，以蔗糖或葡萄糖等为主要原料，经过特定的生物发酵过程，再经过提纯、干燥和粉碎，最终成为食品添加剂可得然胶（图 3-4）。

发酵培养基的配方包括葡萄糖 3%、蔗糖 4%、$(NH_4)_2HPO_4$ 0.2%、K_2HPO_4 0.2%、$MgSO_4$ 0.1%、$CaCO_3$ 0.05% 以及玉米浆粉 0.08%。在 28~32℃的温度下进行通气培养 84~96h 后，可得然胶的产量可以达到 45~50g/L。

第3章 发酵食品添加剂的加工工艺

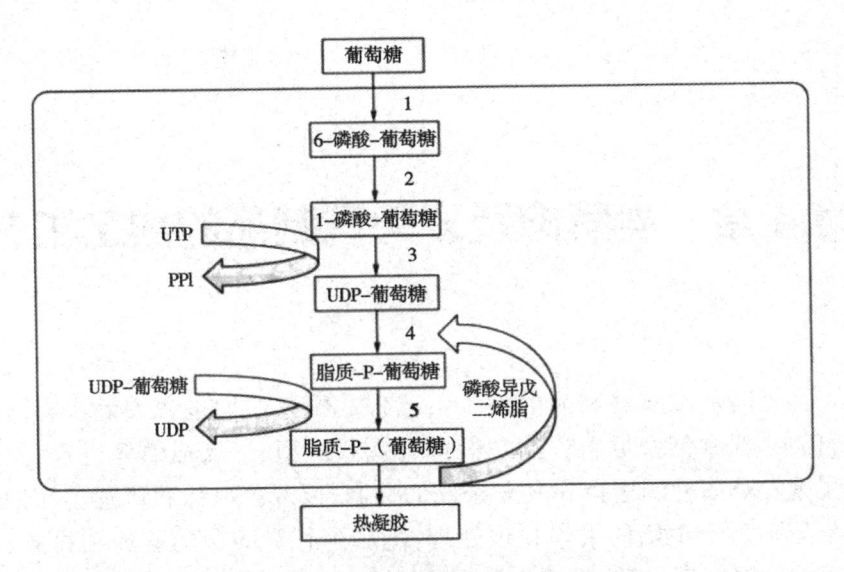

图3-4 可得然胶的代谢合成途径

1—己糖激酶；2—磷酸葡萄糖变位酶；3—UDP-葡萄糖焦磷酸化酶；
4—转移酶；5—聚合酶

在发酵完成后，首先利用陶瓷微滤膜过滤分离技术，去除可得然胶碱溶液中的微生物菌体和不溶性杂质，收集到浓度较低的澄清可得然胶碱溶液。随后向该溶液中加入酸进行中和，使可得然胶以中和凝胶的形式析出。再利用超滤膜进行过滤浓缩，并加水洗涤以脱盐。最后，使用有机溶剂进行脱水、干燥，从而得到高品质的可得然胶产品，其产品折干纯度超过95%，凝胶强度提高至 1000~1200g/cm²，且性能稳定。

可得然胶生产工艺流程：斜面种子→一级种子→二级种子→发酵液 $\xrightarrow{\text{离心、水洗}}$ 沉淀 $\xrightarrow{\text{NaOH溶液}}$ 溶解液 $\xrightarrow{\text{离心除菌}}$ 热凝胶的碱溶液 $\xrightarrow{\text{中和}}$ 白色凝胶状沉淀 $\xrightarrow{\text{水洗除盐}}$ 白色胶状物 $\xrightarrow{\text{乙醇脱水}}$ $\xrightarrow[\text{粉碎}]{\text{干燥}}$ 成品。

第 4 章 发酵肉及发酵乳制品的加工工艺

发酵肉及发酵乳制品的加工工艺各具特色但均包含关键步骤。发酵肉制品通常涉及原料肉的预处理、腌制、成型、干燥成熟等过程,并特别注重发酵菌种的选择和发酵条件的控制,以改善风味和口感。而发酵乳制品则始于牛奶的采集和预处理,随后进行乳酸菌的培养和投放,再于适宜的温度下发酵,最终经过调味、搅拌、过滤等处理制成成品。两者都依赖于微生物的发酵作用,通过精心控制的工艺过程,生产出风味独特、营养丰富的食品。

4.1 发酵肉制品的加工工艺

发酵肉制品作为一种历史悠久的肉类保存技术,其初衷是为了延长肉类的贮藏期。在中国,这种传统技艺得到了广泛的应用,产生了众多发酵肉制品,如中式香肠、腊肉、火腿等。这些美味的发酵肉制品,独特口感和风味均源自原料肉中自然存在的微生物。然而,自然发酵过程中微生物种类繁多,且发酵条件难以稳定控制,导致发酵菌种增长缓慢、生长周期长以及产品质量不稳定。为了解决这些问题,提升产品风味,保证质量稳定性,并缩短生产周期,传统的自然发酵方法正逐步被人工接种发酵技术所取代。目前,全球多个国家如意大利、美国和西班牙等已成功实现发酵肉制品的人工接种规模化生产,确保产品的高品质与高效生产。我国也在 20 世纪 80 年代末引进了西式发酵香肠的生产加工技术,并进行了大量的研究工作,包括加工工艺的改进、发酵菌种的筛

第4章 发酵肉及发酵乳制品的加工工艺

选,以及发酵剂的配制等。这些努力不仅提高了发酵肉制品的生产效率,也确保了产品的质量和安全性。

4.1.1 发酵肉制品定义及种类

4.1.1.1 发酵肉制品定义

发酵肉制品是在自然或精心调控的环境下,借助微生物或酶的发酵作用,使原料肉经历一系列生物化学和物理变化,最终呈现出风味独特、色泽诱人、质地优质的产品,并具备较长的保质期。这一独特工艺不仅丰富了肉制品的营养价值,还通过蛋白质的变性和降解,显著提升了蛋白质的吸收效率。在微生物和内源酶的精妙协同下,醇类、酸类、杂环化合物和核苷酸等多种芳香物质被精心酿造,赋予了发酵肉制品无与伦比的风味魅力。此外,发酵过程中生成的乳酸和乳酸菌素等有益代谢产物,不仅有效降低了肉品的pH值,还强有力地抑制了致病菌和腐败菌的滋生。加之水分含量降低,这一系列变化共同提升了产品的安全性,并显著延长了货架期。

发酵肉制品具有显著优势,如安全性增强、货架期延长、营养价值提升、色泽诱人、风味独特等。其中,微生物群落抑制病原微生物和毒素,降低了亚硝酸盐含量,提高了安全性;低pH值、低盐和低水分活度延长了货架期。乳酸菌等微生物有助于肠道健康,提高消化率,并促进风味物质形成;微生物及酶的作用使产品呈现出鲜艳的色泽和丰富的口感;香辛料的加入则为其增添了独特的风味。

4.1.1.2 发酵肉制品分类

发酵肉制品凭借其丰富多样的品种和独特的风味,成为食品界的瑰宝。其中,发酵香肠和发酵火腿是两大主要类别,各自展现了不同的魅力。

(1)发酵香肠。这一历史悠久的肉制品,是将绞碎的肉(多为猪肉或牛肉)与盐、糖、发酵剂和香辛料精心混合后灌入肠衣,再经过微生物的发酵作用,形成了具有稳定微生物特性和典型发酵香味的佳肴。其起源可追溯到地中海地区,那里的气候条件为发酵香肠的生产提供了得天独厚的环境。由于地域、文化和宗教信仰的差异,各国发酵香肠的配方和工艺各具特色,形成了丰富多彩的风味。依据脱水程度、发酵程度和温度等因素,可以对发酵香肠进行分类,展现了其多样化的特点。

(2)发酵火腿。这一拥有超过2500年历史的传统食品,也被称为生熏火腿或干火腿。尽管世界各地的发酵火腿的称呼和风味各有千秋,但其核心加工工艺却大同小异。在某些地区,人们甚至将使用牛、羊等家畜的肥肉或整块肉制作的腌腊制品都统称为"火腿",它既可以生食(如欧洲),也能烹制后享用(如中国)。在中国,发酵火腿主要以腌腊制品的形式存在,如浙江金华火腿、云南宣威火腿和江苏如皋火腿等,它们因地域的不同而呈现出独特的加工技艺和产品特色。这些火腿的制作通常精选猪后腿,经过低温腌制、堆码、上挂、整形等工序,在自体酶和微生物的默契配合下,历经长时间的酝酿和成熟,最终成就了色、香、味、形俱佳的肉制品。这些火腿不仅展现了中国传统肉制品的精髓,更承载着丰富的文化和历史底蕴。

4.1.2 发酵肉制品的微生物及发酵剂

发酵肉制品的加工原理核心在于利用特定的微生物发酵剂,在特定条件下对肉进行发酵处理,从而改变肉中的化学成分,赋予产品独特的风味。这些被选用的发酵剂微生物应具备一系列关键的特性:①优异的食盐耐受性,能在至少6%的食盐溶液中存活并生长。②对亚硝酸盐的耐受性,即使在80~100mg/kg的浓度下也能正常生长。③宽广的生长温度范围,能在27~43℃生长,而最适生长温度为32℃。④同型发酵特性,保证发酵过程中特定代谢产物的形成。⑤不具备分解蛋白质和脂肪的能力,以保持产品的原始营养成分和质地。⑥发酵过程中产生的副产物应无异味,以确保产品的风味品质。⑦无致病性,确保产品的食用安全性。⑧在57~60℃的热处理下能被有效灭活,以满足加工过程中的卫生和安全要求。这些特性共同保证了发酵肉制品的加工效果和食用品质,使其成为一种风味独特、营养丰富的食品,满足了消费者对美味与健康的双重需求。

第4章 发酵肉及发酵乳制品的加工工艺

4.1.2.1 发酵肉制品发酵成熟过程中的微生物学变化

发酵肉制品的生产是一个融合了微生物学、食品工艺学以及传统工艺智慧的复杂过程。在这个过程中，微生物起着至关重要的作用，它们主要来源于原料肉本身或外部环境中的自然野生菌种。这些野生菌种在肉制品发酵的特定环境中，经历了自然筛选和适应，最终形成了一个独特的微生态系统，促成肉制品的发酵进程。

在肉制品的发酵制备过程中，微生物菌相的变化呈现出一定的规律性。在传统的自然发酵方法中，明串珠菌、葡萄球菌、米酒乳杆菌和球拟酵母等菌种会在不同阶段占据主导地位。发酵初期，明串珠菌表现活跃，而随着发酵的进行，米酒乳杆菌、球拟酵母和德巴利氏酵母等菌种逐渐占据主导。例如，在中国传统的酸肉制作中，乳酸菌和酵母菌的菌群数量会随着发酵时间的推移而发生变化，这些变化直接影响着产品的口感和风味。

而在采用接种发酵剂进行快速发酵生产的香肠中，微生物菌相的变化则更为显著。由于在生产初期就接种了大量的乳酸菌，因此发酵初期的产酸速度极快，从而迅速抑制了葡萄球菌和微球菌等菌种的生长。在欧式干香肠中，微球菌通常被用作发酵剂，在发酵初期占据主导地位，但随着乳杆菌的逐渐繁殖和扩散，它们最终会取代微球菌成为主导菌种。值得注意的是，微球菌属于严格的好氧菌，在成熟的风干肠产品中，由于氧气的缺乏，它们一般难以存活，因此难以在最终产品中检测到。这种微生物菌相的变化规律不仅影响着肉制品的发酵速度和品质，也展示了微生物在食品加工中的重要性和复杂性。

发酵剂在肉制品发酵过程中扮演着核心角色，它们是由特定细菌、霉菌及酵母菌组成的纯微生物培养物。

（1）乳杆菌（*Lactobacillus*）。乳杆菌是最早应用于肉制品发酵的微生物之一，它们在自然发酵过程中占据主导地位。这些革兰氏阳性菌在30~40℃的温度下生长最佳，并具有较强的耐盐能力。乳杆菌能够发酵多种糖类，产生乳酸，降低产品pH值，抑制有害微生物的生长，从而增强肉制品的安全性。同时，它们还能参与风味物质的形成，提升产品的口感和风味。

（2）片球菌（*Pediococcus*）。片球菌是另一种常用的发酵肉制品微生物。它们同样为革兰氏阳性菌,能够利用葡萄糖发酵产生乳酸。与乳杆菌相比,片球菌在特定条件下可能具有更快的生长速度和更高的产酸能力。它们在肉制品中起到与乳杆菌相似的作用,即通过降低pH值来抑制有害微生物,同时参与风味物质的形成。

(3)微球菌和葡萄球菌(*Micrococcus&StapH□ylococcus*)。微球菌和葡萄球菌在发酵肉制品中扮演重要角色。它们能够分解蛋白质和脂肪,产生氨基酸和脂肪酸等风味物质,为产品增添独特风味。此外,这些微生物还具有较强的硝酸盐还原能力,有助于改善产品的色泽。在欧洲国家,微球菌常与乳杆菌结合使用,以改善产品的风味和色泽。

(4)青霉菌属(*Penicillium*)。青霉菌的应用为发酵肉制品增添了独特的外观和风味。这些好氧菌通过产生霉菌蛋白酶和脂酶分解蛋白质和脂肪,产生独特的风味物质。同时,它们的过氧化氢酶活性能够消耗氧气,抑制其他好氧腐败菌的生长,防止氧化褪色和减少酸败。为了确保食品安全,应用于发酵肉制品的青霉菌必须经过严格筛选,确保其不产生有害真菌毒素。

(5)酵母菌。酵母菌在干发酵香肠的加工中起到关键作用。它们能够消耗肠馅中的氧气,降低pH值,抑制酸败,并增强发色的稳定性。此外,酵母菌还能分解脂肪和蛋白质,产生多肽、酚及醇类物质,形成过氧化氢酶,为产品增添独特的酵母味。同时,酵母菌还能抑制金黄色葡萄球菌等有害微生物的生长,保持产品的品质和安全性。

这些微生物在发酵肉制品中的应用不仅改善了产品的安全性和货架期,还提升了产品的营养价值和品质。通过精心选择和组合这些微生物,可以生产出风味独特、品质优良的发酵肉制品。

4.1.2.2 微生物的作用

(1)乳酸菌能够降低pH值,增强防腐效果并改善质地风味。乳酸菌将碳水化合物转化为乳酸,将肉制品pH值降至4.8~5.2,增强肉块结合力,提高其硬度和弹性,并赋予其独特风味。同时,低pH值抑制病原菌和腐败菌的生长。

(2)促进发色,提升肉制品视觉效果。微球菌将原硝酸盐还原为亚硝酸盐,乳酸菌降低pH值促进亚硝酸盐分解为NO,NO与肌红蛋白结合形成亚硝基肌红蛋白,赋予肉制品特有色泽。

（3）防止氧化变色，保持肉品新鲜。通过接种发酵剂，利用优势菌抑制杂菌生长或还原其产生的过氧化氢，防止肉品变绿，保持新鲜度。

（4）减少亚硝胺生成，提高肉制品安全性。乳酸菌降低 pH 值，促进亚硝酸盐分解，减少其与二级胺反应生成亚硝胺的风险，提高肉制品安全性。

（5）抑制病原微生物生长和毒素产生。发酵作用有效控制发酵肉制品中的病原菌，如沙门氏菌、金黄色葡萄球菌和肉毒杆菌等，确保食用安全。

4.1.2.3 肉品发酵剂

（1）肉品发酵剂的作用。肉品发酵剂在肉制品发酵过程中发挥着多重作用：分解糖类产生乳酸，降低产品的 pH 值，从而抑制腐败微生物的生长，延长产品的保质期；通过脂类分解改善产品的风味和质构，释放出的脂肪酸和肽类可以形成与风味和色泽有关的化合物，提升产品的整体品质；破坏导致变色作用的过氧化物和产生不良气味的过氧化酶，保持产品的色泽和风味稳定性；形成亚硝基肌红蛋白，改善肉制品的色泽，使其更加鲜艳诱人；规范腌制过程，通过控制微生物的发酵活动，确保产品的一致性和稳定性。这些作用共同促成了发酵肉制品独特的风味、色泽和质地，使其成为人们餐桌上的美味佳肴。

（2）菌种作为发酵剂应具备的条件。在现代工艺背景下，肉制品发酵剂应具备以下特性以确保产品的安全、品质和竞争力。

①安全性：菌种必须对人体无害，为革兰氏阳性非致病菌，不产生内源毒素、生物胺或氨基甲酸乙酯。

②耐盐性：能在 6% 的盐水中正常生长，以适应发酵肉制品的盐浓度。

③耐亚硝酸盐：能在 80～100μg/g 的亚硝酸盐浓度下良好生长，确保发酵过程中的亚硝酸盐安全性。

④温度适应性：能在 15～40℃的温度范围内生长，最适生长温度为 30～37℃。

⑤乳酸产生能力：乳酸菌应为同型发酵，具备产生适量乳酸的能力，以与原料肉中的乳酸有效竞争。

⑥无异味产生：发酵过程中不产生影响产品风味的异味。

⑦代谢特性：代谢过程中不产生黏液、H_2S、CO_2 或过氧化氢，分解

精氨酸时不产生 NH₃。

⑧酶生产能力：能产生过氧化氢酶和硝酸还原酶，有利于改善产品的色泽和风味。

⑨风味增强：具有提升产品风味的潜力。

⑩抗菌能力：对致病菌和腐败菌具有拮抗作用，并能与其他发酵剂菌株产生协同作用。

⑪耐冷冻干燥：具备抗冷冻干燥特性，以适应工业化生产和长期储存的需求。这些特性共同构成了现代肉制品发酵剂的标准，确保发酵肉制品在安全性、品质和市场竞争力方面达到最优。

4.1.3 发酵肉制品生产工艺

传统发酵肉制品的生产主要依赖于肉品处理后在特定条件下自然发生的微生物接种和发酵过程，这一过程依赖于原料肉中自有的乳酸菌与杂菌之间的自然竞争。然而，这种方法往往导致生产周期长、产品质量参差不齐以及安全性难以保障的问题。

相比之下，现代发酵肉制品的生产则通过人工筛选和生物育种技术，精心培育出发酵所需的微生物，并将其制成标准化的发酵剂。这些发酵剂随后被接种到处理过的肉品中，并在最适宜的发酵条件下进行发酵。这种方法不仅适用于工业化生产，还能确保产品质量的稳定性和安全性。

4.1.3.1 原料及辅料

1.原料肉的选择

在发酵肉制品的生产中，原料肉的选择及预处理是保证产品质量的基石。必须选择健康无病的猪肉、牛肉或禽类肉，以确保无微生物和化学污染。原料肉应去除筋腱、血块和腺体等杂质，并控制瘦肉含量在50%～70%，同时要求脂肪熔点高，以确保产品的保水性、发色度和保质期。

在预处理环节，包括屠宰、洗涤、分割等步骤，卫生操作至关重要。

只有严格遵循卫生标准,才能确保有益微生物发酵的顺利进行。任何存在急宰、放血不充分或严重微生物污染的肉品,都不应成为发酵肉制品的原料。因为这些肉品中可能含有大量杂菌,它们不仅可能产生异味,还可能使产品质地变得松散。特别是对于冻肉,处理不当易导致干燥阶段的氧化酸败,严重影响产品的品质和安全。因此,对原料肉的精心挑选和严谨预处理,是生产高品质发酵肉制品不可或缺的关键步骤。

2. 辅料

(1)食盐。食盐在发酵肉制品中起着调味、防腐等作用,通常用量在 2.0%~3.5%。过高或过低的食盐浓度都会影响乳酸菌的发酵功能和产品的品质。

(2)碳水化合物。碳水化合物是乳酸菌发酵的基质,影响产品的风味和 pH 值。常用的有葡萄糖、蔗糖等,添加量通常为 0.4%~0.8%,以维持理想的发酵条件。

(3)香辛料。天然香辛料如黑胡椒、大蒜粉等能刺激乳酸菌产酸,影响发酵速度和产品风味。

(4)亚硝酸盐、硝酸盐与抗坏血酸钠。亚硝酸盐不仅影响产品色泽,还抑制有害菌生长,添加量小于 150mg/kg。硝酸盐常用于传统发酵香肠,添加量约 200~300mg/kg。抗坏血酸钠作为发色助剂,有助于形成理想色泽。液体熏制剂和抗氧化剂可能影响发酵速度,磷酸盐则起缓冲作用。

4.1.3.2 加工工艺

1. 发酵肉制品的加工工艺流程

发酵肉制品的一般加工工艺涵盖了从原料肉预处理到最终产品的多个关键步骤。发酵肉制品的一般加工工艺为:原料肉预处理→绞肉→调味→灌装→发酵→干燥→烟熏。

2. 发酵肉制品的加工操作要点

发酵肉制品的加工工艺流程包括原料肉处理、拌料、腌制、发酵等关键步骤。

（1）原料肉处理。新鲜的原料肉首先被冷却至 -4.4 ~ 2.2℃，以确保肉质的稳定和延长保质期。冷冻肉需要解冻至 -3 ~ 1℃，然后使用绞肉机进行绞碎。绞碎的粒度根据肉的类型有所不同，如牛肉一般使用 3.2mm 的筛板，而脂肪和猪肉则使用 9 ~ 25mm 的筛板。

（2）拌料。为了满足不同发酵肉制品的特定需求，严格按照配方比例将瘦肉、脂肪，以及各类调味料、香辛料和添加剂等精心挑选的原料放入专业的搅拌机中，经过精细的搅拌过程，确保所有成分能够均匀融合，为产品提供均衡的口感和风味。

（3）腌制。肉馅置于腌制盘内，逐层压紧，厚度约 1.5 ~ 20cm。在 4 ~ 10℃低温下腌制 48 ~ 72h，其间硝酸盐转化为亚硝酸盐，赋予腌制品特有红色和风味。当肉馅温度达 -2.2 ~ 1.1℃时，可填入肠衣以防粘连。不同产品腌制法及时长各异，如黎巴嫩大香肠需 4.4℃腌制 10d。

（4）发酵。充填后，干香肠和半干香肠吊挂于储藏间内发酵，传统温度 15.6 ~ 23.9℃，湿度 80% ~ 90%，影响发酵速度和 pH 值。现代加工中，发酵与烟熏在空调室内同步进行，温度 21.1 ~ 37.8℃，湿度维持 80% ~ 90%，发酵时间缩短至 12 ~ 24h。发酵稳定性取决于配料和加工一致性，不均匀分布可能导致发酵速度和 pH 值差异。

（5）熏制。在多数半干香肠的生产过程中，熏制是不可或缺的一环。熏制通常在控制良好的温度下进行，典型的香肠熏制温度为 32.2 ~ 43℃。现代加工工艺中，为了避免自然熏制可能带来的问题，如不均匀的色泽和风味，通常会将发酵和熏制液直接添加到配料中。

（6）加热与干燥。干香肠和半干香肠发酵后，需进行干燥处理。加热速度受细菌特性、pH 值、碳水化合物及热渗透性影响。传统干燥室温度控制在 10.0 ~ 21.1℃，湿度则保持在 65% ~ 75%。干燥效果受肉粒、肠衣直径、空气流速、湿度、pH 值、蛋白质溶解度影响。如果速度过快易阻塞气孔，从而在香肠表面形成硬壳，影响产品的最终品质。在干燥过程中，霉菌生长需得到有效控制。通过调节干燥里的湿度和温度，可以控制其生长速度。要精准控制水分蒸发速度，可通过调整空气流速和湿度实现。欧洲制造商偏好低发酵温度,干燥前建议干耗率控制在10%~12%,并相应降低储藏室或干燥室湿度。

4.1.4 典型发酵肉制品生产工艺

4.1.4.1 意大利色拉米肠

色拉米肠,这款源自意大利的发酵香肠,在德国经过改良后,依然保留了独特的浓郁风味。它采用猪牛肉混合制作,口感多样,既有风干后稍显硬质的版本,也有新鲜柔软的版本,且有生有熟,满足不同口味和饮食需求。

（1）配方。去骨牛肩肉26kg、冻猪肩瘦肉修整碎肉48kg、冷冻猪背脂修整碎肉20kg、肩部脂肪12kg、食盐3.4kg、整粒胡椒31g、硝酸钠16g、亚硝酸钠8g、鲜蒜(或相当量的大蒜)63g、乳杆菌发酵剂适量、调味料(整粒肉豆蔻1个,丁香35g,肉桂14g)。

（2）工艺步骤准备调味料。①将肉豆蔻和肉桂放入袋中,与酒一同在低于沸点的温度下煮10~15min,之后过滤并冷却。②在冷却的过程中,将酒与腌制剂、胡椒和大蒜混合均匀。③将牛肉通过3.2mm的孔板、猪肉通过12.7mm的孔板绞碎,并与上述配料一同搅拌均匀。④将混合好的肠馅充填到猪直肠内,吊挂在贮藏间进行24~36h的初步干燥。⑤肠衣晾干后,将香肠的小端用细绳结扎,在香肠上每隔一定距离系上一个扣,以便分段。⑥将香肠吊挂在10℃的干燥室内进行长时间的干燥,通常需要9~10周。

（3）注意事项。①原料肉的pH值不能过低,否则可能影响成品的色泽和口感。②添加适量的发酵剂有助于保证香肠在加工过程中的工艺稳定性和成品的微生物安全性。③发酵室的相对湿度应交替为92%和80%,以维持香肠在最佳的干燥状态。

4.1.4.2 金华火腿

金华火腿这一源自浙江省金华地区的传统肉制品,凭借其皮薄如纸、色泽黄亮、爪细如丝的特点以及无可比拟的色、香、味、形"四绝",早已在国内外享有盛名。据历史记载,金华火腿的起源可追溯到宋朝,早在公元1100年左右,民间就已开始制作火腿,流传至今,成为一道独特的美食。

金华火腿的制作工艺不仅体现了匠人们的精湛技艺,更承载了丰富的历史和文化内涵,是中华美食文化的瑰宝。

工艺流程如下:选料→修整→腌制→洗晒→整形→发酵→修整→堆码→保藏。

(1)原料与辅料的选择。根据GB/T19088-2008标准,选用GB/T2417-2008规定的金华猪的后腿,单腿4.5~9.5kg。鲜腿24h内,皮厚≤0.35cm,肥膘厚≤3.5cm。肌肉鲜红,脂肪洁白,皮色白润或淡黄,干燥,腿心丰满。腌制用盐应符合GB/T5461-2016,洁白、味咸、粒细、无杂质、无异味。

(2)修整。在制作金华火腿时,首先清洁腿皮,去除细毛、黑皮和污垢。随后,精细削平腿部骨头,确保荐椎与腰椎特定部分保留,避免后续裂缝。腿坯平放后,捋平腿皮,去除皮下疏松组织和结缔组织,确保腿面光滑。最后,割除多余脂肪,使腿坯呈竹叶状,并去除瘀血,形成鲜腿雏形。整个过程展现了金华火腿制作对细节和品质的追求。

(3)腌制。腌制是金华火腿的关键,需根据气温调整时间、盐量和翻倒次数。最适温度是腿温0℃以上,室温8℃以下。火腿需上盐翻倒7次,前三次为主加盐期,总盐量占腿重9%~10%。6~10kg火腿需腌约40d。具体加盐:首次均匀撒盐,后续按需补盐,火腿大、脂肪厚则加盐多。多次翻倒调整,腌制约30~35d完成。

(4)洗腿。腌制火腿放入10℃清水浸泡约10h,去除多余盐分和污物。后洗刷至肉面呈绒毛状,防止水分过快蒸发和盐分扩散。第二次浸泡水温5~10℃,时长约4h。火腿颜色暗则盐少,缩短浸泡;发白坚实则盐多,延长浸泡。流水浸泡时,时间应缩短。

(5)晒腿。经过浸泡和洗刷的火腿需进行吊挂晾晒。待皮面无水且微干后,打印商标,再晾晒3~4h,即可开始整形。

(6)整形。火腿需经过整形,确保形状美观,肌肉紧缩,便于贮藏和发酵。整形后晾晒3~4d,至皮紧红亮出油。

(7)发酵。火腿挂于架上,避免碰撞,保持适宜温湿度和通风,发酵3~4个月,以产生独特风味。

(8)修整。发酵后修整火腿,确保腿形美观,如修平骨骼、割去多余皮肤。

(9)堆码。发酵修整后的火腿堆叠于腿床上,肉面朝上,定期翻倒,

第4章 发酵肉及发酵乳制品的加工工艺

过夏后成为陈腿。

（10）保存藏。真空包装后,20℃以下可保存3～6个月。

4.1.4.3 中式香肠

中式香肠亦被称为"腊肠"或"风干肠",是我国传统美食的瑰宝。根据 GB/T23493-2009 的标准定义,中式香肠是以畜禽等肉类为主要原料,经过精细的切碎或绞碎后,按照一定的比例添加食盐、酒、白砂糖等辅料拌匀,然后经过腌制工艺后填充至肠衣中。通过烘干、晾晒或风干等工艺,最终制成具有独特风味的生干肠制品。

传统中式香肠多以猪肉为核心原料,瘦肉和肥膘通常被切成均匀的小肉丁,或使用粗孔筛板绞制成肉粒,这样既保留了肉质的原始口感,又利于后期的自然发酵。在原料处理上,中式香肠并不追求长时间的腌制,而是更加注重晾挂或烘烤成熟的过程。在这一阶段,肉组织中的蛋白质和脂肪在适宜的温度和湿度条件下,受到微生物的自然作用,从而产生出独特而诱人的风味。

在中式香肠的辅料使用上,避免添加淀粉和玉果粉等增稠剂,以保持其纯正的口感和风味。成品的中式香肠有生制品和熟制品两种,但以生制品为主,因其耐贮藏的特性而深受消费者喜爱。

我国各地均有制作中式香肠的传统,其中广东腊肠、武汉香肠、哈尔滨风干肠等都是颇负盛名的产品。尽管它们在原材料配比和产地上有所不同,导致风味和命名各异,但它们的制作方法却大致相同,都体现了中式香肠独特的制作工艺和风味魅力。

中式香肠生产工艺流程：原料肉选择与修整→切丁→拌馅、腌制→灌制→漂洗→晾晒或烘烤→成品。

（1）原料与辅料的选择。中式香肠的原料肉选择多样,主要依据当地肉类资源、饮食习惯及信仰。猪肉是最常用的原料,但也可加入牛肉、羊肉、禽肉或植物成分。瘦肉与肥膘的比例一般在55%～80%,原料肉需新鲜、无微生物污染和物理、化学缺陷。瘦肉以腿臀肉为佳,肥膘则以背部硬膘为上选。

腌制剂是中式香肠不可或缺的配料,包括氯化钠、亚硝酸钠、硝酸钠、抗坏血酸等。氯化钠的添加量通常在2.4%～3%,旨在调整水分活度至0.96～0.97。亚硝酸盐的添加需符合食品安全标准。此外,中式香肠还会根据工艺和配方添加不同的香辛料。

（2）原料修整与切丁。原料肉需经过修整，去除骨、腱、腺体及血污部分。肥膘需去除非脂肪组织。瘦肉经绞肉机绞碎，肥肉切成肉丁，之后用温水清洗以去除浮油和杂质，沥干后分别存放。

（3）拌馅与腌制。按照配方将肉与辅料混合均匀，搅拌时适量加入温水以调节黏度和硬度。随后在清洁室内放置1～2h，待瘦肉变为鲜红色、手感坚实、有滑腻感时即完成腌制。

（4）肠衣准备。使用干或盐渍肠衣，在清水中浸泡至柔软，洗净盐分后备用。每100kg肉馅约需300m猪小肠衣。

（5）灌制与排气。将肉馅均匀灌入肠衣中，注意松紧适中。随后用排气针扎刺湿肠，排出内部空气。

（6）捆线与结扎。按照产品要求，每隔一定距离用细线结扎。对于枣肠，还需用细棉绳捆扎分节，形成枣形。

（7）漂洗。用35℃左右的清水漂洗湿肠，去除表面污物后，挂在竹竿上准备晾晒和烘烤。

（8）晾晒与烘烤。香肠在日光下暴晒2～3d，其间需排气。晚间移入烘烤房，温度控制在40～60℃，避免脂肪熔化和瘦肉烤熟。经过三昼夜的烘晒后，再晾挂风干10～15d，即完成制作。

（9）包装。为保持产品品质和便于运输、贮藏，成品香肠通常进行真空包装。包装材料应符合相关标准。

4.2 发酵乳制品的加工工艺

4.2.1 酸奶生产

4.2.1.1 酸奶概述

1.酸奶的起源与发展

酸奶普遍被认为起源于中东地区。由于游牧民族的流动性强，加之中东地区的气候炎热和古代运输条件的限制,奶在储存和运输过程中容易受到微生物的污染,进而迅速发酵变酸并凝固。最初,这种发酵乳品的口感平淡,有时伴有霉味,凝乳形状不规则,并可能出现气孔和乳清析出的情况。随着乳酸菌性质的深入研究和冷链技术的发展,酸奶产品经历了显著变化。

现代酸奶技术趋势包括提高乳干物质含量(14%～16%最受欢迎),生产能在常温下保存半年的"长寿酸奶",多样化品种如调味、果粒和功能性酸奶以及扩展发酵菌种至包括双歧杆菌、嗜酸乳杆菌等多种菌种。在冷链条件下消费的包装形式成为现阶段及未来的发展趋势,大包装家庭型酸奶已成为市场上的热门产品,并持续吸引研发团队的关注。此外,选育具有优良口感和质构的菌种也受到重视。

如今,酸奶的定义已经超越了传统范畴,干制酸奶、冷冻酸奶和杀菌酸奶等新型产品都被纳入了酸奶的大家庭。

2. 酸奶的定义及分类

(1)酸奶的定义。酸奶,作为一种广受欢迎的乳制品,其定义具有明确的科学依据。根据联合国粮食与农业组织(FAO)、世界卫生组织(WHO)以及国际乳品联合会(IDF)于1992年共同发布的标准,酸奶被定义为乳或乳制品在特定菌种的作用下,经过发酵过程形成的酸性凝乳状产品。这一定义强调了酸奶的两个关键特征:首先,它是由乳或乳制品发酵而成的;其次,在保质期内,酸奶中的这些特定菌种(通常被称为"特征菌")必须大量存在,且这些菌种能够继续存活并保持其活性。这一特点使得酸奶不仅具有独特的口感和风味,还具有一定的健康益处。

(2)酸奶的分类。酸奶的分类方法多种多样,下面从几个常见的角度进行分类。

①按成品的组织状态分类。凝固型酸乳,这种酸奶在发酵过程中,质地逐渐变得稠密,形成均匀的凝乳状,口感醇厚;搅拌型酸乳,在发酵过程中或发酵完成后,经过搅拌处理,使得酸奶的质地更加细腻,口感更加顺滑。

②按成品口味分类。天然纯酸乳,仅由乳或乳制品发酵而成,不添加任何糖分或其他调味剂,保持酸奶的原汁原味;加糖酸乳,在发酵过

程中或发酵后,加入适量的糖分,使得酸奶的口感更加甜美;调味酸乳,在酸奶中加入水果、果酱、果汁等调味剂,使其具有更加丰富多样的口味;果料酸乳,在酸奶中加入水果颗粒、坚果等食材,不仅增加了口感层次,还提高了营养价值;复合型酸乳,将多种口味或类型的酸奶混合在一起,形成独特的风味和口感。

③按发酵后的加工工艺分类。浓缩酸乳,通过浓缩工艺,去除部分水分,使得酸奶的浓度更高,口感更加浓郁;冷冻酸乳,将酸奶进行冷冻处理,形成类似于冰淇淋的口感和质地;充气酸乳,在酸奶中添加气体(如二氧化碳),使其具有类似碳酸饮料的口感和气泡感;酸乳粉,将酸奶进行干燥处理,制成粉末状,方便保存和携带。

④按菌种种类分类。普通酸乳,由传统的乳酸菌发酵而成,具有独特的酸味和口感;双歧杆菌酸乳,添加了双歧杆菌的酸奶,具有促进肠道健康的作用;嗜酸乳杆菌酸乳,添加了嗜酸乳杆菌的酸奶,对维护肠道平衡有益;干酪乳杆菌酸乳,添加了干酪乳杆菌的酸奶,具有多种健康益处。

⑤按原料乳中脂肪含量分类。全脂酸乳,原料乳中的脂肪未经去除或去除量较少,口感丰富;部分脱脂酸乳,原料乳中的脂肪经过部分去除,口感相对清爽;脱脂酸乳,原料乳中的脂肪被大部分或全部去除,适合需要控制脂肪摄入的人群;高脂酸乳,原料乳中的脂肪含量较高,口感浓郁,通常用于制作特殊风味的酸奶。

3. 酸奶的生理功能

(1)发酵乳与肠道健康的紧密联系。发酵乳作为一种经过特定菌种发酵的乳制品,与人体肠道健康之间存在着密切的联系。肠道内的双歧菌、乳酸杆菌、明串珠菌等有益菌,在发酵乳的助力下,能够更好地合成维生素、蛋白质等营养物质,从而帮助机体更好地消化吸收食物中的养分。这些有益菌还能有效防止外来有害菌的增殖,为肠道创造一个健康的微环境,并进一步增强机体的免疫能力。

(2)发酵乳降低胆固醇的显著效果。发酵乳不仅口感醇厚,还具有降低胆固醇的显著效果。研究表明,从西藏Kefir粒中分离出的植物乳杆菌MA2,能够显著降低大鼠血清中的总胆固醇、低密度胆固醇和甘油三酯的含量。此外,嗜热链球菌和保加利亚乳杆菌单独或混合发酵蛋奶时,也能使蛋奶中的胆固醇量下降约10%。这表明,发酵乳中的特定菌种可以通过发酵过程降低食品中的胆固醇含量,从而为人们提供更健康的饮食选择。

(3)发酵乳的抗氧化能力。除了降低胆固醇外,发酵乳还具有抗氧化作用。尽管益生菌的体内抗氧化机理仍需进一步验证,但已报道的具有抗氧化作用的乳酸菌包括 L.acidopH 值 ilusNCDO1748、L.acido-pH 值 ilusATCC4356、B.longumATCC15708 等,都为发酵乳的抗氧化作用提供了有力支持。

4.2.1.2 酸奶生产原料

(1)原料乳。在酸乳的生产中,原料乳的选择至关重要。根据 FAO/WHO 对酸乳的定义,实际上各种动物的乳汁,包括牛、羊、猪等,都可以作为酸乳的原料。然而,在现实中,由于牛乳的广泛可获得性和适宜性,大多数酸乳产品都选择以牛乳为主要原料。近年来,随着消费者口味的多样化和对健康饮食的追求,一些国家如美国、日本和印度等,也开始尝试使用山羊乳、水牛乳等其他哺乳动物的乳汁来制作酸乳,为市场带来更多元化的选择。

在我国,酸乳的生产主要也是以牛乳为原料。对于原料乳的质量,我国有严格的现行标准,要求原料乳中的总菌数必须控制在 500000cfu/mL 以下,以保证酸乳的卫生安全性。同时,原料乳中也不得含有抗生素和其他杀菌剂,以免对发酵过程和消费者的健康造成不良影响。

(2)乳粉。在酸乳的生产过程中,乳粉也是一个重要的原料。由于不同地区乳源的质量和数量存在限制,为了满足生产需求,往往需要在酸乳中添加部分乳粉。乳粉的添加不仅可以调整酸乳的口感和质地,还可以增加酸乳的营养价值。

(3)甜味剂。甜味剂的添加主要是为了调整酸乳的口感,使其更加柔和,更容易被消费者接受。在酸乳中,蔗糖是最常用的甜味剂,其添加量通常不超过10%。近年来,随着健康饮食理念的普及,一些运动员营养酸乳中开始添加果糖作为甜味剂,以减少对血糖的影响。此外,还有一些天然甜味剂,如果葡萄糖浆、甜菊糖苷等,也被越来越多地应用到酸乳生产中。

(4)发酵剂菌种。酸乳的特征风味和质地主要由其发酵剂菌种决定。在酸乳生产中,最常用的特征菌是嗜热链球菌和保加利亚乳杆菌。这两种菌株在发酵过程中将部分乳糖转化为乳酸,同时其在蛋白酶和脂肪酶的作用下也会产生一些游离的氨基酸和易挥发的脂肪酸等产香物质。因此,这两种菌株的比例以及其他乳酸菌的加入都会对酸乳成品的风味和质地产生直接影响。

(5)果料。果料的添加可以为酸乳带来丰富的口感和营养价值。果料的干物质含量通常在20%~68%,加入比例一般为6%~10%,国外一些产品甚至达到15%以上。在添加果料时,需要注意果料的pH值应接近酸乳的pH值,以保证产品的稳定性。同时,果料的黏稠度和卫生指标也需要严格控制,以确保酸乳的品质和安全性。

4.2.1.3 酸奶发酵剂

1.酸奶发酵剂的种类与特点

酸奶发酵剂在酸奶制作过程中起着至关重要的作用,它决定了酸奶的口感、风味和营养价值。

按发酵剂制备过程分类:乳酸菌纯培养物,是指直接从自然界或已存在的发酵剂中分离出的单一乳酸菌菌株;母发酵剂,是由乳酸菌纯培养物经过扩大培养后得到的,用于进一步制备生产发酵剂的中间产品;生产发酵剂,直接用于酸奶生产的发酵剂,通常由母发酵剂制备而成。

按发酵剂菌种组合分类:混合发酵剂,由两种或多种乳酸菌菌株混合而成,常用于改善酸奶的口感和风味;单一发酵剂,仅使用一种乳酸菌菌株进行发酵,通常具有特定的风味特点;补充发酵剂,为增强酸奶的某些特性而额外添加的发酵剂,如产黏发酵剂、产香发酵剂和其他生理功能益生菌等。

按发酵剂的形态分类:液态菌种,直接以液体形式存在的发酵剂,便于操作但保存期限较短;粉状菌种,将液态发酵剂通过干燥处理得到的粉末状产品,易于保存和运输;冷冻菌种,在低温条件下保存的发酵剂,适用于需要长时间保存的情况。

按菌种的功能分类:普通菌种,主要用于酸奶的基本发酵过程,产生乳酸使原料乳凝固;益生菌菌种,除了基本的发酵功能外,还具有促进人体健康、增强免疫力等益生功能。

2. 酸奶发酵剂的制备与质量控制

在制备酸奶发酵剂时,需要综合考虑菌种的选择、培养条件、保存方法等多个因素。

(1)酸奶发酵剂的选择。选择产酸能力适中或较弱的发酵剂,以避免酸奶过酸影响口感。控制乳酸菌的后酸化能力,确保酸奶在储存和运输过程中酸度稳定。选择能产生丰富风味物质的发酵剂,以改善酸奶的适口性。

(2)直投式酸奶发酵剂的制备。选择适合的增菌基础培养基,如MRS、M17等,为乳酸菌提供良好的生长环境。采用适当的增殖培养方式,如缓冲盐法、化学中和法等,促进乳酸菌的繁殖。

(3)乳酸菌的真空冷冻干燥技术。采用真空冷冻干燥技术将乳酸菌制成直投式发酵剂,以便于保存和运输。在制备过程中严格控制温度和湿度等参数,确保发酵剂的质量和活性。

制备完成后,对直投式发酵剂进行乳酸菌总数测定和发酵产酸活力测定等检测,以确保其效果符合生产要求。在使用前对发酵剂进行复苏活化处理,以提高其发酵性能和稳定性。在生产过程中严格控制原料乳的质量、发酵温度和时间等参数,确保酸奶的质量和口感。

4.2.1.4 酸奶生产工艺

1. 工艺流程概述

凝固型酸奶的加工工艺流程包括原料预处理、均质、热处理、接种、灌装、发酵、冷却以及冷藏后熟等步骤。整个流程确保了酸奶的质地细腻、口感良好,并有效延长了酸奶的保质期。

2. 原料预处理

在酸奶生产过程中,原料配合后需进行均质处理,通过施加20 ~

25MPa 的压力,并在 60～65℃的温度下,确保原料完全混合均匀,避免奶油上浮,同时实现乳脂肪均匀分布,从而增强酸奶的稳定性和改善其黏稠度,使口感更加细腻。进行热处理,以杀灭原料乳中的杂菌,为乳酸菌的繁殖创造适宜环境,同时消除对发酵菌不利的天然抑制物,并改善酸奶的组织结构和黏稠度,防止乳清析出。最佳的热处理条件是 90～95℃下持续 5min。接种是生产发酵剂的关键步骤,需要严格注意卫生,以防止污染,通常使用产酸活力为 0.7%～1.0%的发酵剂,接种量为 2%～4%,并充分搅拌以确保其与原料乳均匀混合。

3. 凝固型酸奶的加工工艺

(1)灌装。根据需求选择玻璃瓶或一次性塑料杯进行灌装。使用玻璃瓶前需进行蒸汽灭菌处理,而一次性塑料杯则可直接使用。

(2)发酵。采用保加利亚乳杆菌与嗜热链球菌的混合发酵剂,将温度控制在 41～42℃,培养时间根据接种量(2%～4%)而定,通常为 2.5～4.0h。发酵过程中应避免震动,确保发酵温度恒定,避免温度波动。当酸奶达到凝固状态时(如滴定酸度达到 80°T 以上,pH 值低于 4.6,表面有少量水痕,倾斜容器时乳变黏稠),即可终止发酵。

(3)冷却。发酵完成后,应立即将凝固型酸奶移入 0～4℃的冷库中进行冷却处理。在 30min 内将温度降至 35℃左右;在 30～40min 内将温度降至 18～20℃;在冷库中进一步将温度降至 5℃,以储存产品。

(4)冷藏后熟。在冷藏期间,酸奶的酸度会进一步上升,风味成分如双乙酰含量也会增加。这个阶段称为"后成熟期",有助于多种风味物质相互平衡形成酸奶的特征风味。试验表明,冷却 24h 双乙酰含量达到最高值后,会逐渐减少。因此,建议在 0～4℃下冷藏 24h 后再出售酸奶,通常其最大冷藏期为 7～14d。

4. 搅拌型酸乳的详细加工工艺

搅拌型酸乳因其独特的口感和风味,在市场上广受欢迎。其加工工艺相较于凝固型酸乳有所不同。

(1)发酵阶段。搅拌型酸乳的发酵通常在专门的发酵罐内进行,严格控制温度在 42～43℃。发酵时间依据具体工艺和产品要求,通常在 2.5～3.0h。若使用浓缩、冷冻或冻干菌直接加入,发酵时间可能需要增加至 4～6h。

（2）快速冷却。一旦发酵完成,酸乳凝块应立即进行冷却处理,以控制细菌增长和酶活性,防止过度发酵和脱水。冷却应在酸乳完全凝固（pH值4.2～4.5）后启动,目标是在 30min 内将温度降至 15～22℃。冷却过程应稳定进行,避免过快或过慢导致的乳清分离或产品过酸。

（3）精细搅拌。搅拌是搅拌型酸乳生产的关键步骤,使用宽叶片搅拌器破碎凝胶体,使酸乳质地更加细腻。搅拌初始阶段应采用低速,逐步增加搅拌速度,确保凝胶体均匀破碎和混合。搅拌最适宜的温度是 0～7℃,但实际操作中,开始搅拌时温度控制在 20～25℃更为实际。搅拌应在 pH 值低于 4.7 时进行,以保持酸乳的质量。

（4）混合与灌装。搅拌完成后,可根据需求添加果料和香料。这些成分在输送过程中通过计量泵连续加入,并与酸乳混合均匀。果料和香料应在加入前进行充分的巴氏杀菌,确保食品安全。

（5）冷藏与后熟。灌装完成的酸乳应在 0～7℃的低温下冷藏 24h 进行后熟。这一步骤有助于增强酸乳的芳香和黏稠度,使其口感和风味更加出色。

5. 酸乳质量标准

酸乳作为一种广受欢迎的乳制品,其质量标准的制定和执行对于保障消费者健康权益至关重要。根据我国的国家标准 GB19302-2010,发酵乳(包括酸乳)的质量有着严格的要求。

（1）感官要求。感官要求主要是对酸乳的外观、气味、滋味等进行评价。优质的酸乳应具有均匀的色泽、细腻的组织、酸而不涩的口感以及特有的发酵乳香味。同时,酸乳不应有异味、异臭、杂质和污染。

（2）理化指标。理化指标主要涵盖酸乳的脂肪、蛋白质、非脂乳固体、酸度、净含量等项目。这些指标反映了酸乳的营养价值和基本品质。例如,脂肪和蛋白质含量应达到一定标准,以确保酸乳的营养价值;酸度则反映了酸乳的发酵程度和口感;净含量则要求产品标识的净含量与实际净含量相符。

（3）微生物限量。微生物限量是评价酸乳卫生质量的重要指标。

根据国家标准,酸乳中不得检出大肠菌群、金黄色葡萄球菌、沙门氏菌等致病菌,以确保产品的安全性。同时,乳酸菌作为酸乳的发酵剂,其数量也应达到一定的标准,以保证产品的发酵效果和口感。

(4)乳酸菌数。乳酸菌数是评价酸乳发酵效果的重要指标。根据国家标准,不同种类的酸乳对乳酸菌数的要求有所不同。例如,对于未经过热处理的酸乳,乳酸菌数应达到一定标准;而对于经过热处理的酸乳,则对乳酸菌数不作要求。

(5)其他要求。除了以上几个方面的要求外,国家标准还对酸乳的标识和包装等方面作出了规定。例如,发酵后经热处理的产品应在标识中注明"XX热处理发酵乳""XX热处理风味发酵乳"等字样;全部用乳粉生产的产品应在产品名称紧邻部位标明"复原乳"或"复原奶";在生牛(羊)乳中添加部分乳粉生产的产品也应在产品名称紧邻部位标明"含XX%复原乳"或"含XX%复原奶"。此外,"复原乳"或"复原奶"与产品名称应标在包装容器的同一主要展示版面,且标识的字号和字体高度也有具体规定。

4.2.2 干酪生产

4.2.2.1 干酪概述

1. 干酪及其种类

联合国粮食及农业组织和世界卫生组织(FAO/WHO)联合制定的干酪定义,为全球范围内的乳制品生产和消费提供了明确的指导。根据这一定义,干酪是以乳、稀奶油、脱脂乳或部分脱脂乳、酪乳或这些产品的混合物为原料,经过一系列工艺处理而成的乳制品。这些工艺包括使用凝乳酶或其他凝乳剂进行凝乳,并排除乳清,最终得到的产品可以是新鲜的,也可以是经过发酵成熟的。

在国际上,干酪被细分为天然干酪、再制干酪和干酪食品。天然干酪直接从原料乳发酵凝乳制成,保留原始风味和营养。再制干酪以天然干酪为基础,添加配料并加工,保质期长且用途广。干酪食品则是加工处理的乳制品,干酪成分较少但保留风味。

在我国,干酪是成熟或未成熟的乳制品,包括软质、半硬质、硬质或特硬质,可有涂层。

根据食品安全国家标准(GB25192-2010),再制干酪是以干酪(比例大于15%)为主要原料,经过一系列工艺处理制成的产品。这些工艺包括添加乳化盐,以及根据需要添加其他原料,如调味品、防腐剂等。经过加热、搅拌、乳化等工艺后,最终得到的再制干酪具有独特的口感和风味,同时也具有更长的保质期和更广泛的用途。

再制干酪的出现,为消费者提供了更多样化的选择。与天然干酪相比,再制干酪的质地更加均匀,口感更加柔和,同时也更容易保存和携带。因此,再制干酪在市场上受到广泛的欢迎,成为人们日常饮食中的重要组成部分。

2. 干酪的分类

(1)干酪的分类与命名。干酪,作为一种历史悠久且深受全球喜爱的乳制品,种类繁多,各具特色。据不完全统计,全球范围内共有干酪品种超过 900 种,其中较为著名的就有 400 余种。这些干酪之间的差异可能仅仅体现在大小、包装方法、原产地或名称上,而有些则在加工方法、风味、质地等方面有着显著的相似性。

即使原料和制造方法相似,干酪的名称也会因产地而异。例如,法国羊乳干酪在丹麦称作"达纳布路干酪"。国际上,干酪分类依据包括原产地、制造方法、外观等。国际酪农联盟曾以水含量为标准分类,但现今更常按软硬度及微生物来分,达 395 种。此外,根据凝乳方法,干酪分为酸凝和酶凝两种,后者占全球产量的 75%,通常更有弹性和较长的保质期。

(2)世界主要干酪品种。全球各地都有各自独特的干酪品种,这些干酪不仅口感各异,而且承载着各自的文化和历史。

例如,农家干酪(Cottage Cheese),一种以脱脂乳、浓缩脱脂乳或脱脂乳粉的还原乳为原料制成的新鲜软质干酪。其成品水分含量在 80%以下(通常 70% ~ 72%)。美国是农家干酪的最大生产国,此外,法国、英国、日本等地也有生产。稀奶油干酪(Cream Cheese),这种干酪脂肪含量较高,口感细腻柔滑,常用于制作甜点或涂抹在面包上食用。里科塔干酪(Ricotta Cheese),是意大利的传统干酪,以其丰富的口感和营养价值而闻名。它通常用于制作各种意大利菜肴。比利时干酪(Limburger Cheese),源自比利时,具有浓郁的风味和独特的气味,是欧洲许多国家的传统食品。法国农味干酪(Camembert Cheese),来自法国的著名干酪,具有柔软的质地和浓郁的奶油味,是许多法式菜肴的必备食材。法国羊奶干酪(Roquefort Cheese),法国著名的蓝纹干酪,以其独特的口感和香气而著称。它是以羊奶为原料制成的,产于法国南部的罗克福尔地区。

4.2.2.2 干酪生产的原辅料

1. 原料及要求

乳成分因动物种类和个体间的差异而有所不同,因此,当使用不同种类的动物乳进行干酪加工时,只能制定一个大致的原料标准。在干酪加工过程中,原料乳的蛋白质、脂肪、乳糖和灰分等成分对产品的品质有着直接影响。通常,脂肪与酪蛋白的理想比例大致为1:(0.69~0.70)。

牛乳的成分还会随着季节的变化而变化,以英国为例,仅在7—8月份,牛乳的成分最为适宜于干酪生产。在其他季节,需要对乳进行标准化处理,以调整其成分至适合干酪生产的范围。

乳中的微生物是干酪发酵、风味形成和品质保证的关键。因此,在干酪制造过程中,对原料乳的微生物质量有极高的要求。此外,原料乳中的抗生素可能会破坏干酪发酵过程中必需的微生物,所以,控制抗生素含量至关重要。为保证干酪生产的顺利和产品的高质量,原料乳必须经过严格的抗生素检测,确保合格后方可投入生产。

在我国,生产硬质干酪的原料乳以及所有用于干酪生产的添加剂,如钙平衡剂、抑制盐类、酸化剂、色素、风味剂和烟熏剂等,都必须严格遵守相关标准和规定,以确保干酪产品的安全性和优良品质。

第4章 发酵肉及发酵乳制品的加工工艺

2. 干酪发酵剂及凝乳酶

（1）干酪发酵剂。干酪发酵剂是干酪生产过程中不可或缺的微生物制剂，其对于干酪的风味、质地和保存期具有至关重要的影响。根据菌种组成的不同，干酪发酵剂主要可以分为单菌种发酵剂和混合菌种发酵剂两种类型。

①单菌种发酵剂。仅包含一种菌种，如乳酸链球菌（*Streptococcus lactis*）或乳酪链球菌（*Streptococcus cremoris*）等。单菌种发酵剂的优点在于其稳定性较好并可长期保存，因为仅涉及单一菌种的生长和代谢，所以其活力和性状的变化较小。然而，这种发酵剂也存在一些缺点，如容易受到噬菌体的侵染，这可能导致菌种的繁殖受阻和酸的生成速度减缓，从而影响干酪的质量和发酵过程。

②混合菌种发酵剂。由两种或两种以上的菌种组成，这些菌种能够产酸、产芳香物质并形成干酪的特殊组织状态。根据干酪制品的不同，混合菌种发酵剂的菌种组成和比例也会有所不同。混合菌种发酵剂的优点在于其能够形成乳酸菌的活性平衡，更好地满足干酪发酵和成熟过程中的多种需求，从而生产出风味独特、质地细腻的干酪产品。

（2）凝乳酶。凝乳酶在干酪生产过程中起着至关重要的作用，它能够将牛奶中的蛋白质凝结成块，形成干酪的基本结构。凝乳酶的传统制备方法是通过屠宰出生 10～30d 的小牛，从其第四胃（皱胃）中提取。然而，这种方法不仅成本高昂，而且存在动物福利和伦理问题。

为了解决这些问题，科学家们开发出了多种代用酶，包括动物性凝乳酶、植物性凝乳酶、微生物凝乳酶以及遗传工程凝乳酶等。这些代用酶具有不同的来源和特点，可以根据干酪生产的需要选择合适的类型。其中，遗传工程凝乳酶是近年来研究的热点之一。通过对凝乳酶基因的克隆和表达，科学家们可以在实验室中生产出大量的凝乳酶，这不仅降低了生产成本，而且避免了动物屠宰的伦理问题。此外，遗传工程凝乳酶还具有活性高、稳定性好等优点，可以更好地满足干酪生产的需求。

通过对凝乳酶基因的研究和改造，科学家们还可以进一步探索凝乳酶蛋白转录表达及酶学反应的机制，为凝乳酶的微生物生产和干酪生产的优化提供理论支持。

4.2.2.3 天然干酪生产工艺及控制

天然干酪生产工艺流程：原料乳→标准化→杀菌→冷却→添加发酵剂→调整酸度→加氯化钙→加色素→加凝乳剂→凝块切割→搅拌→加温→排出乳清→成型压榨→盐渍→成熟→上色挂蜡。

1. 原料乳处理

（1）净乳：为了提升产品质量，原料乳首先通过离心除菌机进行净乳处理，以去除大约90%的带芽孢细菌。

（2）均质：均质处理虽然能提升乳中结合水的含量，但通常不适用于生产硬质和半硬质类型的干酪。然而，在生产蓝霉（Danablu）干酪和Feta干酪时，原料乳（或添加15%~20%的稀奶油）需经过均质处理，以减少乳清排出，促进脂肪水解，并使干酪色泽更加洁白。

（3）标准化：干酪生产前，原料乳需要进行脂肪、酪蛋白以及酪蛋白/脂肪（C/F）的标准化处理，通常要求C/F为0.7，以确保干酪的质量和口感。

（4）杀菌：为确保原料乳中的致病菌和有害菌被彻底杀灭，同时让酶失活以保障干酪品质的稳定，常用的处理方法包括低温长时间杀菌（LTLT）即在63℃下保温30分钟，以及高温短时杀菌（High Temperture Shoort Time, HTST）即温度控制在71~75℃进行短时杀菌。这些操作通常利用保温杀菌罐或高效的片式热交换杀菌机来实施。

2. 添加发酵剂和预酸化

杀菌后的原料乳被泵入干酪槽中，槽内设有夹层及搅拌器。原料乳被冷却至30~32℃后，加入发酵剂并进行30~60min的发酵，即预酸化过程，以确保乳酸菌数量充足。此过程后，通过取样测定酸度，使最终酸度控制在0.18%~0.22%。此外，为了优化加工过程，确保凝块硬度、色泽一致，并防止产气菌的污染，原料乳中还需加入氯化钙（$CaCl_2$）、色素、硝酸盐（$NaNO_3$ 或 KNO_3）、CO_2 和盐酸等添加剂。

第4章 发酵肉及发酵乳制品的加工工艺

3. 添加凝乳酶与凝乳形成

在干酪的生产流程中,凝乳酶的用量是精确计算的,这取决于凝乳酶的效价和原料乳的总量。在实际使用前,凝乳酶会先与1%的食盐水混合,制成2%的溶液,并在此后的30min内保持在28~32℃的温度条件下。随后,将准备好的凝乳酶溶液缓慢加入乳中,并通过轻柔的搅拌(不超过2~3min)使其均匀分布。之后,乳会在32℃的温度下静置约30min,直至形成凝块。为了进一步提升干酪的品质并降低生产成本,现代生产中常常采用混合凝乳酶制剂。这些制剂有多种形式,包括液态、粉状和片剂,每一种在使用前都需要进行酶活力的测定,以确保其最佳效果。

4. 凝块切割

在干酪生产过程中,判断乳凝块是否达到适宜硬度,从而决定是否开始切割,是一个关键的步骤。这通常是通过评估乳清排出的质量来实现的。

(1)刺入法。用小刀轻轻刺入凝固后的乳表面下,并缓慢抬起,仔细观察裂纹的生成情况。裂纹的清晰度和连贯性能够反映出凝块的硬度是否适宜。

(2)插入法。在凝乳表面切割一个深约2cm、长5cm的切口,然后用食指从切口的一端插入凝块,大约深入3cm。随后,轻轻向上挑起凝块,并观察几个关键点:切面是否保持整齐和平滑;手指上是否有小片凝块残留;渗出的乳清是否清澈透明。一旦这些观察结果都满足标准,即表明凝块已达到适合切割的硬度。此时,可以使用专业的干酪刀,按照干酪的类型要求,将凝块精确地切割成 $0.7~1.0cm^2$ 的小立方体。这样的切割方式有助于后续的加工和成熟过程,从而确保干酪的最终品质。

5. 搅拌与二次加温

在干酪生产过程中,搅拌和二次加温是两个重要的步骤,旨在促进干酪颗粒中的乳清排放。首先,凝块切割后需进行缓慢搅拌,确保凝块颗粒能够均匀悬浮在剩余的乳清中。初始搅拌速度应非常缓慢,以避免破坏凝块结构。随着搅拌的持续,约15min后,搅拌速度可以逐渐加快,以促进乳清的均匀分布和排放。同时,在搅拌的过程中,需要对干酪槽的夹层通入温水,进行二次加温。初始时,每3~5min升高1℃,当温度升高到35℃时,每隔3min升高1℃。根据干酪类型的不同,所需温度也会有所不同,如高脂干酪为17~48℃,半脂干酪为34~38℃,脱脂干酪为30~35℃。当达到所需温度后,停止加热,维持该温度一段时间,并继续搅拌。这一过程不仅有助于乳清的排放,还能通过抑制产酸细菌的生长来控制乳酸的生成量。

6. 排除乳清

在搅拌和二次加温的后期,乳清的酸度会达到0.17%~0.18%,此时凝块会收缩至原来的一半大小(呈豆粒状)。此时,可以通过观察干酪粒的弹性和形状来判断乳清是否已充分排放。具体方法是用手捏干酪粒,如果感觉到适度弹性,或者用手握一把干酪粒用力压出水分后放开,干酪粒能够重新分散,则说明乳清已充分排放。

7. 堆叠、成型与压榨

(1)堆叠。乳清排放后,关键步骤之一是堆叠干酪粒。这通常是将干酪粒收集在干酪槽的一端或专用的堆积槽中。为了更有效地去除剩余的乳清并促进干酪粒的紧密结合,可以在堆积的干酪粒上方放置一块带有小孔的木板或不锈钢板,并轻轻施加压力,持续5~10min。这个过程被称为"堆叠",它有助于干酪粒的初步成型和乳清的进一步排放。

(2)成型与压榨。堆叠完成后,进入成型压榨阶段。首先,将干酪块切割成均匀的小立方体,然后放入专用的成型器中。成型器中的凝乳颗粒会经历一个压榨过程,即施加一定的压力,以进一步去除乳清并促使凝乳颗粒紧密地结合在一起。这一步骤不仅有助于干酪的紧密成型,还能赋予干酪特定的形状,并在后续的成熟过程中形成坚实的外皮。为了确保每批干酪质量的稳定性和一致性,在生产过程中必须严格控制压力、时间、温度和酸度等关键参数。此外,成型器中的模具通常采用多孔设计,以确保乳清能够顺畅地流出,从而得到理想的干酪质地和口感。

8. 加盐

在干酪制作中,加盐是一个至关重要的环节。这一步骤的主要目的不仅在于为干酪增添独特的风味、改善其质地和外观,更在于通过排除内部的乳清或水分来增强干酪的硬度。此外,盐在干酪制作中还扮演着多重角色,如,能有效抑制乳酸菌的过度活跃,从而调控乳酸的生成和干酪的成熟速度;还能防止和抑制杂菌的滋生,确保干酪的品质和安全性。

不同种类的干酪对盐的需求量有所不同。一般而言,普通干酪的盐含量大约在 0.5% ~ 2%。然而,对于某些特殊品种的干酪,如蓝霉干酪或白霉干酪的某些类型,盐的含量可能会高达 3% ~ 7%,以满足其特定的风味和质地要求。

加盐通常在添加原始发酵剂 5 ~ 6h 后进行,此时 pH 值应达到 5.3 ~ 5.6。加盐的方法有干盐法、湿盐法和混合法三种,具体选择取决于干酪的类型和生产工艺。

9. 成熟

成熟是干酪生产中的最后一步,也是决定干酪品质的关键阶段。在特定的温度和湿度条件下,通过有益微生物(发酵剂)和酶的作用,干酪会发生一系列微生物、生物化学和物理方面的变化。这些变化包括风味的形成、质地的改善以及颜色的变化等。不同的干酪类型对成熟时间和条件有不同的要求,因此必须严格控制这些因素以确保干酪的品质和口感。

第 5 章　发酵果蔬制品的加工工艺

发酵果蔬制品凭借其独特的风味和营养价值,越来越受到广大消费者的喜爱。精心挑选的新鲜果蔬原料经过特定的微生物发酵过程,不仅保留了原料的天然营养,还增添了丰富的益生菌和独特的口感。本章将对泡菜、果汁发酵饮料、蔬菜汁发酵饮料的加工工艺进行深入探讨。

5.1　泡菜的加工工艺

5.1.1 泡菜的传统生产

5.1.1.1 工艺流程

泡菜的传统生产工艺流程如图 5-1 所示。

```
                    2%~6%食盐水    2%~10%食盐水
                         ↓              ↓
生鲜蔬菜→挑选→洗净→出坯→泡制→出坛→泡菜
                              ↑
                    20%~30% 老盐水、香料包
```

图 5-1　泡菜的传统生产工艺流程

第 5 章 发酵果蔬制品的加工工艺

5.1.1.2 工艺要点

(1) 原料的选择。适用于泡菜制作的蔬菜种类众多,包括茎根类、叶菜类、果实类以及花菜类等。优质的原料应为肉质饱满、质地细密且脆嫩的蔬菜,并确保原料新鲜、适度鲜嫩,无破损、霉病及虫害。

(2) 泡菜容器——泡菜坛。泡菜坛通常由陶土经过烧制上釉而成,中间较粗,两端较细,坛口设有 5~10cm 深的水封水槽。此外,也可选择玻璃钢或经特殊涂料处理的铁质容器,但必须确保所用材料的卫生安全,不能与泡菜盐水或蔬菜产生化学反应。使用前,应彻底清洗并检查泡菜坛。主要检查两点:一是坛子是否有漏气、裂缝或砂眼;二是坛沿的水封性能是否良好,即坛盖是否能完全浸入密封水中且水槽中的水不会渗入坛内。

(3) 原料的预处理。在制作泡菜前,需要对原料进行适当处理,主要包括去除不可食用的部分,如老叶、黄叶或病虫害部分,然后用清水洗涤。对于较大的蔬菜,如萝卜或莴苣,可以切成条状;辣椒可以整个泡制;而像黄瓜、冬瓜等则需去籽后切成长条。处理好的蔬菜可以稍微晾晒以减少表面水分,然后即可进行泡制。

(4) 出坯。原料在清洗后通常需要进行初步的腌制,也称为出坯,目的是利用盐的渗透作用去除蔬菜中的部分水分,增加盐味,并防止腐败菌的生长。腌制过程中,也会使用一些食盐,腌制时间可以从几小时到几天不等,以去除多余水分和异味。有一点需要注意,腌制过程中可能会导致营养成分流失。

(5) 泡菜盐水的配制。腌制泡菜一般使用井水或自来水。盐水含盐量控制在 6%~8%,使用的食盐一般为精盐且要求食盐中的苦味物质极少。在泡制时为了加速乳酸发酵可加入 3%~5%、浓度为 20%~30% 的优质陈泡菜水和适量香辛料,以增加乳酸菌数量。此外,为了促进发酵或调色调味,也可向泡菜中加入 3% 左右的糖;或者为了增加风味,在制作泡菜时加入其他一些调味料,如黄酒、白酒、红辣椒、花椒、八角、橙皮等。

(6) 泡制与管理。

① 入坛泡制。将预先准备好的食材放入泡菜坛中,确保食材填充紧密,以助于发酵和保存。当坛子填充到一半时,撒入一些香料以增加风

味,然后继续添加剩余的食材。当食材装至距离坛口约 6~8cm 的位置时,使用竹片或其他工具将食材固定,避免其上浮。接着,缓缓倒入盐水,直至完全覆盖食材且盐水的液面距离坛口保持 3~5cm 的距离,这一点至关重要,因为食材露出水面易导致变质。在泡制的 1~2d 内,由于食材中的水分会逐渐渗出,它们可能会下沉,此时可以根据情况适当添加更多的食材。

②泡制期的发酵过程。根据泡制期间微生物的活跃程度和乳酸的累积量,整个泡菜发酵过程可以分为三个阶段。

a. 发酵初期。当原料被放入坛中后,附着在原料上的微生物会立刻开始活跃并进行发酵。由于此时的环境 pH 值相对较高且原料中仍含有一定的空气,因此,此阶段主要是一些对酸度不太敏感的微生物,如肠膜明串珠菌、小片球菌、大肠杆菌以及酵母菌等开始活跃。它们会迅速进行乳酸发酵和微弱的酒精发酵,从而产生乳酸、乙醇、醋酸和二氧化碳。这一阶段的发酵以异型乳酸发酵为主导,导致环境的 pH 值逐渐降低到 4.0~4.5。同时,大量的二氧化碳被释放出来,可以在水封槽中观察到间歇性的气泡。这一阶段有助于坛内逐渐形成低氧环境,为接下来的正型乳酸发酵创造有利条件。这一阶段大约持续 2~5d,泡菜的酸度可以达到 0.3%~0.4%。

b. 发酵中期。随着乳酸的不断累积和 pH 值的进一步降低,以及低氧环境的形成,正型乳酸发酵的植物乳杆菌开始变得活跃。在这一阶段,乳杆菌的数量可以迅速增加到每毫升 $(5~10)\times10^7$ 个,乳酸的积累量也上升到 0.6%~0.8%,同时 pH 值进一步降至 3.5~3.8。此时,对酸度敏感的大肠杆菌和其他不耐酸的细菌开始大量死亡,酵母菌的活性也受到抑制。这一阶段标志着泡菜已经完全成熟,通常持续 5~9d。

c. 发酵后期。正型乳酸发酵在这个阶段继续进行,乳酸的积累量可以超过 1.0%。但当乳酸含量超过 1.2% 时,即使是耐酸的植物乳杆菌也会受到抑制,其数量开始下降,发酵的速度也会明显减慢甚至完全停止。

③泡菜的成熟期。在泡菜的制作过程中,乳酸发酵的成熟阶段受到多种因素的影响。原料的类型、盐水的种类以及环境温度等都会对泡菜的成熟度和口感产生显著影响。

④泡制中的管理。在泡菜的泡制期间,对于腌制液的管理显得尤为重要。用于密封的水封槽中的液体通常选择干净的饮用水或是浓度为 10% 的盐水。需要特别注意的是,在发酵的后期阶段,由于气体的产生

和排出,坛内可能会形成部分真空状态,这可能会导致水封槽中的液体被倒吸入坛内。这种情况不仅可能引入杂菌,还会降低坛内盐水的浓度,因此建议使用盐水作为水封槽的液体。

如果选择使用清水,那么需要定期更换,以保持其清洁度。在发酵期间,建议每天揭开坛盖1~2次,这样可以有效防止水封槽中的液体被吸入坛内。而如果选择使用盐水,那么在发酵过程中需要适当地补充盐水,以确保坛盖能够始终浸没在盐水中,从而保持良好的密封状态。

当泡菜泡制完成后,取食时要轻手轻脚地开启坛盖,以防止盐水被意外带入坛内。用于取食的筷子或夹子必须保持干净卫生,特别要注意防止油脂等污染物进入坛内,以免影响泡菜的质量和口感。

(7)成品保存。泡菜成熟后应及时食用,以保持最佳口感。若需长期保存,应提高盐水的浓度并加入适量的酒以保持泡菜的品质和风味。同时要确保保存容器的密封性,防止泡菜质量下降。

5.1.2 泡菜的工业化生产

5.1.2.1 工艺流程

泡菜工业化生产的全流程可参考图 5-2。

```
                        20%~30%食盐      发酵              发酵
生鲜蔬菜→挑选→洗净→入池→盐腌→管理→成坯→脱盐→脱水→泡制→出坛
                    泡菜成品←检验←贴标←冷却←灭菌←配制
                                                    调色、香、味
```

图 5-2　泡菜工业化生产工艺流程

5.1.2.2 工艺要点

(1)原料的选择。基于原料的储存持久性,可将泡菜原料划分为三类。大蒜、苦瓜和洋姜等,可腌制一年以上;萝卜、四季豆和辣椒等,可腌制3~6个月;黄瓜、莴苣和甘蓝等则适合即腌即食。

(2)咸胚。为确保连续生产,需先用食盐对新鲜蔬菜进行保鲜处理,也就是制作咸胚,以备随时取用进行生产。在咸胚的制作过程中,采用分层撒盐法,底部撒盐30%,中间层60%,最表层10%,最终达到平衡的盐水浓度为22°Bx。

(3)咸胚脱盐后的处理方式。脱盐后的咸胚有两种处理方式。一是放入坛中进行泡制,随后取出进行配料;二是彻底脱盐,然后通过压榨或离心脱水,再加入添加剂直接进行颜色和口味的调整。

(4)灭菌。在泡菜工业化生产中,灭菌是至关重要的一步,它可以显著提升泡菜的保质期。通常采用巴氏灭菌法进行有效灭菌。

(5)贴标、检验。灭菌后的泡菜需要立即冷却,并贴上产品标签。在通过质量检验确认产品合格后,方可出厂销售。

5.2 果汁发酵饮料的加工工艺

5.2.1 酵母菌发酵果汁饮料的生产

酵母发酵果汁饮料是新鲜成熟的水果经过一系列加工处理,最终利用酵母菌、乳酸菌进行发酵而生产出来的具有独特风味的饮料。

5.2.1.1 工艺流程

酵母菌发酵果汁饮料生产工艺流程如图5-3所示。

原料→榨汁→澄清→接种→发酵→过滤→调配→杀菌→成品

图5-3 酵母菌发酵果汁饮料生产工艺流程

5.2.1.2 工艺要点

(1)原料及处理。挑选新鲜且成熟的水果,进行彻底的清洗并充分沥干。根据水果的种类,可以采取不同的方法获取果汁。例如,对于富含汁液的水果如柑橘、猕猴桃、桃和葡萄等,可以直接压榨获取果汁。对于苹果、山楂等水果,需要先进行破碎和打浆,然后再进行压榨。得到的果汁会先经过一个初步的过滤步骤,去除其中的较大颗粒和沉淀物,得到相对较为清澈的果汁。如果需要进一步澄清,可以根据水果种类添加适量的果胶酶或其他澄清剂进行处理。处理后的果汁会再次进行过滤,去除剩余的固体杂质并加入适量的蔗糖以调整甜度。

(2)接种、发酵。在发酵阶段,可选用葡萄酒酵母、尖端酵母、啤酒酵母等不同类型的酵母菌。这些酵母菌会先进行扩大培养,然后以一定的比例接入果汁中。在适宜的温度条件下,经过几天的发酵,果汁会产生独特的香气和风味。发酵完成后,通过过滤得到发酵液,而未通过滤膜的残留物则富含酵母菌,可作为下一次发酵的菌种来源。

(3)调配、杀菌。在发酵液中加入适量的糖和其他香料,以提升口感。然后,对饮料进行高温灭菌处理,以确保产品的安全性和稳定性。这种通过酵母发酵生产的果汁饮料具有浓郁的香气和独特的口感,是传统配制饮料所无法比拟的。

5.2.2 乳酸菌发酵果汁饮料的生产

5.2.2.1 工艺流程

乳酸菌发酵果汁饮料生产工艺流程如图5-4所示。

原料→果汁→调整→杀菌→冷却→接种、发酵→调配、灌装
（调整上方：吸附剂、糖；接种上方：乳酸菌）

图5-4 乳酸菌发酵果汁饮料生产工艺流程

5.2.2.2 工艺要点

(1)原料及处理。

①原料选择。首选酸度较低的成熟新鲜水果,例如,香蕉、柿子、枣和梨等,然后进行榨汁发酵。对于高酸度的水果,需采取措施降低其酸度,以创造适合乳酸菌生长的环境。

②果汁制作。与酵母菌发酵果汁饮料的制汁方法相同。

③果汁调整。若果汁的pH值低于4.5,需通过添加特定的吸附剂

如硅藻土来降低酸度。搅拌并静置后进行过滤,确保果汁清澈。接着加入适量的糖和乳糖,调整果汁的可溶性固形物含量,为乳酸菌的发酵提供理想条件。

④果汁灭菌。果汁经过瞬时高温灭菌后,迅速冷却至适宜发酵的温度,备用。

(2)发酵剂制备。采用特定的乳酸菌,如嗜热链球菌和干酪乳杆菌等,进行培养。制备过程如下:①将新鲜的牛乳分装至不同容器中——试管(每管10mL)、三角瓶(分别为500mL和300mL规格)以及种子罐。②对所有容器进行高温灭菌处理,条件为115℃持续15min,以确保无菌环境。③灭菌完成后,让容器自然冷却。④冷却后,将选定的乳酸菌种接种到试管中的牛乳里,并在40℃的恒温环境中进行初步培养。⑤当试管中的牛乳凝固后,取1%的量接种到三角瓶中,同样在40℃下继续培养。⑥三角瓶中的牛乳凝固后,再取2%~3%的量接种到种子罐中,继续在40℃环境中培养。⑦当种子罐中的牛乳凝固,即表明乳酸菌已经充分繁殖,此时的凝乳即可作为生产用的发酵剂。

(3)接种、发酵。按照果汁总量的3%比例,将培养好的乳酸菌种子混入果汁中,并进行充分搅拌,之后进行封缸处理以开始发酵过程。在整个接种和发酵期间,温度需稳定在大约35℃,为乳酸菌提供最佳的生长环境。当菌群数量增长至每毫升达到5×10^8个时,便意味着发酵过程可以结束。

(4)调配、灌装。当发酵过程完成时,需要对发酵液进行细致的过滤处理。随后,使用无菌水来调整滤液的酸碱度,使其pH值维持在3.3~3.5。同时为了提升口感,会将糖度调整到7%~10%,并适量添加香味料以增强风味。若生产含有活菌的果汁乳酸饮料,那么在完成上述调配后,需立即进行装瓶和压盖操作,并在4℃的低温环境下进行贮藏,以保持饮料中乳酸菌的活性。若生产经过灭菌处理的果汁乳酸饮料,那么在调配完成后,会先进行高压均质处理,压力控制在20~30MPa。之后进行装瓶和压盖,再加热到90℃进行灭菌处理。最后经过冷却,这款灭菌果汁乳酸饮料就可以作为成品销售了。

第5章 发酵果蔬制品的加工工艺

5.3 蔬菜汁发酵饮料的加工工艺

以蔬菜汁为原料,利用酵母菌或乳酸菌发酵而成的饮料为蔬菜汁发酵饮料。

5.3.1 酵母菌发酵蔬菜汁饮料的生产

采用多种蔬菜汁作为原料,通过常规或特种酵母进行发酵,所产出的饮料被称为酵母发酵蔬菜汁饮料。

5.3.1.1 工艺流程

酵母菌发酵蔬菜汁饮料生产工艺流程如图5-5所示。

蔬菜汁→灭菌→冷却→接种→发酵→离心→母液→加水稀释→配料、混匀→灭菌→成品

图5-5 酵母菌发酵蔬菜汁饮料生产工艺流程

5.3.1.2 工艺要点(以麦芽汁发酵为例)

(1)原料液准备。制备含有40%麦芽浸出物的水溶液。

(2)灭菌与冷却。将此麦芽浸出物溶液在90℃下进行灭菌处理,之后冷却至35℃。

(3)酵母接种与发酵。在冷却后的麦芽汁中接种脆壁克鲁维酵母,确保酵母数量达到每毫升5×10^6个,然后在30℃的恒温环境下静置发酵30h。经过上述时间的发酵,所得液体的酒精含量约为1.2%(按体积计算),并且其pH值稳定在4.0左右。

(4)离心分离。通过离心技术,将发酵后的液体与酵母细胞进行分

离,从而获得清澈的发酵液。

(5)调配与稀释。将发酵液用三倍的水进行稀释,再根据口味加入适量的砂糖和香精进行调配。

(6)灭菌与包装:调配完成后,将整个混合液在95℃下进行灭菌处理,最后进行包装,从而得到麦芽汁为基础的酵母菌发酵饮料。

5.3.2 乳酸菌发酵蔬菜汁饮料的生产

采用多样化的蔬菜汁作为主要成分,辅以少量的乳制品,通过乳酸菌的发酵工艺,精心酿制出独特的蔬菜汁发酵饮料。

5.3.2.1 工艺流程

乳酸菌发酵蔬菜汁饮料生产工艺流程如图5-6所示。

蔬菜汁→灭菌→冷却→接种→发酵→离心→

母液→加水稀释→配料、混匀→灭菌→成品

图5-6 乳酸菌发酵蔬菜汁饮料生产工艺流程

5.3.2.2 工艺要点(以胡萝卜汁发酵为例)

(1)原料准备。选取新鲜的胡萝卜汁(含糖度约为6.0%)100份,并加入5份固形物含量为96%的脱脂奶粉,将两者充分混合并确保溶解。

(2)酸碱度调整与灭菌。将混合液的pH值调至6.5,随后在95℃下进行灭菌处理。

(3)接种与发酵。待混合液冷却至35℃时接种保加利亚乳杆菌,确保菌数达到2×10^6个/mL,之后在37℃的恒温环境下静置发酵大约10h。

(4)发酵终止与过滤。当发酵液的pH值降至4.0左右时停止发酵,随后对发酵液进行过滤,以去除菌体。

(5)调配与灭菌。根据口味需要,向过滤后的发酵液中加入适量的砂糖和香精并充分混合均匀,最后再次在95℃下进行灭菌处理,待冷却后即得到胡萝卜汁发酵饮料。

5.3.3 酵母菌和乳酸菌混合发酵果蔬汁饮料的生产

此类饮料采用麦芽汁与多种果蔬汁作为基础原料,通过酵母菌与乳酸菌的复合发酵,从而制作出风味独特的饮品。

5.3.3.1 工艺流程

混合发酵果蔬汁饮料生产工艺流程如图 5-7 所示。

配料→调节 pH 值→灭菌→冷却→接种→发酵→离心→配制→成品

图 5-7 混合发酵果蔬汁饮料生产工艺流程

5.3.3.2 工艺要点

(1) 原料配比。选取含有 15% 麦芽浸出物的水溶液 80 份与 20 份的番茄汁进行混合。

(2) pH 值调整与灭菌。混合液使用重碳酸钙将其 pH 值调整至 6.5,随后在 95℃下进行高温灭菌。

(3) 接种与发酵。待混合液冷却至 30℃后分别接种乳酸克鲁维酵母、脆壁克鲁维酵母、嗜热链球菌以及保加利亚乳杆菌,接种完成后将整个混合液在 30℃的恒温条件下静置发酵 25h。经过上述时间的发酵,所得液体的酒精含量约为 0.9%(按体积计算),并且其 pH 值稳定在 4.0 左右。

(4) 离心与调配。发酵结束后,通过离心技术将发酵液与菌体进行分离,在分离得到的清澈液体中加入适量的砂糖和香精进行调味。

(5) 灭菌与包装。将整个调配后的饮料加热到 95℃进行灭菌处理,待其冷却后即可进行包装,从而得到混合菌种发酵的果蔬汁饮料成品。

第 6 章　酒精发酵与白酒酿造

酒精发酵是白酒酿造的核心过程,它利用酵母菌或其他微生物在缺氧的环境下,将原料中的糖类物质转化为酒精和二氧化碳。白酒酿造则是一个复杂的过程,首先选择优质的粮食作为原料,然后经过选粮、糖化、发酵、蒸馏等多个步骤,其中发酵阶段最为关键,决定了白酒的口感和品质。通过酒精发酵,将粮食中的淀粉转化为酒精,再经过蒸馏和熟化等后续工艺,最终得到具有独特风味和香气的白酒。

6.1　酒精发酵

6.1.1 原料及其处理

6.1.1.1 原料概述

1.薯类原料

(1)甘薯别名繁多,如红薯、甜薯、山芋、地瓜、番薯和红苕等,是中国广泛种植的一种作物。它在江苏、浙江、安徽一带被称为山芋,河北、山东则称其为地瓜,而四川、湖北等地则称其为红苕。除了西藏和东北的部分地区外,甘薯几乎遍布中国各地。在酒精生产中,甘薯作为一种优质的原料,其出酒率相当高。这主要得益于其广泛的原料来源、较低的成本、高淀粉质含量以及疏松的淀粉颗粒结构,这些特点使得甘薯易于蒸煮糊化,为后续的糖化发酵过程创造了有利条件。

(2)马铃薯在中国东北、西北以及内蒙古地区产量颇丰,其别名包括洋山芋、土豆、山药蛋等。虽然马铃薯的种类繁多,但在酒精生产过程中特别青睐的是那些淀粉含量高而蛋白质含量较低的特定品种,它们被称为工业用马铃薯或淀粉性马铃薯。马铃薯之所以被视为微生物培养的理想天然培养基,主要是因为其内含丰富的无机盐和维生素等营养物质,这些成分对于微生物的生长和繁殖具有不可或缺的重要作用,从而使其成为微生物培养领域的首选。

(3)木薯作为一种多年生灌木状植物,以其粗大而长的根部为显著特征。木薯在我国南方的广东、广西、福建、台湾等地尤为盛产。在酒精生产领域,木薯的块根占据着举足轻重的地位,成为主要的原料来源,这主要归因于木薯块根中富含的碳水化合物,而与之相比,蛋白质和脂肪等其他成分的含量则显得相对较低。这种独特的化学成分使得木薯在酒精生产过程中具有独特的优势。

2. 谷类原料

玉米,又被称为玉蜀黍、苞米、珍珠米、苞谷、棒子等,是一种广泛种植的作物。

高粱,被称为红粱、芦粟、蜀黍等,在我国酿造工业中主要用于酿造白酒,而较少被用作酒精生产的原料。

除了玉米和高粱外,大麦、大米、粟谷等也是常见的农作物。

3. 糖质原料

(1)甘蔗糖蜜。甘蔗糖蜜是在加工甘蔗以生产糖的过程中产生的副产物,主要产于我国南方地区。用于生产酒精的甘蔗糖蜜应确保无杂质、无异味,并且没有发酵现象。这是因为任何杂质或不良品质都可能影响酒精生产的效率和产品质量。

甘蔗糖蜜的成分复杂,包含多种糖类、有机酸、矿物质和维生素等。这些成分的具体比例和含量会因甘蔗品种、生长条件、加工过程等因素而有所不同。

（2）甜菜糖蜜。甜菜糖蜜，作为利用甜菜制糖过程中的一种副产品，其产量约占甜菜总重量的3%~4%。在中国，甜菜的生产主要聚焦于东北、西北以及华北地区，这些地区的气候和土壤条件为甜菜的生长提供了良好的环境。

4. 辅助原料

辅助原料在制糖化剂的过程中起着补充氮源和其他营养成分的关键作用。这些原料主要包括麸皮、米糠、玉米粉等，它们富含碳源和氮源，为糖化过程中的微生物提供了必要的营养支持。麸皮是谷物加工过程中的副产品，含有丰富的膳食纤维和蛋白质，其中的蛋白质为微生物提供了氮源。米糠则是稻米加工的副产品，富含碳水化合物、脂肪、蛋白质以及多种维生素和矿物质，其全面的营养成分使其成为优秀的辅助原料。玉米粉则以其高碳水化合物和一定的蛋白质含量，为糖化过程提供了稳定的碳源和氮源。

在制糖化剂的过程中，这些辅助原料的添加可以为微生物提供更好的生长条件，提高糖化效率，从而提升最终产品的质量和增加产量。同时，这些原料的合理利用也有助于促进资源的循环利用和环境保护。

6.1.1.2 原料处理

1. 原料的除杂

淀粉原料中的杂质会对其质量和生产效率产生不利影响。在淀粉原料中，最常见的杂质包括泥沙、石块和金属杂质，这些杂质不仅可能影响淀粉的纯度，还可能导致设备损坏或影响生产流程。

（1）筛选是一种通过孔径大小将颗粒物质进行分离的方法。当混合物通过网孔时，大颗粒物质（如石块）无法通过，而小颗粒物质（如淀粉颗粒）则可以通过网孔，从而实现分离的目的。常用的筛选装置有筛网、筛板等，它们可以根据颗粒物质的大小差异进行选择性分离。

（2）风送除杂即利用风力将较轻的杂质（如灰尘、部分泥沙）吹走，而较重的淀粉颗粒则留在原地。这种方法通常用于预处理阶段，可以有效去除原料表面的部分杂质。

（3）电磁除铁是一种专门用于去除金属杂质的方法。它利用电磁线圈产生的强磁场吸附住流经除铁槽的铁屑和其他金属杂质。然后，随着物料的流动，被吸附的金属杂质被带出除铁槽，从而实现金属杂质的分离。

为了提高淀粉的纯度和浓度，还可以采用淀粉旋流站进行浓缩精制处理。这种方法可以分离黄粉油粉等杂质，大大提高淀粉的纯度和浓度。最后，使用气流烘干淀粉设备将淀粉烘干，以得到优质淀粉。

2. 原料的粉碎

在酒精生产的流程中，淀粉原料的粉碎处理步骤是非常重要的。为了实现原料的最大化利用和提高后续热处理的效率，淀粉原料需要经过精细的磨碎处理，直至转化为粉末状态。这种处理方法不仅显著增大了原料的受热面积，还有效促进了淀粉在水分作用下的吸水膨化及糊化过程，从而确保了整个酒精生产过程的顺利进行。

原料粉碎的方法主要分为干法粉碎和湿法粉碎两种。

（1）干法粉碎。干法粉碎通常包含粗碎和细碎两个步骤。原料首先经过称重，然后进入输送带，并经过电磁除铁器去除其中的金属杂质。接下来，原料会进入粗碎机（如轴向滚筒式粗碎机或锤式粉碎机），将原料颗粒破碎至能通过 6～10mm 的筛孔。粗碎后的物料再被送入细粉碎机，进一步细化至能通过 1.2～1.5mm 的筛孔。

干法粉碎能够处理干燥原料，其操作简便，且适用于各种不同类型的粉碎设备。然而，由于原料在粉碎过程中不含水，可能需要额外的预处理步骤来调整原料的湿度。

（2）湿法粉碎。湿法粉碎则是在粉碎过程中直接加入拌料用水，与原料一同进入粉碎机进行粉碎。

湿法粉碎能在粉碎过程中直接调节原料的湿度，有利于后续的膨化、糊化等工艺步骤。此外，湿法粉碎还能减少粉尘的产生，改善工作环境。然而，湿法粉碎需要消耗额外的水资源，并且可能需要更复杂的设备来处理含有水分的原料。因此，在选择粉碎方法时，需要根据具体的生产工艺、原料特性以及设备条件等因素进行综合考虑。

3. 原料的输送

酒精厂在原料输送过程中通常采取机械输送、气流输送和混合输送三种方法。

（1）机械输送。机械输送是指依赖于机械构件来完成原料或粉料的输送。常用的输送机械包括皮带输送器、螺旋输送器和斗式提升机。其中，皮带输送器和螺旋输送器主要用于水平输送，它们可以有效地将原料从一个位置转移到另一个位置。而斗式提升机则特别适用于垂直输送，可以将原料提升至不同的高度或楼层。

（2）气流输送。俗称风送，是一种利用气流在管道中输送物料的方法。这种方法特别适合输送细碎的粉料，通过控制气流的速度和方向可以实现原料在管道中的快速、高效输送。

（3）混合输送。在某些情况下，酒精厂会采用混合输送的方式来处理原料。例如，在原料的粗碎阶段，可能会使用机械输送方法将原料从粗碎机输送到下一个工序；而在原料细碎后，为了减少对设备的磨损和粉尘的产生，可能会采用气流输送方法将细碎的粉料输送到目的地。这种混合输送方式可以根据原料的特性和生产需求进行灵活调整。

6.1.2 蒸煮

6.1.2.1 蒸煮过程中原料各组分的化学变化

蒸煮过程对于原料而言，不仅是淀粉颗粒和植物组织发生物理变化的关键阶段，其内部各组分还会经历一系列化学变化，这些化学变化对后续的酒精生产过程产生着深远的影响。

（1）纤维素。作为植物细胞壁的主要构成成分，纤维素在蒸煮过程中主要经历的是吸水膨胀的物理过程，而非显著的化学变化。

（2）半纤维素。它是由多聚戊糖和少量的多聚己糖组成的化合物，在蒸煮过程中会发生一定程度的溶解和水解反应。这些反应会生成多种产物，如糊精、木糖、葡萄糖、阿拉伯糖和糖醛等，这些产物对后续的酒精生产过程具有重要的影响。

（3）果胶物质。果胶物质作为细胞壁和细胞间层的关键成分,在蒸煮过程中会经历强烈的分解反应,主要产物包括甲醇和果胶酸。甲醇的生成量受原料品种和蒸煮压力等多种因素影响,通常而言,薯类原料在蒸煮过程中相较于谷类原料会生成更多的甲醇。值得注意的是,甲醇是酒精生产中的一种有毒杂质,需要严格控制其生成量以确保产品质量和安全性。

（4）淀粉。淀粉在蒸煮过程中经历物理和化学变化。物理变化包括膨化和糊化,而化学变化则指淀粉在高温下通过水解,生成可发酵性糖。原料中的淀粉酶系在预煮阶段会分解部分淀粉,导致可发酵性糖的损失。

（5）糖分。糖分在蒸煮过程中可能形成黑色素和焦糖。黑色素的形成涉及己糖的脱水、分解和缩合反应,而焦糖则是由糖分在高温下失水生成。这些反应不仅导致可发酵性糖的损失,还可能影响后续的酒精发酵。

（6）含氮物质。含氮物质主要指蛋白质,在蒸煮过程中经历凝固、变性和胶溶作用。当温度达到100℃时,蛋白质开始凝固并部分变性,这一过程会降低蒸煮醪中的可溶性含氮物质含量。然而,随着温度进一步升高至140～158℃时,蛋白质会经历胶溶作用,导致可溶性含氮物质含量再次增加。值得注意的是,尽管蛋白质在蒸煮过程中经历了这些变化,但它并不会被分解,氨基氮的含量并未因此增加。

（7）脂肪。在蒸煮过程中,脂肪的变化相对较小。

6.1.2.2 蒸煮工艺流程

在利用淀粉质原料生产酒精的工厂中,大多数采用了高效的连续蒸煮工艺。然而,也有部分小型酒精厂和白酒厂因各种原因仍沿用传统的间歇蒸煮工艺。

1. 间歇蒸煮法

间歇蒸煮法常用的蒸煮设备是立式锥形蒸煮锅,其外形和结构简单。

（1）间歇蒸煮工艺流程。间歇蒸煮工艺在我国酒精及白酒生产中占据重要地位，尤其在小型酒厂中应用广泛。目前，间歇蒸煮主要分为加压和低压（或常压）两种方式，其中加压蒸煮通过直接蒸汽加热，迅速达到预定温度和压力，确保原料充分糊化。蒸煮流程涉及原料除杂、粉碎、拌料、蒸煮和吹醪等步骤。在加水、投料、升温、蒸煮和吹醪等关键环节中，需精确控制温度、压力和时间，以提高蒸煮效率和产品质量。尽管间歇蒸煮工艺在操作中较为烦琐，但其灵活性和适应性使得该工艺在酒精生产中仍具有不可替代的地位。

（2）加淀粉酶低压或常压间歇蒸煮法。这种蒸煮方法是先对原料进行细菌淀粉酶的液化处理，然后再进行加压蒸煮。具体流程如下：

①原料需要被粉碎并按照预定的加水比例放入混合池中搅拌均匀。接着，调整混合液的温度至 50~60℃，并加入细菌淀粉酶，其用量通常为 5~10μg/g 原料。为了确保酶的作用效果，还需要加入石灰水调整 pH 值至 6.9~7.1。

②将混合液送入蒸煮锅，进行搅拌防止原料结块。接着，通入蒸汽将混合液升温至 88~93℃，并保持该温度 1h。随后，进行取样化验，通过碘反应来观察颜色变化，确保达到预期的液化程度。

③达到标准的液化程度后，继续升温至 115~130℃，并保持 0.5h，以灭活淀粉酶。完成这一步骤后，即可通过吹醪的方式将蒸煮液送至糖化锅。不同原料对淀粉酶的用量有所差异。例如，对于薯类粉状原料，淀粉酶的用量可以相对较少；而对于谷类原料和野生植物原料，则需要适当增加淀粉酶的用量。为了提高淀粉酶的活性，最好先将淀粉酶加水浸渍 0.5~1h 后再使用。这种处理方式能够降低蒸煮压力，缩短蒸煮时间，从而提高生产效率和酒精产量。

2. 连续蒸煮法

淀粉质原料的连续蒸煮技术是酒精生产领域中的一项重大技术革新，它显著提高了生产效率，降低了生产成本，并且确保了产品质量的稳定性。

（1）罐（锅）式连续蒸煮。它通过串联多个蒸煮罐并增加预煮锅和汽液分离器来实现连续蒸煮。原料经过粉碎后，通过斗式提升机输送到贮料斗中，再经锤式粉碎机进一步细化，然后送入粉料贮斗。螺旋输送器将原料和水按照一定比例输送到拌料桶中，边加水边搅拌，同时通入二次蒸汽进行预煮。为了确保连续蒸煮的顺利进行,通常会设置两个预煮拌料桶。预煮后的醪液被泵入蒸煮锅组,通过锅底喷入的加热蒸汽将其加热到蒸煮温度。蒸煮醪在多个蒸煮锅中依次流过,完成蒸煮过程。最后,蒸煮成熟醪通过气液分离器进行分离,产生的二次蒸汽用于预煮醪的升温,而蒸煮醪则送入糖化车间进行后续处理。

(2)管式连续蒸煮。这是一种在高温高压条件下进行的蒸煮方法。原料经过粉碎和搅拌后进入预煮罐进行预热。然后,醪液被泵入三套管加热器中进行加热,蒸煮温度通常维持在165℃左右。在蒸煮管中,醪液在转弯处产生压力间歇上升和下降,从而发生收缩和膨胀,这有助于原料的植物组织和细胞破碎,促进淀粉颗粒的破裂和糊化。经过蒸煮管后,醪液进入后熟器进行后熟处理,停留时间通常为50~60min。在后熟器中,醪液的温度逐渐降低至126~130℃。最后,醪液通过气液分离器进行分离,产生的二次蒸汽用于预煮,而蒸煮醪则经过真空冷却器冷却至糖化温度后送入糖化车间。

(3)柱式连续蒸煮。柱式连续蒸煮作为一种独特的蒸煮方法,融合了罐式蒸煮和管式蒸煮的优势。

①原料经历粉碎和搅拌的步骤,为后续蒸煮做好准备。

②原料被送入预煮阶段,进行必要的预热处理。

③预热后的醪液通过泵送方式进入加热器,在这里采用直接蒸汽加热至130~140℃,确保醪液达到理想的蒸煮温度。

④醪液流经缓冲器,进入由四根蒸煮柱组成的蒸煮柱组。在这个核心阶段,醪液经过充分蒸煮,完成其转变过程。

⑤蒸煮完成后,醪液被输送到后熟器进行后熟处理,以确保其达到最佳的蒸煮效果。从后熟器流出的醪液温度稳定在约105℃,展现了蒸煮过程的高效性和稳定性。

⑥醪液通过气液分离器进行精细分离。在这一步骤中,产生的二次蒸汽被有效利用于预煮阶段,体现了能源的高效循环利用。而蒸煮醪则经过适当的冷却处理后被送入糖化车间,准备进行后续的工艺处理。整个柱式连续蒸煮技术流程展示了高度的集成化和连续性,确保了生产的高效和稳定。

3. 蒸煮新工艺

在传统的酒精生产过程中,蒸煮工序是一个至关重要的步骤,通常需要将原料加热至130～150℃的高温,以确保淀粉的完全糊化和液化。然而,这一高温蒸煮过程不仅能耗巨大,约占整个酒精生产总能耗的30%,而且还可能产生一些环境压力。因此,为了降低生产成本、提高能源效率并减少环境影响,近年来科研人员和企业纷纷投入蒸煮新工艺的研发中。

（1）低温蒸煮法。这一技术采用高于淀粉糊化温度但不超过100℃的蒸煮条件,同时结合添加 α- 淀粉酶作为液化剂,实现了能耗的显著降低。根据不同的醪液加温温度,低温蒸煮法可以细分为以下几种形式：

① 90～95℃糊化液化工艺。这一独特的技术是德国与美国共同研发的。以玉米原料为例,在此工艺中,玉米首先经历一个精心设计的预处理步骤：利用离心方法分离出的热酒糟清液,在 90～95℃的温度下浸渍玉米。这一过程不仅使玉米充分吸水软化,还促使其完成了关键的糊化作用,为后续处理打下了坚实基础。工艺引入了均质机这一关键设备,通过它添加耐高温 α- 淀粉酶进行二次湿磨。这一步骤不仅提高了加工效率,还显著节约了蒸汽消耗,据权威报道,其蒸汽节约量高达85%以上。尽管该工艺在玉米处理上应用广泛,但在甘薯等原料上的应用报道相对较少。

② 80～85℃糊化液化工艺。对于薯类原料如甘薯干来讲,该工艺的流程是先将甘薯干粉碎,然后加水拌料,并加入 α- 淀粉酶。接着,将混合物加温至80～85℃进行糊化液化。完成糊化液化后,将醪液冷却至62℃,加入酸调节 pH 值至4.6,进行糖化。最后,在糖化完成后,再次冷却至适合发酵的温度。

（2）无蒸煮工艺。近年来,酒精生产的各个部门都在积极探索淀粉原料的无蒸煮工艺,并取得了一定成果。以玉米粉的无蒸煮工艺为例,该工艺省去了传统的高温蒸煮步骤,直接将粉碎后的玉米原料调浆后,加入糖化剂和防腐剂以促进糖化过程,随后加入酒母进行发酵。整个发酵过程在较低的温度(如30℃)下进行,通常需要约100h的时间。尽管这种方法在节能和环保方面具有优势,但由于发酵时间较长、糖化酶用量大以及存在潜在的污染风险,目前在实际工业生产中的应用还相对较少。

尽管上述蒸煮新工艺在节能方面具有独特的优势,但它们在实际应用中仍面临一些挑战,如发酵时间长、糖化酶用量大、污染危险性大等。但是,从发展趋势来看,随着技术的不断进步和优化,这些蒸煮新工艺有望在未来的酒精生产中发挥更大的作用。

6.1.3 糖化

6.1.3.1 糖化过程物质变化

在淀粉质原料的糖化过程中,液化酶和糖化型淀粉酶起着至关重要的作用。这两种酶协同作用,首先将淀粉分子分解为较小的糊精分子,这个过程被称为液化,它使得淀粉分子变得更易于被进一步水解。接下来,在糖化型淀粉酶的作用下,这些糊精分子被逐步水解为可发酵性糖,如葡萄糖和麦芽糖。这些可发酵性糖是后续发酵过程中酵母菌的主要能源来源。

糖化过程中,醪液中的含氮物质也经历了重要的变化。蛋白质在蛋白酶的作用下被水解成胨、多肽和氨基酸等小分子化合物。这一水解过程不仅增加了醪液中氨基态氮的含量(通常提高 1.5～2.0 倍),而且为酵母菌提供了生长所需的氮源。这些含氮化合物对于酵母菌的生长、繁殖和代谢活动至关重要。

醪液中的果胶物质和半纤维素在糖化过程中同样经历了水解反应。除了淀粉酶系统外,微生物糖化剂中还含有一定量的果胶酶和半纤维素酶。这些酶能够催化果胶质和半纤维素的水解反应,生成相应的水解产物。这些水解产物对于改善醪液的发酵性能和最终产品的品质具有重要作用。

在糖化过程中,含磷化合物也经历了重要的变化。在磷酸酯酶的作用下,磷从有机化合物中被释放出来,形成无机磷酸盐。这一过程对于酵母的生长和发酵具有重要的意义。无机磷酸盐是酵母细胞代谢活动所必需的营养物质之一,它参与了酵母细胞内多种生物的化学反应,如能量代谢、物质合成和信号传导等。因此,磷的释放对于提高酵母的发酵效率和最终产品的品质具有积极的影响。

6.1.3.2 糖化工艺

1. 糖化工艺流程

糖化的基本工艺流程通常包含以下步骤。

（1）蒸煮醪冷却。将经过蒸煮的醪液冷却至适合糖化的温度。

（2）添加糖化剂液化。在达到适宜温度后,向蒸煮醪中加入糖化剂（如液化酶和糖化酶）,使淀粉开始液化,转化为糊精和可发酵性糖。

（3）淀粉糖化。液化后的醪液在糖化酶的作用下,继续水解,将糊精分解为更多的可发酵性糖。

（4）巴氏灭菌。为了确保糖化醪的卫生质量,通常需要进行巴氏灭菌处理,以杀死潜在的微生物。

（5）冷却至发酵温度。完成灭菌后,将糖化醪冷却到适合发酵的温度。

（6）输送至发酵或酒母车间。使用泵将冷却后的糖化醪液输送到发酵车间或酒母车间,进行后续的发酵过程。

2. 糖化工艺方法

（1）间歇糖化工艺。间歇糖化工艺的核心设备是糖化锅,糖化锅通常设计为立式圆柱形,锅底呈球形或圆锥形,以适应搅拌和加热/冷却的需求。锅身是一个矮而粗的圆柱体,顶部配有轻便的平盖。这种设计既保证了充分的搅拌空间,又使得操作更为简便。

糖化锅的容积通常根据生产需求确定。一般来说,每立方米糖化醪需要 $1.3m^3$ 的糖化锅容积。我国酒精工厂常用的糖化锅体积范围在 $5\sim30m^3$,其中 $10\sim20m^3$ 是较为常见的规格。这样的设计使得一个糖化锅能够容纳 $1\sim2$ 锅蒸煮醪,从而提高了生产效率。

糖化锅中心装有搅拌器,搅拌桨叶的长度占糖化锅直径的 $15\%\sim30\%$。搅拌器的旋转方向与冷却蛇管中冷却水的流向相反,以确保醪液能够均匀冷却。为了保证足够的搅拌强度,搅拌器的转速通常设置在120～270rad/min。糖化锅的顶盖上设有排气管,用于排放废蒸汽,同时在锅盖下方装有吹醪罩,以确保蒸煮醪在锅内分布均匀,有利于醪液的迅速冷却。

在间歇糖化工艺中,向糖化锅内加入一定量的水,使水面达到搅拌桨叶的位置。将蒸煮醪放入锅内,同时开启搅拌器和冷却水进行冷却。当蒸煮醪完全加入并冷却至61～62℃时,加入糖化剂并充分搅拌。调整醪液的pH值在4.0～4.6,让醪液在静止状态下进行糖化30min。在糖化过程中,可以进行间断式搅拌以确保醪液的均匀性。完成糖化后,再次开启冷却水和搅拌器,将糖化醪冷却至30℃。使用泵将糖化醪送至发酵车间进行后续处理。

（2）连续糖化工艺。在酒精生产过程中,连续糖化法是一种高效的生产方式,它实现了蒸煮醪的连续冷却、糖化和后续发酵的无缝对接。这种方法的核心在于蒸煮醪被连续地输送到糖化锅内进行糖化,随后又被连续地泵送到冷却器进行冷却,并最终被送入发酵罐进行发酵。

①混合冷却连续糖化法。在现有的糖化罐设备中,为提高糖化效率,可预先将糖化罐中约2/3的糖化醪降温至60℃。接着,将温度控制在85～100℃的蒸煮醪加入糖化罐,同时启动冷却系统和搅拌设备,确保两者混合均匀并同步冷却至糖化所需温度。通过此简化操作可以实现连续且稳定的糖化过程,且设备简单、工艺不复杂。然而,应注意控制冷却时间和温度均匀性,以避免局部过热或过冷影响糖化效果。

②真空冷却连续糖化法。在蒸煮醪进入糖化锅之前需要先通过一个真空冷却器进行瞬时冷却。在真空环境下,蒸煮醪的温度可以迅速降低至规定的糖化温度(58～60℃)。随后,将冷却后的蒸煮醪加入糖化剂,并在糖化锅中进行糖化,糖化时间通常为30min左右。糖化完成后,糖化醪被送往喷淋冷却器进行进一步冷却,直至达到发酵温度(28～30℃),然后输送至发酵车间进行后续处理。

真空冷却连续糖化法的优点在于冷却效率高,能够确保蒸煮醪在较短时间内均匀冷却至糖化温度。此外,由于采用了喷淋冷却器,糖化醪的冷却过程更加迅速且均匀,有利于后续的发酵过程。然而,这种方法需要额外的真空冷却设备,增加了设备投资和操作的复杂性。

两种连续糖化法各有优缺点,生产厂商可以根据自身的生产规模、设备条件和技术水平进行选择和优化。

6.1.3.3 糖化醪质量指标

糖化醪是酒精生产过程中的一个重要中间产物,其质量直接影响到后续发酵过程及最终产品的品质。因此,对糖化醪的质量进行严格监控和控制显得尤为重要。

(1)外观浓度(15~19°Bé)。外观浓度是反映糖化醪中可溶性物质总含量的一个重要指标,它通常用波美度(°Bé)来表示,范围通常在15~19°Bé之间。这个指标的高低不仅与糖化过程中淀粉的水解程度有关,还受到原料种类、蒸煮效果等多种因素的影响。

(2)还原糖含量(6.0%~9.0%)。还原糖是糖化醪中的一种重要成分,它是指具有还原性的糖类,如葡萄糖、果糖等。还原糖的含量是糖化效果的一个重要标志,也是酵母菌在发酵过程中主要的能量来源。还原糖含量过高或过低都会影响发酵过程的顺利进行。

(3)总糖含量(13.0%~17.0%)。总糖含量指糖化醪中所有糖类的总和,包括还原糖和非还原糖。总糖含量的高低直接反映了糖化过程的效率。适宜的总糖含量有利于后续发酵过程的进行,并能提高酒精的产量和品质。

(4)酸度(2~4mmol/100mL)。酸度是反映糖化醪中酸性物质含量的指标,适当的酸度有利于酵母菌的生长和代谢,但过高的酸度会抑制酵母菌的活性,影响发酵效果。因此,在糖化过程中需要控制酸度的变化,确保其在适宜范围内。

(5)糖化率(40.0%~55.0%)。糖化率指原料中淀粉转化为糖的比例,它是评价糖化效果的一个重要指标,反映了糖化过程中淀粉水解的程度。适宜的糖化率有利于提高原料的利用率和酒精的产量。

(6)镜检结果。镜检结果指糖化醪中微生物污染情况。无杂菌或杂菌很少的镜检结果说明糖化醪的卫生状况良好,有利于后续发酵过程的进行。如果镜检结果中发现大量杂菌,则需要采取相应的措施进行处理,以免对发酵过程造成不良影响。

另外,碘液试验也是判断糖化醪中淀粉水解程度的一种方法,碘液试验的结果可以直观地反映糖化过程的完成情况。在糖化过程中,淀粉逐渐被水解为糖,当淀粉完全水解时,加入碘液后不会产生蓝色或红色等颜色。如果加入碘液后出现蓝色或红色等颜色,则说明糖化过程尚未完成,需要继续进行糖化操作。

6.1.4 发酵

6.1.4.1 发酵机理

1. 酒精发酵动态

酒精发酵是酿酒过程中的核心环节,它根据外观现象和生化反应可以分为三个不同的阶段。

(1)前期发酵。在前期发酵阶段,酒母(预先培养的酵母菌)与糖化醪被加入发酵罐中。此时,酵母细胞开始活跃起来,它们利用醪液中溶解的少量氧气和营养物质迅速进行繁殖。在这一过程中,酵母细胞的数量会显著增加,为后续的酒精发酵提供足够的生物催化剂。同时,糖化酶继续作用于醪液中的糊精,将其转化为糖分,为酵母细胞提供能量来源。在这一阶段,温度控制尤为重要,接种时的温度通常设定在 26~28℃以确保酵母细胞的正常生长和繁殖。前期发酵的温度不应超过 30℃,以避免高温对酵母细胞的伤害。前期发酵的时间长短取决于酵母的接种量及所接种酵母的菌龄,一般来说,这个过程会持续 6~8h。

(2)主发酵期。进入主发酵期后,醪液中的酵母细胞数量已达到每毫升 1 亿个以上。此时,由于醪液中的氧气已经被消耗殆尽,酵母菌基本上停止了繁殖,转而开始进行酒精发酵作用。在这个阶段,醪液中的糖分被酵母菌迅速消耗,转化为酒精和二氧化碳。随着酒精的逐渐增多,醪液的密度会下降,同时产生大量的二氧化碳气体。为了维持酵母细胞的活性,发酵温度应控制在 30~34℃。主发酵期的时间通常为 10~14h,是酒精发酵过程中最为关键的阶段。

(3)后发酵期。后发酵期是酒精发酵的最后一个阶段。在这个阶段,醪液中的糖分大部分已经被酵母菌消耗掉,但残存的糊精仍会被淀粉酶缓慢水解为糖。由于糖分含量已经较低,酵母菌的发酵作用也变得十分缓慢。此时,醪液的温度应控制在 30~32℃,以确保酵母菌在较低的温度下仍能进行微弱的发酵作用。后发酵期的时间一般较长,约需

40~45h才能完成。在整个酒精发酵过程中,后发酵期对于提高酒精浓度和改善酒质具有重要的作用。

2. 酒精发酵机制

酒精发酵是一个复杂的生物化学过程,其主要经过以下四个阶段。

第一阶段:葡萄糖首先经过磷酸化作用,转化为1,6-二磷酸果糖。这是糖酵解途径的起始步骤,为后续反应提供了中间产物。

第二阶段:1,6-二磷酸果糖被分解为两个分子的磷酸丙糖。这一步骤将复杂的糖分子分解为更小的单元,为后续的氧化还原反应做准备。

第三阶段:3-磷酸甘油醛经过氧化磷酸化作用,转化为1,3-二磷酸甘油酸,随后进一步转化为丙酮酸。这些步骤中包含了能量的转移和产生,为细胞提供了必要的能量。

第四阶段:在厌氧条件下,酵母菌将丙酮酸进一步降解,最终生成乙醇(酒精)和二氧化碳。这是酒精发酵的关键步骤,实现了从糖到酒精的转化。

3. 酒精发酵的目的和要求

淀粉质原料在经历预处理、蒸煮以及糖化等一系列步骤后,大部分淀粉成分被成功转化为易于发酵的糖类。随后,这些可发酵性糖在酵母菌的催化作用下通过生物发酵过程转化为酒精和二氧化碳,从而生产出酒精产品。

为了实现酒精生产的高效性和经济性,必须满足以下要求。

(1)酵母菌繁殖。在发酵前期,需要创造适宜的条件,让酵母菌充分繁殖到一定数量。足够的酵母菌数量是后续酒精发酵顺利进行的基础。

(2)保持糖化酶活力。在发酵过程中,为了确保糖化作用的持续进行,需要维持糖化酶的一定活性水平。这样做是为了保证糖化醪中的淀粉和糊精能够不断被酶分解,从而生成更多的可供酵母菌发酵的糖分。这样的持续糖化过程有助于增加酒精产量和提高效率。

(3)厌氧条件。在发酵过程的中后期需要创造厌氧条件使酵母菌在无氧条件下将糖分转化为酒精。这是酒精生产的核心步骤,必须严格控制发酵环境的氧气含量。

（4）二氧化碳的排除与回收。在发酵过程中,产生的二氧化碳必须及时排放,以防止其积累对发酵过程产生不利影响。此外,还需注意在二氧化碳逸出时可能夹带的酒精,应采取有效措施进行回收,以减少生产过程中的损失和浪费。

6.1.4.2 酒精发酵工艺

根据发酵醪注入发酵罐的方式不同,可将酒精发酵的方式分为间歇式、半连续式、连续式三种。

1. 间歇式发酵法

（1）一次加满法。适用于糖化锅与发酵罐匹配的小型工厂。糖化醪冷却至27~30℃后,一次性加入发酵罐,并接种10%的酒母。随后控制温度在32~34℃进行60~72h发酵。操作简单,但酒母用量较多。

（2）分次添加法。适用于糖化锅小、发酵罐大的情况。糖化醪分2~4次加入发酵罐,先加入1/3并接种8%~10%的酒母,每隔2~3h加入下一批,不超过10h完成。此方法能充分利用发酵罐容量,但操作较复杂。

（3）分割式发酵法。适用于卫生管理严格、无菌要求高的工厂。当一罐进入主发酵阶段时,分出部分发酵醪至另一罐,并同时加入糖化醪继续发酵。完成后送去蒸馏,并循环此过程。该方法省去了酒母制作,缩短了发酵时间,但对无菌条件要求高,操作较复杂。

2. 半连续式发酵法

半连续发酵法结合了连续发酵和间歇发酵的优点,旨在提高酒精生产的效率和产量。在主发酵阶段,前三个发酵罐被设定为连续发酵状态。当开始投产时,首先在第一个发酵罐中接入适量的酒母。随着发酵过程的进行,该罐会一直处于主发酵状态,此时酵母菌在厌氧条件下活跃地将糖分转化为酒精和二氧化碳。一旦第一个发酵罐的容量达到饱和,醪液(即发酵液)会自动通过设计好的管道溢流到第二个发酵罐中。

与此同时,新鲜的糖化醪会分别被添加到第一个和第二个发酵罐中,以维持它们的发酵活性。这两个发酵罐都会保持主发酵状态,确保酵母菌能够持续有效地进行酒精发酵。

随着发酵过程的继续,第二个发酵罐也会逐渐达到饱和,此时醪液会自然流入第三个发酵罐。接着,第三个发酵罐的醪液会顺次流入第四个发酵罐。当第四个发酵罐满后,第三个发酵罐的醪液将不再流入,而是改道流向第五个发酵罐,以此类推。从第四个发酵罐开始,发酵过程便进入了间歇发酵阶段。在这个阶段,每个发酵罐都会独立进行发酵,直到发酵结束。一旦发酵完成,这些发酵罐中的酒精就会被送去蒸馏,以提取纯净的酒精产品。

这种方法的优点在于它不需要频繁地制备新的酒母,因为酵母菌可以在连续的发酵过程中自行繁殖。此外,由于主发酵阶段采用了连续发酵的方式,发酵时间也有所缩短,因此提高了生产效率。然而,这种方法对无菌条件的要求较高,因为任何微小的污染都可能导致整个发酵过程的失败。因此,在实施该方法时,需要采取严格的卫生和无菌措施,以确保发酵过程的顺利进行。

3. 连续式发酵法

连续式发酵是一种高效的发酵过程,其显著特点在于整个发酵操作都是连续不断地进行的。这种方法的运作原理是将发酵过程的各个阶段分别安排在不同的发酵罐中,使它们各自独立但连续地运行。

与间歇式发酵法相比,连续式发酵法能够显著缩短发酵时间,大约缩短10h,同时设备利用率也得到了20%的提升。这得益于连续发酵的高效性和连续性,使得整个生产流程更加紧凑和高效。

为了实现连续发酵,常采用多级连续流动发酵法。这种方法将9~10个发酵罐串联起来,形成一个连续的发酵组。各发酵罐之间通过连通管连接,发酵液从前一个发酵罐的上部流出,流入下一个发酵罐的底部,从而实现连续的发酵过程。然而,连续发酵法也存在一些挑战和缺点,其中最为显著的是对无菌条件的高要求。由于整个发酵过程是连续的,一旦在发酵过程中发生染菌,处理起来将较为困难。因此,在实施连续发酵法时,必须严格控制发酵环境的无菌条件,以确保发酵过程的顺利进行和产品的品质。

6.1.4.3 酒精发酵醪成熟的质量指标

在评价发酵成熟醪的质量时,总体要求体现在以下几个方面:确保无菌或染菌率低,以避免微生物污染对产品质量的影响;酸度增加量应尽可能少,以维持醪液的酸碱平衡;残糖含量需保持在较低水平,以减少对后续发酵的干扰,并提高酒精产量,确保产品的口感;酒精浓度应符合产品规格或标准,以满足产品的应用需求。

从外观感觉上判断,优质的发酵成熟醪通常液面不会显得过于浑浊,而是具有一定的透明性,颜色呈现浅黄或浅褐色调。嗅其气味,应能闻到浓厚的酒精香气,而不应有酸败气味。用手触摸时,应感到有一定的细涩感,而非黏稠感。若闻到较浓的酸味,则可能是发酵过程中被杂菌污染所致。

实际生产中,为了更准确地判断发酵成熟醪的质量,应主要依赖化验分析的方法,通过精确的测量数据来评估产品的各项指标。同时,也可以结合外观感觉作为辅助判断的依据,但不应过分依赖。只有这样才能确保发酵成熟醪的质量稳定,满足生产需求。

6.1.5 蒸馏

发酵成熟醪的化学组成因原料种类、加工方式、所选菌种特性以及操作条件的差异而显著不同。一般而言,其化学组成大致包括:水分占比在82%~90%,酒精含量在7%~11%。除此之外,还含有醇类、醛类、酸类、酯类等挥发性物质,以及浸出物、无机盐、酵母泥和其他非挥发性物质,可能还伴有一些夹杂物。

为了从成熟醪中提取高浓度、高纯度的酒精,通常需采用蒸馏和精馏的技术手段。这些工艺方法能有效地将酒精从复杂的化学组分中分离出来,从而得到所需的纯净酒精产品。

6.1.5.1 蒸馏的基本原理

在酒精的制造过程中,蒸馏特指一个关键步骤,即将酒精及其他挥发性杂质从发酵完成的醪液中分离出来,这个过程通常被称为粗馏。简而言之，蒸馏就是在酒精生产过程中根据挥发性差异将酒精与杂质分离的技术。这一过程中所使用的设备称为醪塔或粗馏塔。蒸馏后，从塔底排出的废液，即酒糟，主要由水和少量不挥发性物质组成。

为了增强酒精的浓度和纯度，精馏操作是不可或缺的步骤。这一步骤的核心目的是去除粗酒精中的挥发性杂质以及部分水分。通过精馏，可以获得符合不同质量标准的酒精产品，如医药酒精或高纯度精馏酒精。在精馏过程中，除了精馏塔外，根据具体的产品需求，还可能需要配备排醛塔（或称分馏塔）或甲醇塔等设备，以确保酒精产品能够满足特定的质量要求。

酒精与其他组分的挥发性差异是蒸馏过程能成功分离酒精的关键。由于成熟醪中各种物质的挥发性不同，当混合溶液被加热至沸腾时，由于酒精的挥发性高于水等其他组合，气相中的酒精含量会高于液相，从而实现酒精的初步分离。在酒精生产过程中，通过加热酒精-水溶液并冷凝其产生的蒸汽，可以初步获取较高浓度的粗酒精。为了进一步提升酒精的浓度，会进行多次蒸馏操作，最终得到浓度更高的酒精产品。

当酒精浓度达到97.6%（体积分数）或95.57%（质量分数）时，会形成一个特殊的恒沸混合物，其特点是挥发系数恰好为1，意味着蒸汽中酒精的浓度与沸腾液体中的酒精浓度完全一致。在此状态下，混合物的沸点降低至78.15℃，这一温度低于纯水和纯酒精的沸点。由于这一特性，传统的蒸馏技术在常压条件下无法直接得到无水酒精。

为了制取浓度更高的酒精，可以采用真空蒸馏（负压蒸馏）技术。在减压条件下，恒沸点会向更高酒精浓度的方向移动，从而突破恒沸点限制，得到无水酒精。此外，另一种方法是向普通蒸馏酒精中加入一种脱水剂，如生石灰、灼烧的碳酸钾、氯化钙、硫酸铜等，这些物质能够有效地脱去水分，从而制得高浓度或无水酒精。

在工业生产中，为了实现更高效和经济的脱水过程，常用的脱水剂包括苯、甲苯、乙酸乙酯和三氯甲烷等，其中苯因其优良的性能而得到广泛应用。然而，随着技术的进步，目前工业生产上更多地采用树脂脱水法来制造无水酒精，这种方法具有更高的效率，并且成本更低。

6.1.5.2 蒸馏的工艺流程

蒸馏塔是酒精提取和精馏的关键设备，能从醪液中高效提取酒精并分离杂质。醪液含酒精、水及醛、醇、酮、酯等微量杂质,蒸馏时,酒精与杂质因挥发性质差异而在塔中不同区域分布。易挥发的杂质在塔上部,与酒精相近的杂质分布广泛,高沸点杂质在底部。杂质分布受操作条件和设计影响,难以一次去除。为满足质量要求会设计不同蒸馏流程,如单塔、双塔、三塔等,以获得不同质量的酒精。

(1) 单塔式酒精连续蒸馏流程。该流程是一种相对简单的工艺流程,仅涉及一个蒸馏塔。这个塔被分为上下两段:下段作为提馏段,主要功能是从醪液中蒸馏出绝大部分的酒精,确保剩余的酒糟中含有极少的酒精;上段作为精馏段,目的是将酒精进一步蒸馏并提浓至成品所需的浓度。然而,由于单塔式蒸馏的工艺局限性,其分离出的成品酒精质量往往不尽如人意,酒精浓度通常难以超过90%。因此,这种工艺流程更适用于那些对酒精成品质量与浓度要求不高的工厂。在我国酒精生产行业中,出于对产品质量的严格把控,一般不推荐采用这种单塔式蒸馏的工艺流程。

(2) 双塔式酒精连续蒸馏流程。双塔式酒精蒸馏由粗馏塔和精馏塔组成。粗馏塔初步提取酒精,分离酒糟,得到稀释酒精。精馏塔则提升酒精浓度,去除杂质,产出合格酒精。稀酒精进入精馏塔有两种方式:气相和液相。气相进塔高效节能,适用于淀粉质原料;液相进塔虽耗能稍高,但成品质量更优,适合糖蜜原料。气相进塔时,醪液预热后进入粗馏塔,酒精蒸发后进入精馏塔提纯,去除杂质。液相进塔时,醪液预热、酒精蒸发后冷凝成液体再进入精馏塔提纯,这样能更有效地去除杂质。

(3) 三塔式酒精连续精馏流程。由于双塔式酒精连续精馏流程仅包含两个塔,其生产的成品酒精质量往往难以达到精馏酒精的高品质要求。因此,为了生产更为纯净的精馏酒精,工业界更倾向于选择三塔式酒精连续精馏流程。三塔式酒精精馏流程包含粗馏塔、排醛塔和精馏塔。粗馏塔初步提取酒精,排醛塔去除醛酯类杂质,精馏塔进一步提升浓度并排除杂质。该流程可分为直接式、半直接式和间接式,其中半直接式因能够平衡能耗而广受欢迎。在半直接式中,粗馏塔酒精蒸汽进入排醛塔中部,逐层上升,经过分馏和冷凝后大部分回流,少量含杂质酒精作为工业酒精导出,未冷凝气体经排醛器排放。排醛塔内,回流酒精带走杂醇油,浓度逐渐降低,去除初级杂质。稀酒精液流入精馏塔,经进一步提纯,获得高质量精馏酒精。

(4) 多塔式酒精连续精馏流程。在我国酒精工厂中,蒸馏工艺流程的发展已经超越了传统的两塔和三塔设计,根据产品质量的特定需求,已经发展出了四塔、五塔、六塔甚至八塔的复杂蒸馏工艺。为了更有效地提取杂醇油,这些高级蒸馏工艺往往在精馏塔之后增设专门的杂醇油塔;而对于需要更严格排除挥发性杂质的酒精产品,则会在精馏塔后增设脱甲醇塔。然而,在实际应用中,通常建议蒸馏塔的数量不超过四个,以确保经济效益和效率。

6.2 白酒酿造

白酒酿造是一门传统而精湛的工艺,涉及粮食原料的选取、清洗、浸泡、蒸煮、发酵、蒸馏、熟化、勾兑等多个环节。通过微生物的自然发酵,将粮食中的淀粉转化为酒精,再经过多次蒸馏和长时间的熟化,最终可以得到风味独特、香气浓郁的白酒。整个酿造过程不仅体现了中国古代酿酒技术的智慧,也承载了丰富的文化内涵。

6.2.1 固态发酵法生产大曲酒

6.2.1.1 原料的预处理

在酿酒过程中,原料的预处理是至关重要的一环。原料的粉碎步骤尤其关键,因为它能破坏淀粉颗粒的结构,使淀粉颗粒暴露在外,从而增大蒸煮糊化时湿淀粉的受热面积和与微生物的接触面积。这种预处理为后续的糖化发酵过程创造了有利条件。粉碎的适宜程度是确保大约70%的原料能通过20目筛孔。如果粉碎不够,蒸煮糊化效果会受影响,导致曲子作用不充分,最终影响出酒率;而粉碎过细则可能在蒸煮时导致压力问题,使酒体口感发腻,并增加糠壳的使用量,进而影响成品酒的风味质量。

大曲作为重要的发酵剂,在生产使用前也需要经过粉碎处理。大曲的粉碎程度以大约70%能通过20目筛孔,而剩下的30%能通过0.5cm筛孔为宜。这样的粉碎程度可以确保糖化速度和发酵效果的平衡。粉碎过细则糖化快,发酵后劲不足;过粗则糖化慢,影响出酒率。稻壳作为填充剂可以防止蒸酒时塌气,还可以避免糟子发黏。但稻壳蒸煮时可能产生糠醛、甲醇等有害物质,影响酒质,因此常采用熟糠拌料法,即用蒸粮余气蒸煮稻壳20～25min,晾干后使用,确保不影响曲酒质量。

6.2.1.2 开窖起糟

在开窖起糟的过程中,应遵循特定的顺序,首先是剥除糟皮,随后是起丢糟,接着起上层母糟,然后进行滴窖操作,最后起下层母糟。在整个操作过程中,卫生清洁工作至关重要,必须确保每一个步骤之间以及不同糟粕之间的卫生,防止交叉污染。特别是在滴窖时,滴窖的时间需要精确控制,通常以10h为宜,过长或过短的时间都可能影响母糟的含水量。

在滴窖期间,还需要对该窖的母糟和黄水进行技术鉴定,这是一个关键步骤,因为它决定了接下来配方方案的制定以及需要采取的措施。此外,起糟时要特别小心,避免触伤窖池,要确保窖壁和窖底的老窖泥不会脱落。

6.2.1.3 配料与润粮

浓香型大曲酒在酿造过程中广泛采用续糟配料法,这种方法通常是在已发酵完成的糟醅中直接投入新的原料和辅料进行混合蒸煮。出酒后,经过摊晾和下曲处理,再次入窖进行发酵。由于这种方法具有连续性和循环使用的特性,故称为"续糟配料"。

续糟配料技术可以调节糟醅酸度,促进淀粉糊化、糖化,抑制杂菌生长,确保酵母菌在适宜条件下生长繁殖。原料投入量取决于甑桶容积,粮糟比通常为1:(3.5～5),其中1:4.5最佳。辅料用量为原料淀粉量的18%～24%,量水用量为原料的80%～100%,确保糟醅含水量53%～55%。蒸酒前50～60min,将发酵糟醅与原料高粱粉拌和,覆盖熟糠润粮,使淀粉充分吸水。上甑前10～15min再次拌和,确保稻壳均匀混合。拌和时避免粮粉与稻壳同时混入,低翻快拌减少酒精挥发。红糟在上甑前10min加稻壳拌匀,用量依据红糟水分含量而定。

6.2.1.4 蒸面糟、蒸粮糟、蒸红糟、打量水

(1)蒸面糟。将锅底彻底清洗并加入足够的水,再倒入黄浆水。按照标准的上甑操作规范进行蒸酒,蒸出的酒被称作丢糟黄浆水酒。

(2)蒸粮糟。在蒸完丢糟黄浆水酒后,需要彻底清洗底锅,并加入清水,然后换上专门用于蒸粮糟的蒸具。进行蒸酒时,开始时需截去酒头,并依据酒质进行摘酒。蒸酒过程中需保持缓火,并在酒花断掉时摘酒。酒尾需用专门的容器收集。

蒸酒后加大火力蒸粮,确保淀粉充分糊化并降低酸度。蒸粮全程约60~70min,目标为熟而不黏,内无生心,即熟透无粘连或未熟部分。

(3)蒸红糟。由于每次酿酒过程中会加入新料如粮粉、曲粉和稻壳等,因此每窖的容量会增加25%~30%,这部分增加的糟醅被称作红糟。红糟在蒸馏过程中不加入新粮,蒸馏后不打量水,主要用于封窖的面层。

(4)打量水。粮糟出甑后迅速堆放,立即用85℃以上热水打量水。蒸制虽吸水,但仍需增加水分达入窖要求。量水温度≥80℃可以杀杂菌、促淀粉吸收,实现糊化。温度越高,效果越佳。如果量水温度过低,那么大部分水会浮在粮糟表面,无法充分渗透到粮糟内部,导致出现入窖后上层糟醅干燥,下层糟醅水分过多的现象。

6.2.1.5 入窖发酵

(1)摊晾撒曲。摊晾也称"扬冷",是酿酒过程中的一个重要步骤,目的是使刚从甑中取出的高温粮糟迅速且均匀地降温至适合入窖的温度。这一过程中,除了降温,还需要尽可能地促使糟子中的挥发酸和表面水分挥发,以减少对后续发酵过程的不利影响。然而,摊晾的时间不宜过长,以避免糟醅过度暴露在空气中,从而增加感染杂菌的风险。

传统的摊晾操作通常在晾堂上进行,但现代酿酒业已经逐渐采用晾糟机等机械设备来替代人工操作,大大提高了摊晾的效率和均匀性。在使用晾糟机时,需要确保撒铺均匀,避免出现疙瘩或厚薄不均的情况,以保证后续发酵的顺利进行。

晾凉后的粮糟即可进行撒曲操作。撒曲量的多少需要根据粮糟的量和气温的变化来灵活调整。一般而言，每100kg粮粉需要下曲18～22kg，而每甑红糟则需要下曲6～7.5kg。撒曲量的控制至关重要，过少会导致发酵不完全，影响酒质；过多则会使糖化发酵过快，产生猛烈的反应，为杂菌的生长繁殖提供有利条件。

下曲的温度也需要根据入窖温度、气温等因素来灵活掌握。一般而言，在冬季下曲温度应比地温高3～6℃，而在夏季则应与地温相同或高1℃。

（2）入窖发酵。在入窖前需要先测量地面温度，以便确定合适的入窖温度，同时还根据气温的变化来决定下曲的温度。摊晾撒曲完毕后即可将粮糟运入窖内。老窖的容积一般约为$10m^2$，但$6～8m^2$的窖池被认为是最适宜的。

在入窖时，需要按照特定的顺序和要求进行操作。每窖装底糟2～3甑，品温控制在20～21℃；装入粮糟，品温为18～19℃；装入红糟，品温比粮糟高5～8℃。每装入一甑粮糟后，都需要进行扒平踩紧的操作，以确保粮糟在窖内分布均匀。当全窖粮糟装完后需再进行一次整体的扒平和踩窖操作。

装完红糟后，用窖皮泥密封窖池，隔绝空气和杂菌，抑制好气性细菌生长，确保酵母菌在缺氧条件下正常发酵，避免可发酵性糖被大量消耗。

（3）发酵管理。窖池封闭后需严格管理发酵，观察吹口、温度和跌头，记录数据以掌握发酵规律。通过精细管理可以确保酒醅在适宜条件下充分发酵，提升酒质和口感。

（4）勾兑与贮藏。新蒸馏出的酒通常被视为半成品，因为此时的酒液往往带有辛辣味和冲味，口感燥而不醇和。为了改善酒的口感和品质，需要经过一定时间的贮存。名优白酒一般需要贮存3年以上，而一般的大曲酒也应贮存半年以上。在贮存过程中，酒液会发生一系列的物理和化学变化，如酯化、氧化等反应，这些变化会使酒质更加柔和、协调，口感会更加醇厚、绵长。同时，长时间的贮存还有助于去除酒中的杂质和异味，提高酒的纯净度和品质。

6.2.2 半固态发酵法生产小曲酒

6.2.2.1 先培菌糖化后发酵工艺

（1）原料准备。桂林三花酒是中国米香型小曲白酒的代表，桂林三花酒的制作首先从精心挑选原料开始，其主要的原料是大米和碎米。这些原料的淀粉含量和水分含量都经过严格的筛选。大米的淀粉含量通常在71.4%~72.3%，而水分含量控制在13%~13.5%。碎米作为辅助原料，其淀粉含量也稳定在71.3%~71.6%，水分含量同样保持在13%~13.5%的范围内。这样的原料配比确保了酒的品质和口感的稳定性。

（2）生产用水。水是酿酒的重要成分之一，对酒的品质有着直接的影响。桂林三花酒的生产用水经过严格的检测和筛选，其水质条件十分优越。水质的各项指标均达到酿酒所需的标准，如pH值为7.4，钙、镁、铁、氯等矿物质含量适中，且不含砷、锌、铜、铝、铅等有害物质。此外，水的总硬度、钙硬度、镁硬度、氢化物、硫酸盐等指标也均符合酿酒要求。

（3）蒸饭工艺。蒸饭是酿酒过程中的重要环节之一。将浇洗过的大米和碎米倒入蒸饭甑内，然后进行两次蒸煮和两次泼水，这样可以确保饭粒熟透且饱满。蒸熟后的饭粒含水量需控制在62%~63%，这样的饭粒既易于发酵，又能保证酒的口感和品质。目前，许多工厂都实现了蒸饭工序的机械化生产，大大提高了生产效率。

（4）拌料与下缸。蒸熟的饭料经过冷却后加入适量的药小曲粉进行拌匀。药小曲粉是桂林三花酒独特的发酵剂，其用量根据原料量控制在0.8%~1.0%。拌匀后的饭料倒入饭缸内，进行培菌和糖化。在培菌糖化过程中，要严格控制温度和时间，确保糖化达到70%~80%的效果。糖化完成后，即可进行下一步的发酵过程。

（5）发酵管理。发酵是酿酒过程中最为关键的环节之一。在发酵过程中，要严格控制温度和时间，同时做好保温和降温工作。可以通过加水拌匀、调整品温等操作来使酒醅在适宜的环境下进行充分的发酵。发酵时间通常为6~7d，其间要密切关注酒醅的变化情况，确保发酵过程的顺利进行。

（6）蒸馏与提取。桂林三花酒的蒸馏采用传统的土灶蒸馏锅或现代化的卧式、立式蒸馏釜设备。通过间歇蒸馏的方式，可以将酒醅中的酒精和其他有益成分提取出来。在蒸馏过程中，要严格控制火力、蒸汽压力和酒温等参数，确保蒸馏出的酒品品质优良。蒸馏出的酒头、中流酒和酒尾要分别处理，确保最终产品的品质。

（7）陈酿与勾兑。蒸馏出的新酒经过质量检查后便可以进入陈酿阶段。陈酿是桂林三花酒独特之处之一，其陈酿环境为一年四季保持恒定较低温的岩洞。在岩洞中陈酿一年以上的酒品，经过进一步的化学变化和品质提升后，再进行勾兑和装瓶。勾兑是确保最终产品品质稳定的关键步骤之一，可以通过精心调配不同批次的酒品来使其口感和品质达到最佳状态。最后，经过严格的质量检验和包装后，桂林三花酒即可上市销售。

6.2.2.2 边糖化边发酵工艺

（1）蒸饭工艺。在酿造过程中，蒸饭是极为关键的一环。优质的原料大米必须无虫蛀、霉烂和变质，且淀粉含量要达到75%以上，以确保酒的口感和品质。蒸饭时需采用坚固耐用的水泥锅，每锅先加入清水110～115kg，随后通过蒸汽加热至水沸腾。此时，迅速将100kg的大米倒入锅中，并加盖煮沸。煮沸过程中，需要不断地翻拌大米，以确保每一粒米都能均匀受热并充分吸水。当大米吸收饱满后，关小蒸汽，用小火焖煮约20min，使米饭达到熟透疏松、无白心的状态。这样的蒸饭过程有助于提高出酒率，并能为后续的发酵和蒸馏过程打下坚实的基础。目前，广东石湾酒厂等先进企业已经采用了连续蒸饭机进行连续蒸饭，大大提高了生产效率和产品质量。

（2）摊凉与冷却。蒸好的米饭需经过摊凉和冷却过程，以降低其温度，为后续的拌料和发酵做准备。米饭先被装入松饭机中，然后经过打松后摊在饭床上或用传送带鼓风进行摊凉冷却。在摊凉过程中要求品温均匀降低，夏天控制在35℃以下，冬天则在40℃左右。同时，要确保米饭松散，避免成团，以保证后续拌料和发酵的均匀性。

（3）拌料与装埕。在米饭冷却至理想温度之后，开始进行拌料步骤。依据传统工艺，对于每100kg的大米，需要使用18～22kg的酒曲饼粉。拌料之前，首先把酒曲饼研磨成细致的粉末，随后均匀地撒在米饭上,并通过专业工具或机械进行混合搅拌,确保均匀。拌好的米饭随后被装入特制的埕坛。每个埕坛大约装载 5kg(以大米重量为准)。完成装埕后,埕口需紧密封闭,以隔绝外界杂菌的侵入。

(4)埕坛发酵。将米饭装满的埕坛小心搬入发酵房,启动发酵流程。在此期间,将发酵房的温度控制在 26~30℃,并时刻留意品温的细微变化。特别是在发酵初期的前三天,关注品温,确保其保持在 30℃以下,且最高不得超过 40℃,以确保发酵过程的顺利进行。这种温度条件对酵母菌的生长和代谢至关重要,有助于推动酒液的顺利形成。随着季节的更替,发酵周期也会相应调整,通常在夏季为 15d,冬季则延长至 20d。

(5)蒸馏与提取。完成发酵后,酒醅需从埕坛中取出,然后进入蒸馏阶段。此过程采用改良的蒸馏甑,并配备蛇管冷却系统。每次蒸馏,投入 250kg 的大米作为原料。在蒸馏过程中去除酒头和酒尾,以降低高沸点杂质的含量,确保初馏酒的品质。经过这样的蒸馏,得到的酒液清澈透明,香气四溢,为后续的陈酿提供了优质的基酒。

(6)肉埕陈酿。蒸馏出的初馏酒被装入特制的埕坛中,加入肥猪肉进行浸泡陈酿。每埕放酒 20kg,肥猪肉 2kg。在陈酿过程中,肥猪肉中的脂肪会缓慢溶解并吸附杂质,同时与酒液中的物质发生酯化作用,提高酒的老熟度并赋予其独特的豉味。陈酿时间一般为三个月,其间需定期检查酒液的品质并进行必要的调整。

(7)压滤包装。陈酿结束后,将酒从埕坛中倒出,放入大池或大缸中进行自然沉淀。在酒液的沉淀阶段,肥肉依然保留在埕内,以便再次用于新酒的陈化过程。一旦酒液变得清澈,抽取样品进行品质鉴定和精细的勾兑。勾兑达到标准后,移除表面的油质和底部的沉淀物,使用泵将埕中清澈部分的酒液输送到压滤机中进行过滤。经过压滤处理的优质酒液将被装入瓶中,完成整个包装过程,成为最终销售的成品酒。这一过程不仅确保了酒液的清澈透明和口感的纯正,还使产品更具市场竞争力和吸引力。

6.2.3 液态发酵法生产麸曲酒

(1)原料处理。在酿酒工艺中,原料处理是至关重要的一步,麸夫曲酒也不例外。薯干原料经过粉碎后应确保 90% 以上的部分能够通过

40目筛,以确保原料的均匀性和易于后续的发酵过程。同样,高粱、玉米等原料也需按照此标准进行处理。薯类原料和粮谷类原料在配料时,淀粉浓度应严格控制在14%~16%,这是保证发酵效果和酒质的重要因素。

在配料过程中,填充料的用量占原料量的20%~30%,具体用量需根据原料的种类、质量和工艺要求进行适当调整。粮食与糟水的比例一般为1:(3~4),这一比例对于维持发酵液的适宜浓度和发酵效果至关重要。配料时,要求混合均匀,保持疏松状态,以确保醪液的均匀性和发酵的顺利进行。拌料过程要细致,特别是在混蒸时,拌醅要尽量减少酒精的挥发损失,以保留更多的风味物质。此外,原料和辅料的配比要准确,以确保产品的稳定性和一致性。

(2)淀粉质原料的蒸煮。蒸煮是酿酒过程中将淀粉质原料转化为可发酵糖的关键步骤。原料性质影响淀粉糊化难易程度,蒸煮时需确保淀粉充分糊化且减少有害物质。高淀粉浓度原料易产生有害物质,因此蒸煮压力不宜高,时间不宜长。实际操作中,常压蒸煮保持100℃以上,时间依原料而定。薯类需35~40min,粮谷及野生原料需45~55min,薯干连续蒸煮只需15min。蒸煮后应达到"熟而不黏,内无生心"。混烧是指蒸煮与蒸馏同时进行,前期蒸馏为主,后期蒸煮糊化并除杂。清蒸则分开进行,利于糊化并防止杂质混入,从而提高酒质。

(3)蒸煮醪的糖化。糖化是将蒸煮糊化后的淀粉转化为可发酵糖的过程。在酿酒中,通常利用麸曲的淀粉酶来完成这一转化过程。麸曲主要由黄曲霉及黑曲霉生产,它们含有丰富的淀粉酶和其他酶类,能够高效地将淀粉水解成糖。

在实际操作中,糖化时间一般为35~60min。为提高糖化效果,部分厂家采用分两次加曲法。首先,在糖化锅中的蒸煮醪液冷却至70℃时,加入50%的麸曲,糖化30min后再冷却至入池温度,加入剩余麸曲。曲的用量依据其质量和原料特性而定,高糖化酶活力曲可少用,反之则多。常用量为原料的6%~10%,薯干原料用6%~8%,粮谷原料用8%~10%,代用原料用9%~11%。为提高效果和产品质量,应优先使用培养32~34h的新鲜曲,避免使用陈曲和发酵臭曲。麸曲可预先粉碎,以增大与原料的接触面,提高糖化效率。

(4)糖化醪的发酵。糖化醪的发酵是酿酒过程中极为关键的一环,它决定了酒液的风味、酒精含量以及整体品质。在这一阶段,将培养成熟的酒母接种于糖化醪中,经过特定的发酵过程,淀粉被转化为酒精。为了确保发酵的顺利进行,酒母和浆水通常是同时加入的。酒母醪和水可以预先混合在一起,然后边搅拌边加入糖化醪中。

酒母的用量通常以制酒母时耗用的粮食数来表示,一般为投料量的4%~7%。每千克酒母醪可以加入30~32kg水,拌匀后泼入渣醅进行发酵。加浆量需要根据入池时的水分含量来决定,以确保发酵过程中水分含量的适宜性。

所用酒母醪的酸度、酵母细胞数、出芽率和细胞死亡率都是影响发酵效果的重要因素。一般来说,酒母醪的酸度应为0.3°~0.4°,酵母细胞数为1亿~1.2亿/mL,出芽率为20%~30%,细胞死亡率为1%~3%。这些指标都需要控制在一定范围内,这样可以确保酵母的活力和发酵效果。

低温入池对发酵至关重要,酵母在低温下活力强、耐酒精、酶稳定。入池温度通常控制在15~25℃,冷天可降至17~20℃并延长发酵期至4~5d。微生物生长和酶作用需适当pH值,酵母繁殖和发酵分别偏好pH值4.5~5.0和4.5~5.5,而麸曲液化酶和糖化酶分别偏好pH值6.0和4.5。控制入池酸度可以抑制杂菌,确保发酵正常。低温发酵能缓慢糖化,减少产物积累,避免酵母早衰,保存芳香物质,提升酒质。麸曲白酒发酵期短,一般为3~5d,酒精浓度5%~6%,并产生多种物质。有时缩短发酵期至3d可以获得更佳酒质。

(5)发酵醪的蒸馏。蒸馏是液态发酵法生产白酒的关键,影响风味和出酒率。麸曲白酒常用罐式连续蒸酒机。操作时需平衡进料、出料和热量,防止跑酒。填充料应均匀添加,池底酒醅需多加,约为原料的30%。

由于蒸酒机是连续运转的,因此无法像传统土甑间歇蒸馏那样掐头去尾,这可能会导致成品酒的质量稍逊于土甑间歇蒸馏。然而,罐式连续蒸酒机具有生产效率高、操作简便等优点,因此在现代酿酒工业中得到了广泛应用。

(6)新酒的贮存与人工催陈。新酒,即刚刚酿造完成的酒品,往往带有较为明显的辛辣味,口感尚未达到最佳状态。为了提升酒的品质,让其更加绵软适口、醇厚香浓,一般都需要经过一段时间的贮存,使其自然老熟。这个过程不仅可以减少新酒的辛辣味,还能使酒中的各种风味成分达到最佳平衡状态。

然而,考虑到设备和场地的限制以及市场的需求,如何缩短新酒的老熟时间以及加速设备和场地的周转成为酿酒业面临的一个重要问题。为此,人们探索出了多种人工催陈的方法,以加速新酒的老熟过程。

①热处理。热处理是催陈新酒的有效方法。通过加热或冷热处理可加速酒分子运动,提高反应效率,促进新酒老熟。例如,50~60℃保温 3d 可减轻辛辣味;60℃和-60℃各保温 24h,酒品更香柔醇和;40℃保温一个月亦有显著改善。

②微波处理。微波处理是另一种有效的人工催陈方法。微波处理可以使酒中分子与微波同频运动,改变分子排列,使酒更醇和。同时,高速运动可以产生热量,加速酯化反应,增香减害。

第 7 章　啤酒、果酒、黄酒酿造

本章将深入探讨啤酒、果酒和黄酒三类酒的酿造工艺。从精酿啤酒的独特酿造方法开始,进一步了解高浓啤酒的两罐法发酵技术。随后转向果酒领域,详细解析果酒的发酵原理及其酿造过程。最后全面剖析黄酒的多种酿造方法,包括干黄酒、半干黄酒、半甜黄酒、甜黄酒的酿造,并探讨新工艺大罐发酵在黄酒酿造中的应用。通过本章的学习,读者将对不同类型酒的酿造工艺有更为深入的理解,并领略到酿酒工艺的精湛与美妙。

7.1　啤酒酿造

7.1.1 精酿啤酒的酿造

尽管目前尚未有国际性的权威机构对"精酿啤酒"这一术语给出明确定义,但美国酿酒师协会给出了一个被广泛接受的定义:精酿啤酒厂或称"手工啤酒厂",指的是那些规模较小、独立运营且秉承传统酿酒工艺的酿酒厂,其年产量通常低于 600 万桶。有些观点则进一步指出,精酿啤酒应是由这类酒厂生产、未经巴氏杀菌和过滤处理的产品,主要服务于当地的小范围市场。

精酿啤酒与工业啤酒的主要差异体现在酿酒原料的选择上。虽然啤酒的基本原料包括麦芽、水、酵母和啤酒花,但工业啤酒在生产过程中往往会添加额外的辅料以降低成本。相比之下,精酿啤酒则严格要求使用 100% 的麦芽进行酿造,这无疑增加了其生产成本。

第 7 章 啤酒、果酒、黄酒酿造

总体而言,精酿啤酒以其原始的感官特征、新颖的气味和香气、独特的酿造手法、多样化的风格以及相较于商业啤酒更高的品质而脱颖而出。近年来,众多热衷于精酿啤酒的酿酒师们不断探索创新,他们尝试引入各种新原料、麦芽谷物的新组合,甚至添加水果和香料,以此改变精酿啤酒的风味,为其定义和风格注入新的活力。

精酿啤酒的主要原料是麦芽、水和啤酒花,其酿造过程涵盖浸泡、粉碎、糖化、过滤杂质、降低温度以及发酵等步骤。

麦芽由大麦经过特定的浸泡方法而产生,是酿造啤酒的基石。通过糖化和蒸煮等流程,麦芽为发酵过程中的微生物提供了必要的碳水化合物、多种氨基酸、蛋白质、无机盐以及生长因子。麦芽不仅为啤酒赋予了独特的色泽和风味,而且是决定最终啤酒品质的关键因素。水是构成啤酒的主要元素,也是承载啤酒中微量成分的重要介质。在糖化阶段,水的酸碱值、氯离子浓度以及在冷却等环节中对水质的精确控制,都会对最终啤酒的品质产生影响。

啤酒花是酿造过程中不可或缺的成分,它在麦芽汁煮沸时加入,具有杀菌作用,并能增强泡沫的稳定性,同时还会影响啤酒的外观。啤酒花可以以酒花颗粒或酒花浸膏等多种形式存在。

精酿啤酒的特色在于对原料的精细处理,这通常涉及工艺参数的调整,如改变糖化过程的持续时间和温度以及啤酒花的添加方式。此外,一些精酿啤酒还会采用小麦、藜麦等谷物或者甘蔗等高糖农作物来替代大麦,从而创造出别具一格的啤酒风味。

除了对传统的工业化啤酒进行发酵时间的调整和小规模手工酿造,精酿啤酒的更大优势体现在酿造材料的多样化运用上。水果型精酿和功能型精酿通过添加特定的食材、药材和香料,为啤酒带来了独特风味并能够增强其健康效益,这恰恰是精酿啤酒的独到之处。

将水果融入啤酒酿造,不仅能为啤酒带来宜人的果香和更丰富的口感,还能为其增添适当的甜度和酸度,同时保留水果中的功能活性成分,为啤酒增添额外价值。由于水果大多香气迷人且含糖丰富,因此在酿造过程中添加水果成为精酿啤酒的流行做法。例如,荔枝的浓郁香气和特有风味能为荔枝啤酒带来香甜特质,其含有的维生素还增强了啤酒的抗氧化功能。柠檬则能提升啤酒中的维生素 C 含量,促进人体新陈代谢。百香果的酸甜口感和复合果香以及其含有的舒缓神经的天然成分能有助于缓解人们饮酒带来的不适感。石榴中的花色苷和酚类化合物则为石榴啤酒增添了艳丽的色彩。水蜜桃含有多种果糖和维生素,能为啤酒带来自然的甜味。

许多花朵不仅芬芳可人,而且可食用,巧妙地将它们融入啤酒酿造中,可以酿造出花香与酒香交织的精酿啤酒。这样的啤酒不仅口感更加丰富,还可能增加一些外来的有益成分。例如,带有微苦和涩味的板栗花含有黄酮类化合物,对枯草芽孢杆菌和大肠杆菌具有抑制作用,从而提高了板栗花啤酒的保鲜性和安全性。而性温气香的桂花则既有食用价值又有药用价值,用其酿造的桂花啤酒既带有桂花的香气,又兼具苦涩口感,有效减少了残糖带来的甜腻感。

香辛料通常具有鲜明独特的气味,作为啤酒酿造的辅料,能为酒体带来特别的风味和新鲜的口感体验。例如,性温微苦的橘皮富含纤维素和半纤维素等物质,能为啤酒增添橘香并减轻甜腻感。橘皮中的橙皮苷还具有增强毛细血管韧性、杀菌和抗炎的作用。另外,香菜的成熟果实芫荽籽含有丰富的胡萝卜素和铁元素,可与其他辅料搭配使用来酿造啤酒。在酒精发酵过程中姜所含的姜辣素等生物活性成分能为啤酒带来辛辣的口感。

随着人们对健康的关注度不断提高,药食同源的辅料也逐渐被引入啤酒生产中。例如,营养全面的藜麦含有藜麦芦丁,能够预防血细胞凝集并改善心血管功能,同时其高淀粉含量也使其成为酿酒大麦的理想替代品。

利用不同的辅料是新型精酿啤酒开发的关键思路之一。深入研究其工艺流程,可以为优化成品酒的感官体验和提高质量提供有价值的参考。

7.1.2 高浓啤酒前卧后锥两罐法发酵工艺

7.1.2.1 高浓啤酒前卧后锥工艺流程

高浓啤酒前卧后锥工艺流程如图7-1所示。

麦芽粉碎→糖化→麦醪压滤→麦汁暂存→煮沸→回旋
沉淀→麦汁冷却充氧→酵母添加→卧罐发酵→主发酵
结束下酒→立罐后熟升温→降温冷贮→过滤→成品酒

图7-1 高浓啤酒前卧后锥工艺流程

7.1.2.2 高浓啤酒前卧后锥工艺操作要点

1. 麦芽粉碎

首先,麦芽从筒仓中通过刮板输送机被输送到振动筛。振动筛的主要功能是去除麦芽中的杂质,如石子、秸秆等,以确保进入下一道工序的麦芽纯净无杂。接着,经过除杂的麦芽被送入麦芽粉碎机。这里采用的是锤式干法粉碎方式。在高速旋转的锤片作用下,麦芽被破碎成更小的颗粒。这种粉碎方式不仅使麦芽粉碎更彻底,增加了原料与水的接触面积,而且有利于麦芽中的酶系的溶出和活化。酶系的充分溶出和活化对于后续的糖化过程至关重要,它们能够分解麦芽中的淀粉和其他多糖,转化为可发酵的糖类。粉碎后的麦粉通过自然下落进入原料输送绞龙,再由刮板机输送到原料计量仓。原料计量仓的作用是对进入的麦粉进行精确的计量,确保每次糖化过程使用的麦芽量都是准确的。当麦芽计量仓中的麦芽粉碎量达到设定值时,系统会自动停止粉碎机的工作。这一设定不仅确保了原料的准确计量,也避免了原料的浪费和设备的过度磨损。

2. 投料糖化

在麦芽啤酒的生产过程中,糖化是一个至关重要的环节。麦芽经过干法粉碎后,计量仓内的麦粉通过输送绞龙下料到糖化锅内,与投料水均匀混合,开始糖化过程。

在糖化过程中,酶起到了关键的作用。它们参与了淀粉分解和蛋白质分解,将麦芽中的淀粉和蛋白质转化为了可发酵的浸出物。酶的活性随温度的增加而增强,达到最适温度时活性达到最大值。但如果温度进一步升高,酶会永久失去其活性,即变性。因此,控制糖化过程中的温度是至关重要的。

糖化过程中采用了单醪升温浸出法。这种方法首先进行下料休止,结束后升温至糖化温度。在 63～70℃的温度范围内进行糖化休止,通过调整糖化休止温度,多段糖化有利于 β- 淀粉酶、α- 淀粉酶相互协同作用,形成更多的可发酵糖。这样不仅可以提高糖化效率,还可以确保麦芽中的糖分得到充分的利用。同时,糖化醪液的 pH 值也是影响糖化效果的重要因素。将醪液 pH 值控制在 5.4～5.6,有利于淀粉水解、缩短糖化时间、提高麦汁发酵度。pH 值的影响因素包括酿造水质量、麦芽 pH 值以及料水比等。在实际生产中,可以通过外加乳酸或磷酸来调节醪液的 pH 值,以达到最佳的糖化效果。

糖化休止结束后会升温至 76 ℃进行糖化,此时进行碘检,若合格则糖化结束。随后,麦醪会被转移至压滤机进行过滤,分离出麦汁和麦糟。

3. 麦汁过滤等待

麦汁过滤是啤酒酿造过程中的一个重要环节,它直接关系到麦汁的质量和啤酒的口感。首先,等待麦汁过滤前,需要检查启动条件,确保压滤机已经就绪。压滤机是麦汁过滤的关键设备,它通过物理压力将麦汁从麦糟中分离出来。接下来,麦醪通过变频麦醪泵从压滤机底部的管路进入板框内。这个过程中,麦醪需在滤室内均匀分布以确保过滤效果的一致性。同时,压滤机滤室上部的进口开始排气,以排除可能存在的空气。在恒定压力下,头道麦汁通过聚丙烯滤布沿滤板的麦汁收集孔进入麦汁管路。这个过程需要保持恒定的流量,以确保过滤效率和麦汁的质量。同时,排出滤膜内的空气也是非常重要的,它有助于提高过滤效果。当全部醪液泵入压滤机并用热水冲洗糖化锅内进入醪液管路后,压滤机滤膜充入压缩空气。随着滤膜的鼓起,它对滤室内的麦糟层进行分离,从而得到头道麦汁。经过预压缩的麦醪在滤室内形成滤饼。这个过程中,滤饼在每个滤室中紧贴滤布并逐渐压紧,有助于进一步提高过滤效果。预压缩步骤完成后,开始洗糟步骤。洗糟水与麦醪进入板框的方向相同,穿过麦糟层洗出剩余的浸出物。这个过程需要重复进行多次,以确保尽可能多地提取出麦糟中的浸出物。洗糟水的温度控制在 76～78 ℃,这个温度范围有助于浸出物的溶解和提取。经过多次洗糟后,压滤后的麦汁被转移到麦汁暂存罐中,等待后续的煮沸和发酵等工艺步骤。洗糟结束后进行最后一次压缩,进一步压缩滤室内的滤饼以收集剩余的弱麦汁。压缩结束后,压滤机自动打开滤板,排出滤室内的麦糟,完成整个麦汁过滤过程。

4. 麦汁煮沸

暂存罐中的麦汁在达到一定的液位量后,经过麦汁预热板换,其温度会被提升至预设的预热温度。这一步骤对于后续的煮沸过程至关重要,它确保了麦汁在煮沸开始时就能达到一个较高的起点温度,从而更有效地进行后续的杀菌和化学反应。当预热结束,恰好与压滤机过滤麦汁的结束时间相吻合时,初沸温度达到预设值,此时会自动添加酒花。酒花添加罐会自动循环10min,确保酒花中的有效成分充分溶解并均匀分布在麦汁中。煮沸过程是麦汁制备中极为关键的步骤。它不仅能使水分蒸发、麦汁杀菌,还能促进酒花中的α酸发生异构化,有助于啤酒风味的形成。同时,煮沸过程中,不良物质得以挥发,麦汁的pH值也会降低,高分子量的蛋白质和多酚类物质会形成沉淀复合物,从而净化麦汁。少数在麦汁过滤过程中仍然活跃的酶在煮沸过程中会失去活性,这是必要的,因为过多的酶活性可能会影响啤酒的稳定性和风味。麦汁中还存在一些挥发性芳香化合物,如DMS(二甲硫化物)、醛类、脂肪降解产生的醇类(如己醛、己醇、戊醇)以及Strecker醛和美拉德反应产物(如2-甲基丁醛、糠醛)等,这些化合物在一定程度上可能对啤酒的香气产生负面影响。因此,在煮沸过程中,大部分这些分子都会被从麦汁中去除以改善啤酒的风味。煮沸60min后,加热停止,此时热麦汁被转移到回旋沉淀槽中。回旋沉淀槽的设计有助于进一步去除麦汁中的悬浮颗粒和杂质,提高麦汁的清澈度和稳定性。这一步骤对于后续的发酵和啤酒的品质至关重要。

5. 回旋沉淀

麦汁在酿酒过程中是一个关键的环节,尤其是在回旋沉淀阶段。当麦汁沿着回旋沉淀槽底部的切线方向进入时,会产生一个向心力,这个力会使悬浮的热凝固物颗粒以锥形的方式转移到回旋沉淀槽底部的中心。这些颗粒在底部中心松散地聚集,最终形成一个结实的锥丘状热凝固物。

在回旋沉淀的过程中,添加七水硫酸锌是一个重要的步骤。七水硫酸锌作为酵母的营养物质,对于发酵过程中酵母的生长是必需的。它提供了酵母所需的营养,确保酵母在发酵过程中能够健康、活跃地生长,从而生产出优质的啤酒。回旋沉淀的时间一般控制在20min,这是为了确保热凝固物能够有效地聚集在槽底中心,并达到最佳的去除效果。之后,麦汁需要静置一段时间,以便进一步分离热凝固物。这个过程中,应尽可能缩短热麦汁的停留时间,以减少不必要的热损失和风味变化,同时确保达到麦汁的热凝固物去除要求。

6. 麦汁冷却充氧

麦汁冷却采用两段法麦汁冷却工艺,在热凝固物分离完毕后,热麦汁被泵入第一段冷却薄板。在这一阶段,常温的生产水通过冷却板与98℃的热麦汁进行热交换,将麦汁的温度迅速降低到40℃。同时,生产水的温度会升高到80~85℃,这些热水随后被收集到糖化热水罐中,用于糖化投料、洗糟以及CIP(清洁原位)等工艺,从而实现热能的回收利用。接着,40℃的热麦汁进入第二段冷却薄板。在这一阶段,利用酒精水冷媒对麦汁进行深度冷却,最终将其温度降低到9.5℃。冷却过程持续约60min,确保麦汁的温度达到适宜发酵的水平。冷却后的麦汁随后通入无菌压缩空气,通过充氧装置进行处理。这一步骤的目的是增加冷麦汁中的溶解氧含量,通常要达到8~12mg/L。溶解氧是酵母进行有氧呼吸所必需的,对于后续的发酵过程至关重要。当第一批次麦汁的充氧达到稳定状态后,就可以开始添加酵母了。酵母储罐内的酵母通过酵母添加泵与冷麦汁混合,然后一起进入315kL的卧式发酵罐。在发酵罐中,酵母将利用麦汁中的糖分进行发酵,产生酒精和二氧化碳,最终转化为美味的啤酒。

7. 发酵工艺

卧罐麦汁满罐后,执行发酵自控程序是一个复杂且精细的过程,它能够确保啤酒的质量和风味达到最佳状态。卧式发酵罐的主发酵温度被严格控制在10℃,这是为了营造适合酵母发酵的环境。每天降糖的控制目标是1.6±0.2°P/day,这是通过精确控制发酵温度、时间和压力等过程参数来实现的。这些参数的优化有助于形成所需的风味,确保啤酒的口感和香气达到预期。主发酵阶段结束后,对卧罐进行二氧化碳备压至 0.02～0.03MPa,这是为了保持啤酒的稳定性和防止氧化。然后,通过嫩啤酒转移泵将卧罐发酵液转移到立式发酵罐。立式发酵罐的温度设定为 10.5℃,进行后熟还原。后熟过程有助于进一步改善啤酒的风味和口感。当立式发酵罐中的发酵液升温保持 24h 后,进行糖化酵母回收。这是资源循环利用的重要一环,同时也保证了后续发酵过程的纯净度。在第 14d,进行双乙酰检测。双乙酰是啤酒发酵过程中的一种重要副产物,其含量需要控制在一定范围内以确保啤酒的品质。当双乙酰检测结果≤60mg/L 时,表明啤酒已经成熟,可以进行降温处理。降温过程分为两个阶段。第一阶段深度冷却,将发酵液温度从 10.5℃降低到 4℃,大约需要 12h。第二阶段深度冷却,将发酵液温度进一步降低到 -1～0℃,整个降温过程在 72h 内完成。这样的降温过程有助于啤酒的稳定性和口感的提升。降温完成后,程序自动进入冷贮酒阶段。在这个阶段,每 3d 进行排放酵母,以保持啤酒的清澈度。经过 28d 的成熟后,啤酒便达到了过滤的条件。高浓啤酒采用传统的烛式硅藻土过滤机进行过滤,通过高浓稀释设备进行啤酒过滤和稀释。这样得到的拉格啤酒金黄透明、酒体稳定、口感醇厚,是消费者喜爱的优质啤酒。

8. 酵母扩培

经过严格的清洁和消毒流程,充氧头被清洗干净并检查配置齐全后,被送往化验室进行灭菌处理。在化验室,充氧膜被安装到充氧头上,并再次进行灭菌。随后,充氧头被取回并紧固接头,使用酒精和酒精棉对接口进行杀菌处理。在确保无菌的条件下,充氧头被小心安装到扩大罐 1# 上。接着,打开压缩空气并使用肥皂水进行验漏。在安装过程中,若遇到难以安装的充氧头,只允许使用橡胶锤子进行敲击,以避免对充氧头和扩大罐 1# 的充氧接口造成损害。充氧头安装完毕后,对扩大罐 1# 进行杀菌处理。在此过程中,需检查扩大罐 1# 内是否因充气导致压力偏高,如有需要,先泄压再杀菌,以防因罐内压力过高导致杀菌剂无法泵入罐体内或流量低杀菌效果不佳,同时也能避免压力过高导致安全阀打开清洗剂喷出,造成浪费。之后对活化罐表面使用酒精棉进行彻底清洗和杀菌,同时对活化罐周围及上方进行酒精喷洒。操作人员需佩戴卫生帽、橡胶手套和白衣褂,并使用酒精进行杀菌,以确保整个活化过程在无菌环境下进行。此外,对扩培系统压缩空气管路进行 20min 的蒸汽杀菌,以防止压缩空气微生物污染扩培液。

在使用活化罐、扩大罐1#和扩大罐2#之前,需进行清洁消毒,扩培转接管路也需进行清洗处理。在确保无菌的情况下,将酵母倒入活化罐内,盖上盖子并喷上酒精,再次用明火进行灭菌。酵母在接种到高浓麦汁后,在25℃条件下活化3~4h,其间需不断搅拌麦汁,使酵母与麦汁充分混合。程序启动自动加热装置,采用间歇式加热升温方式,每加热180s停顿300s,以达到恒温活化效果。过低的活化温度不利于酵母增殖。在酵母活化过程中不进行充氧。当酵母活化完成后,使用无菌压缩空气备压活化罐将活化液倒入扩大罐1#。此时扩大罐1#已接好高浓麦汁,麦汁与活化液充分混合。随后打开无菌压缩空气手阀对扩大罐1#通过锥底部充氧头进行连续充氧。扩大罐1#的培养时间约为96h,培养温度控制在10℃,培养压力为0.002MPa,冷媒调节阀开度为50%。当糖度下降到6~8°P时,启动程序将扩大罐1#中的扩培液倒入扩大罐2#。扩大罐2#也提前接好高浓麦汁,使扩培液与麦汁充分混合。扩大罐2#不进行麦汁充氧,培养时间约为96h,培养温度控制在10.5℃,培养压力为0.002MPa,冷媒调节阀开度为50%。当糖度下降到6~8°P时,启动程序将扩大罐2#中的扩培液倒入卧式发酵罐。在卧式发酵罐中追加麦汁至容积的90%。在追加麦汁的过程中,每2h分批次进入卧式发酵罐。麦汁充氧调节阀按100%开度调节,以确保满足酵母所需的麦汁溶解氧饱和度,从而促进扩培酵母的增殖。整个操作过程中,严格遵守无菌操作规范,确保扩培过程的质量和安全。

9. 酵母回收

选择酵母的回收管路和酵母储罐进行清洗杀菌,是为了保证回收酵母的质量。清洗杀菌后,将需要回收酵母的立式发酵罐和酵母储罐连接上备压管道,通过控制备压至指定压力,可以确保酵母在回收过程中的稳定性和安全性。接着,启动酵母回收程序。在此过程中,立式发酵罐锥底的酵母泥通过泵的作用,将管路中的脱氧水顶至排水地沟。当达到设定的顶脱氧水量后,开始排放发酵罐锥底的回收酵母至废酵母罐,这部分酵母可能不符合再利用的标准。根据生产安排,设定4000kg的糖化酵母回收量。在回收糖化酵母的过程中,酵母储罐需要处于排压状态,这有助于保持酵母的活性和质量。当达到设定的糖化酵母回收量

第7章 啤酒、果酒、黄酒酿造

后,需要对回收管路进行清洗。这通过将立式发酵罐锥底管路横接,并将酵母回收管路与脱氧水管路连接来实现,用脱氧水将回收管路中残留的酵母顶到废酵母罐。糖化回收酵母结束后,需要将发酵罐泄压至常压进行发酵,同时设定酵母储罐的压力和温度。酵母储罐的压力设定为 0.002MPa,温度设定为 1~2℃,这是酵母低温储藏的适宜条件。在这种条件下,酵母可以保存的最大时间为 72h。

10. 酵母添加

对酵母添加管路进行彻底的清洗杀菌是确保酵母质量和发酵效果的关键步骤,这可以有效去除管路中的残留物和微生物,为酵母提供一个干净、无菌的生长环境。接着,选择第一锅酵母添加发酵罐后,当麦汁顶完水后,程序会自动启动麦汁充氧程序和酵母添加程序。酵母接种量的确定需要根据酵母泥的浓度和死亡率进行计算,确保接种量的准确性和合理性。通过设定程序酵母接种量,可以实现对酵母添加量的精确控制。在酵母添加过程中,需要密切关注酵母添加流量的正常性以及酵母储罐称重计量数据的准确性。这可以确保酵母能够均匀、稳定地添加到发酵罐中,避免因添加量不准确而影响发酵效果。当酵母添加程序结束后,麦汁冷却充氧正常进行 60min。这一步骤是为了确保麦汁中的溶解氧含量达到酵母生长所需的水平,同时使麦汁温度降至适宜发酵的范围。随后,程序进入下一次麦汁充氧和麦汁进罐等待阶段。在这个过程中,需要密切关注卧式发酵罐的液位变化,确保麦汁能够顺利进入发酵罐并达到预定的满罐状态。当达到卧式发酵罐满罐时,需要在现场确认开始满罐顶水操作。这一步骤的关键操作是观察卧式发酵罐进口视镜,当看到切换的生产水后,需要先打开卧罐底部锥底排污阀,后关闭卧罐进口阀,这样可以确保生产水能够顺利排出,避免对发酵过程造成不良影响。

11. 下酒倒罐

卧式发酵罐到立式发酵罐的下酒倒罐过程,是啤酒生产中的关键环节,它涉及发酵液的转移、管路的清洗杀菌、二氧化碳的回收以及发酵程序的启动等多个步骤。首先,确认卧式发酵罐的发酵液糖度在

5.4～5.8°P 的范围内,这是确保发酵进程正常和啤酒质量稳定的重要前提。在进行倒罐操作前,必须对下酒倒罐管路进行彻底的清洗杀菌,并确认管路连接正确。将倒罐管路连接至脱氧水进口,打开立式发酵罐锥底排污阀,使倒罐管路内充满脱氧水,以排出多余空气,防止发酵液与空气接触发生氧化。启动下酒倒罐程序时,卧式发酵罐需通过二氧化碳备压至 0.02～0.03MPa,以保持发酵液在转移过程中的稳定性。同时,立式发酵罐罐顶连接排空管路,以确保在倒罐过程中发酵液能够顺利进入立式发酵罐。在锥底管路跨接时,使用 75% 酒精对管路接口进行彻底消毒,这是防止细菌污染和确保啤酒质量的重要步骤。程序确认启动后,首先打开立式发酵罐排污阀,待在立式发酵罐锥底观察到发酵液后,立即打开立式发酵罐进口阀,关闭罐底排污阀。下酒倒罐流速设定为 60m³/h,整个倒罐过程大约需要 5～6h。当卧式发酵罐内的发酵液倒空后,连接罐顶出口与二氧化碳回收接口,进行罐内二氧化碳的回收,这既有利于环保,也符合经济性原则。然后连接卧式发酵罐底部出口的转移管路横接,开始用脱氧水顶发酵液进入立式发酵罐。在观察立式发酵罐底部出口视镜时,一旦发现发酵液切换为脱氧水,立即关闭立式发酵罐进口阀,打开排污阀。按照程序设定的顶脱氧水量完成后,整个发酵下酒倒罐过程结束。此时,立式发酵罐会自动启动发酵程序,开始新一轮的发酵过程。

7.2　果酒酿造

目前市场上的果酒种类繁多,从发酵工艺上可分为酿造型果酒、蒸馏型果酒、配制型果酒、起泡酒;按照原料的不同可分为仁果类、浆果类、核果类、柑橘类、瓜果类及各类原料混合类;按酒精含量高低可分为低度酒、中度酒、高度酒;根据糖的含量可分为干型果酒、半干型果酒、半甜型果酒、甜型果酒四种;按二氧化碳含量分类可分为平静果酒、含气果酒;按产品特性分为含气果酒、利口果酒、冰果酒、脱醇果酒。

7.2.1 果酒发酵原理

果酒酿造过程中,酵母将果实中的可发酵性糖类转化为酒精后,再经陈酿澄清过程中的酯化、氧化、沉淀等作用,形成酒液澄清、色泽鲜艳、醇和芳香的果酒。果酒酿造主要包括主发酵(或称"前发酵""酒精发酵")和后发酵(或称"二次发酵")两个阶段。

7.2.1.1 主发酵的生物化学原理

从果汁泵入发酵罐到新酒分离这段过程称为"主发酵"。主发酵是借助酵母中的酶系完成的,糖酵解是酒精发酵的核心。醪液中的单糖(主要是己糖,如葡萄糖和果糖等)可直接进入糖酵解途径,而寡糖(蔗糖和麦芽糖等)经酵母中的酶(如蔗糖酶)被分解为单糖(主要是六碳糖)后,也可以进入糖酵解途径(图7-2)。糖酵解经过10步反应,形成丙酮酸。

在酵母中丙酮酸的去路有两条:

一是在无氧条件下,丙酮酸在丙酮酸脱羧酶的催化下脱掉1个羧基,转化为乙醛,接着乙醛在乙醇脱氢酶的作用下还原为乙醇,这一步还原需要 NADH+H$^+$ 提供 H$^+$,乙醛还原为乙醇的同时,使 NADH+H$^+$ 重新氧化为 NAD$^+$,可以再作为3-磷酸甘油醛脱氢酶的辅酶使无氧酵解持续进行(图7-3)。

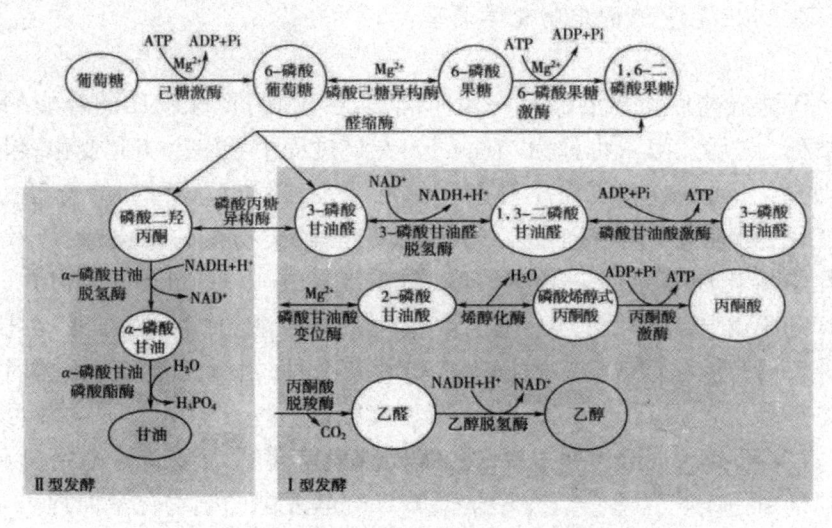

图 7-2 糖酵解及酒精发酵途径

酵母中丙酮酸的另一去路是：在有氧条件下，丙酮酸经过氧化脱羧形成乙酰 CoA，乙酰 CoA 进入三羧酸循环（TCA），经一系列氧化、脱羧反应，最终生成 CO_2 和 H_2O，并产生大量能量。按照最新磷氧比（P/O）进行计算，1 分子的葡萄糖在酵母中经三羧酸循环可产生 36 分子 ATP，为酵母的自身繁殖等生理代谢过程提供能量。

因此在主发酵过程中，既需要间断通氧，为酵母的繁殖提供有氧环境和能量，同时又需要密封环境为酒精发酵提供无氧条件，否则在有氧条件下，糖全变成 CO_2 和水损失了，而不能获得预期的酒精。

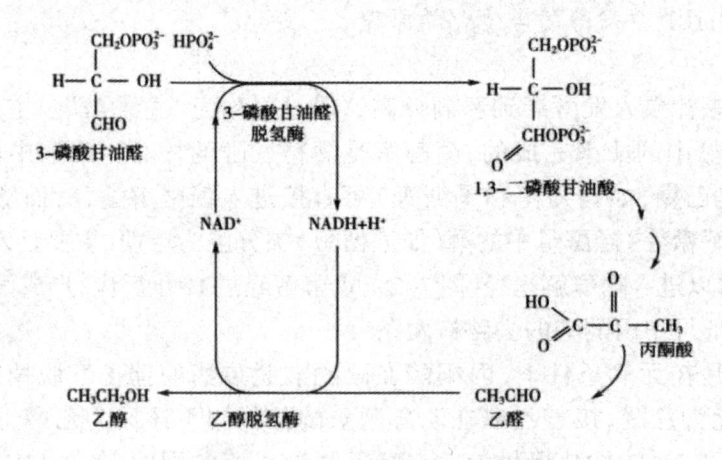

图 7-3 无氧酵解持续进行示意图

7.2.1.2 后发酵的生物化学原理

新酒分离后将果酒储存一段时间后继续进行风味物质的合成的过程被称为"后发酵"，也称为"陈酿"。在该过程中会发生相应变化，包括物理变化，如果胶和蛋白质等杂质的沉淀、乙醇与水分子的缔合等；化学变化，如有机酸与醇类进行的酯化反应、酚类物质的褐化等，以及生物化学变化如苹果酸-乳酸发酵（Malo Lactic Fermentation，MLF）或因管理不善导致细菌污染，使乙醇氧化或柠檬酸、甘油、酒石酸等被细菌分解而产生醋酸等。后发酵一般持续几个月，当后发酵接近完成时常常将环境温度提高到 25℃，使酒精浓度提高进一步杀死衰弱的酵母细胞，直到所有活动最终停止，后发酵要求发酵罐适当装满并密封，以防受到杂菌污染。这里重点介绍苹果酸-乳酸发酵的生物化学原理。

苹果酸－乳酸发酵是乳酸菌将L-苹果酸通过脱羧基形成L-乳酸和CO_2的过程。苹果酸－乳酸发酵是果酒二次发酵中非常重要的过程，更是优质红葡萄酒酿造中必不可少的工艺之一，因为通过苹果酸－乳酸发酵过程，可以提高酒体的香气、风味的复杂性和生物稳定性。在这些风味化合物中最常被描述的是双乙酰，然而酯、醇和其他碳基化合物的产生有助于形成奶油、辛辣、香草和烟熏味道，以使苹果酸－乳酸发酵后酒体具有更加柔软和饱满的口感。

苹果酸－乳酸发酵是在乳酸菌的作用下完成的。乳酸菌是革兰氏阳性菌，微需氧，可将糖（葡萄糖）转变为乳酸。葡萄酒中最常见的乳酸菌是乳酸菌属、片球菌属、明串珠菌属和球菌属。球菌属的名字来自希腊语oinos，意为"葡萄酒"。在三种酒球菌中，酒类酒球菌与葡萄酒相关，在葡萄酒中自然存在，因此在酒精发酵以后产生苹果酸－乳酸发酵就很常见，该菌不具有运动性。椭圆形到球形的细胞通常成对排列或成短链排列，最佳生长温度为20～30℃，pH值为4.8～5.5。虽然葡萄皮上的乳酸菌占优势，但在整个酒精发酵过程中，酒类酒球菌的数量增加，通常成为葡萄酒中唯一在苹果酸－乳酸发酵完成时发现的菌种。因其理想的风味效果，酒类酒球菌是苹果酸－乳酸发酵的首选菌种，适合于大多数红葡萄酒、陈酿白葡萄酒和起泡葡萄酒的风格。

苹果酸－乳酸发酵在技术上不是一种发酵，而是在NAD^+和Mn^{2+}作为辅助因子且不含游离中间体的反应中，由乳酸菌将二羧酸（L-苹果酸）酶解为一羧酸（L-乳酸）的非产能的酶促反应过程。

虽然苹果酸－乳酸发酵增加了葡萄酒的pH值，但这种增加并不能刺激酒类酒球菌的生长。负责苹果酸－乳酸发酵的3个基因位于一个单一的基因簇中，mleA（编码苹果酸－乳酸酶）和mleR（编码苹果酸透膜酶）位于同一操纵子上，mleR编码下调转录的调节蛋白。苹果酸－乳酸酶的最大活性出现在pH值5.0和37℃时，并且被乙醇非竞争性地抑制，这表明了葡萄酒的环境对酒类酒球菌的生长非常不利。

葡萄酒环境明显抑制了苹果酸－乳酸发酵和酒类酒球菌的生长。因为引起胁迫和影响苹果酸－乳酸发酵的4个主要的葡萄酒参数是乙醇浓度（>16%vol）、低pH值（通常低于3.5）、SO_2含量（大于10mg/L）和低温（<12℃）。所以要提高酒类酒球菌的发酵效率，可以从两个方面入手：一是遗传改造；二是筛选优良菌株。

苹果酸－乳酸发酵在葡萄酒中有很多研究。实际上乳酸菌不仅能代谢苹果酸产生能量,也能代谢柠檬酸等有机酸产生能量。这种代谢在火龙果果酒等特色果酒中研究很少或几乎没有,而有机酸是果酒中非常重要的成分,因此值得深入研究。

7.2.2 果酒酿造工艺技术

果酒的历史悠久,其酿造技艺伴随着人类文明的发展而不断进步。从最初的民间传统酿造方法,到如今科技加持下的深加工工艺,果酒的酿造工艺已经发生了翻天覆地的变化。

在水果资源丰富的地区,人们很早就开始利用当地的水果制作各种果酒,如葡萄酒、杨梅酒、桃子酒和苹果酒等。传统的酿造方法主要是依靠水果表面自然生长的野生酵母菌或环境中附着的酵母菌进行发酵。这种方法虽然简单,但成功率低,酿造时间长且容易因为菌种不纯而导致果酒腐败变质。

随着时间的推移,人们开始尝试改进酿造方法。明代时期就已经出现了向水果中添加酒曲以促进发酵,以及将发酵好的果浆进行蒸馏制作果酒的方法,这些方法相较于传统方法提高了果酒的质量和产量。

进入现代,科技的进步为果酒行业带来了革命性的变化。现在,果酒的制作过程已经形成了一套完整的深加工工艺,包括果子筛选、清洗、破碎、成分调整、发酵、过滤、澄清、陈酿、调配过滤、杀菌包装等多个环节。在这个过程中,人们会使用更多种类的活性酵母以及抗氧化剂、澄清剂等技术手段,以确保果酒的品质和口感。

7.2.2.1 微生物技术

从目前国内果酒酿造的整体工艺来看,确实存在微生物资源稀缺的问题。大部分果酒在酿造过程中缺乏专用的微生物品种,这直接影响了果酒的品质和口感。葡萄酒因拥有专业的菌株支持发酵,其品质得以保障,而其他果酒则因缺乏相应的微生物资源而面临挑战。

主发酵技术作为微生物技术的关键组成部分,对果酒的酿造效果至关重要。其中,温度是影响酵母菌株生产效率的关键因素。当温度较低时,酵母菌株的活性减弱,导致发酵速度变慢,效用减少。因此,在果酒酿造过程中,合理控制发酵温度是提高酿造效果的重要手段。

第7章 啤酒、果酒、黄酒酿造

除了温度,pH 值也是反映发酵酵母活动、生长、繁殖的关键指标。果汁的酸碱度直接影响酵母的繁殖环境,因此在发酵过程中需要密切监测和调控 pH 值,为酵母提供良好的生长条件。同时,发酵液的缓冲能力较弱,对 pH 值的变化敏感,因此,通过检测发酵液的 pH 值可以及时了解发酵菌的生长情况,并采取相应措施进行调整。

酵母菌的接种量也是影响发酵效果的重要因素。接种量与发酵时间成反比关系,但接种量过多会导致原料浪费,接种量过少则会延长发酵时间并增加污染风险。因此,在实际生产中需要根据具体情况合理控制酵母菌的接种量,以达到最佳的发酵效果。

7.2.2.2 调酸技术

果酒的调酸技术对于提升果酒的品质和口感至关重要。随着科技的进步,调酸技术也在不断发展,为果酒酿造行业带来了更多的可能。

目前,果酒调酸技术主要包括化学方法、微生物降解方法、电渗方法、低温冷冻方法等。其中,化学方法因其操作简便、效果显著而被广泛应用。通过使用碱性盐类,如 $K_2C_4H_4O_6$、Na_2CO_3、K_2CO_3、$KHCO_3$ 等,与果汁中的酸进行反应,可以有效地降低果酒的酸度,提高口感。在实际操作中,$KHCO_3$ 和 K_2CO_3 的降酸效果尤为突出,它们不仅能够减少滴定酸的量,还能明显中和苹果酸等有机酸。

低温冷冻方法也是一种有效的调酸技术。通过低温冷冻,可以去除果汁中的部分酸性物质,从而降低果酒的酸度。这种方法虽然操作相对简单,但需要较长的处理时间。

随着化工科学的不断发展,微生物降酸方法也逐渐得到广泛应用。这种方法利用微生物的代谢活动将果汁中的酸性物质转化为其他物质,从而达到降酸的目的。这种方法具有环保、可持续等优点,但可能需要更复杂的操作条件和较长的处理时间。

以海红果为例,由于其果汁酸度高,口感偏酸,因此在酿造过程中需要重点调节酸度。通过使用 $CaCO_3$、$KHCO_3$、柠檬酸等化学试剂升高原液的 pH 值,可以为酵母发酵创造最佳环境。研究表明,将海红果原料的 pH 值调整至 3.5 左右,糖度控制在 15% 左右,可以为酵母菌提供良好的繁殖环境,从而顺利进行发酵工作。

7.2.2.3 澄清技术

在果酒的生产过程中,澄清是一个关键的环节。化学澄清法是一种常见的澄清方法,主要做法是向果酒中投放特定的化学澄清试剂,如果胶酶、明胶、壳聚糖以及硅藻土等,这样能够有效地去除果酒中的杂质,提高果酒的清澈度和口感。这些试剂在实际生产中表现出了显著的效果,为果酒的品质提升提供了有力支持。

一些专家认为,复合澄清剂在果酒澄清过程中具有更好的效果。复合澄清剂通常是由多种澄清剂组合而成,能够综合利用各种澄清剂的优点,达到更好的澄清效果。例如,壳聚糖作为一种天然的澄清剂,其效果优于硅藻土、明胶、果胶酶等其他澄清剂,因此在复合澄清剂中占据重要地位。

除了化学澄清法外,自然澄清法也是一种传统的澄清方法。它利用果汁中的自然沉淀物进行澄清,通过静置一段时间使杂质自然沉降。虽然这种方法操作简单,但澄清效果可能相对较慢且不稳定。因此,在实际生产中,果酒生产企业通常会根据具体情况选择适合的澄清方法,以达到最佳的澄清效果。

表7-1 澄清方法对比

澄清方式	简介	特点
自然澄清	果酒放置一段时间后,果酒内的胶体物质、酵母等会自然沉淀到果酒底部	对果酒的风味影响最小,但澄清时间长
低温澄清	将果酒放置在4~10℃的低温环境下,静置澄清,在低温环境下会加速部分盐类的沉淀	对果酒的香味、口感影响较小;澄清时间比使用澄清剂要长,需要严格控制澄清温度
离心澄清	将果酒放入高速离心机中,转速在2000r/min以上、离心0~30min,离心可将沉淀与清液分离开	速度较快、能较好地保证酒体的色泽、风味;澄清效果一般,不如澄清剂的澄清效果好
超滤澄清	借助膜过滤设备进行澄清,将浑浊的果酒通入超滤设备,设定压力、流速、调整进样温度等	操作简单、分离程度较高、澄清时间短;需要购买专业设备
皂土澄清剂	皂土又称"膨润土",主要成分是二氧化硅、三氧化二铝、氯化钾、氯化镁等,可以吸附带正电荷的物质	成本较低,是最常用的澄清剂;使用时需提前制备,加入酒样中需要不断搅拌,操作较复杂

续表

澄清方式	简介	特点
壳聚糖澄清剂	由几丁质经过脱乙酰获得的具有吸附阴离子功能的聚合物	操作简单、成本低、效果好、澄清速度快;用量有一定限制
果胶酶澄清剂	主要是果胶裂解酶,酶分解果胶,达到澄清的目的	提高色度、不改变果酒成分;但酶解需要一个良好的条件,过程较复杂,耗时长
PVPP澄清剂	交联聚乙烯吡咯烷酮,能够吸附含有氨原子非对称性共价键结合的物质	吸附过程可逆、吸附效果良好;成本较高
硅藻土澄清	主要成分为二氧化硅,其具有很强的吸附性	成本低、澄清速度快;澄清效果较差
明胶澄清剂	由动物胶原蛋白分解制作而成,能够吸附带负电荷的物质	对果酒品质影响较小;使用后澄清效果良好,随着时间推移会逐渐产生沉淀
干酪素澄清剂	主要成分为络蛋白酸钠,能够在酸性环境下吸附物质	能吸附果酒中的色素,对果酒品质存在影响
活性炭	具有很强的吸附力,从而起到澄清的作用	较容易获得、吸附性强;对果酒的色素、色度有影响
琼脂	琼脂带负电荷,能够吸附果酒中带正电荷的物质	需配制成水溶液使用

7.2.2.4 杀菌技术

果酒的杀菌技术是确保果酒品质和安全性的关键环节。目前,果酒行业广泛采用多种杀菌技术,每种技术都有其独特的原理和优势。

辐照杀菌技术利用 X 射线、紫外线照射或电子射线等方式杀灭细菌。这种技术具有高效、快速和无残留的优点,能够确保果酒在杀菌过程中不受污染,且能保持其原有的风味和口感。

化学杀菌方法通过在果酒酿造过程中加入适量的微生物抑制剂来实现杀菌效果。这种方法操作简便,成本较低,但需要注意的是,所添加的微生物抑制剂必须符合国家相关标准,以确保果酒的安全性和品质。

热杀菌技术中的巴氏杀灭细菌工艺是果酒生产中常用的方法。它利用超高温瞬时杀灭细菌,能够有效地杀死酒中的微生物,保证果酒的卫生和质量。同时,巴氏杀菌还能在一定程度上改善果酒的口感和风味。

微波杀菌技术是近年来发展较快的一种杀菌方法,它利用微波的热效应和非热效应杀灭细菌,具有杀菌速度快、效果好、节能环保等优点。但需要注意的是,微波杀菌技术在实际应用中还需进一步研究和优化,以确保其稳定性和可靠性。

7.2.2.5 物理催陈技术

物理催陈技术在提升果酒品质和缩短老化时间方面具有显著功效。目前各类果酒中关于葡萄酒物理催陈的研究和应用较为广泛,其中超高压、超声波、电场、红外线等被认为是主要的催陈手段。试验证明超高压(300MPa,5min,20℃)可以促进葡萄酒中的氧化及缩合反应,加速葡萄酒老熟。超声波通过高频振动和空化作用来改变葡萄酒中的化学反应速率,处理后葡萄酒色泽指标上的变化与自然陈酿趋势一致。适当的超声处理(180W,20min)可有效降低葡萄酒游离花色苷含量,促进颜色转变,增大化学酒龄。高压电场在葡萄酒浸渍、微生物灭活及催陈等方面皆有所应用,试验发现电场强度为12kV/cm,脉冲数为300次处理的梅尔诺葡萄酒与其自然瓶储陈酿葡萄酒有机酸含量变化趋势类似。微波处理可有效改善葡萄酒感官品质,试验证明微波处理可以增加红葡萄酒的色度,酒中总酚、花青素、咖啡酸、丁香酸、没食子酸等与自然陈酿变化趋势相似。综上,物理催陈技术可有效提高葡萄酒陈化速率,改善其内在品质。

酿制的果酒应通过陈化以提升其品质,物理催陈技术主要通过施加外源能量以促进果酒中的物理化学反应。通过对不同催陈技术进行分析,总的来说,各种物理方法均可从色泽、香气、口感等方面提升果酒品质,极大缩短了果酒陈化时间。其中,经超高压处理后葡萄酒中11种酚酸含量呈上升趋势。然而,也有的研究得出了相反的结论,认为这与对果酒施加的压力大小有关。各团队研究结果表明,超声波处理可促进果酒颜色转变,但对于总酚等物质的影响,研究结论并不完全相同,这与超声功率有关,以上团队研究异同产生的原因主要与处理时对果酒施加能量的大小及具体处理酒种有关。当前,许多果酒消费者与生产者对这些技术的安全性及处理结果稳定性存在担忧,因此,有必要深入研究果酒物理催陈技术的作用机理,以便更全面地评估其可行性,提高技术可信度。

第 7 章 啤酒、果酒、黄酒酿造

同时,多种方法联合应用的复合催陈技术正逐步受到研究人员的关注,有望进一步推动果酒催陈技术的发展。如表 7-2 所示的超高压结合橡木制品陈化,利用橡木及超高压的协同作用,加速橡木成分的浸提效果,缩短陈酿时间,微氧结合超高压技术可促进果酒中的微氧化作用,进一步提高果酒陈化速率,有效减轻其涩感。以上复合催陈技术虽然展现出良好的应用前景,但目前相关研究较少,同时处理方案体系的建设也尚不够完善,科研人员应进行更深入的研究,使其更好地服务于果酒物理催陈产业。

表 7-2 不同催陈方法及团队研究异同比较

催陈方法		原理	团队研究异同	异同原因	优点	缺点
物理催陈方法	超高压	采用 100MPa 以上的压力处理果酒,将物理能量转化为活化能	超高压处理可提高葡萄酒中多酚含量,TAO 等研究结果相反	施加的压力大小	缩短果酒老化时间;有效提高果酒品质;节省劳动力与储酒空间;降低企业生产成本	消费者与生产者对这些技术的安全性及处理结果稳定性存在担忧;果酒物理催陈技术的作用机理尚不明晰
	超声波	利用超声波处理产生强烈的空化作用,提高果酒中不同成分活化能	超声波处理可使果酒中花色苷含量增加,但对于总酚与黄酮类化合物含量的变化,研究结果并不相同	超声功率		
	脉冲电场	对果酒短时间施加脉冲电场,使分子电离,降低反应所需的活化能	以适宜的电场强度处理果酒可显著提高其品质,反之则会产生不良影响	场强及脉冲次数		
	微波	通过微波添加外部能量,为果酒提供活化能	对于不同种类的果酒,适宜施加的微波功率并不相同,最佳处理方式需通过实验验证	微波功率		

续表

催陈方法		原理	团队研究异同	异同原因	优点	缺点
复合催陈方法	超高压+橡木制品	利用超高压及橡木的协同作用,加速橡木成分的浸提效果,缩短陈酿时间	经超高压结合橡木制品处理后,以较短时间(150min)便可达木桶陈酿1~2年的效果		进一步缩短老化时间;满足陈化中各种物质与能量需求;提高果酒品质;节省劳动力与储酒空间;降低企业生产成本	相关研究较少;处理方案体系的建设尚不够完善
	超声波+橡木制品	利用超声波及橡木的协同作用,加速橡木成分的浸提效果,缩短陈酿时间	可改善红葡萄酒的香气结构且无感官层面的缺陷			
	超高压+微氧	利用超高压及微氧的协同作用促进果酒中的微氧化作用	进一步提高果酒陈化速率,有效减轻其涩感			

7.3 黄酒酿造

7.3.1 干黄酒的酿造

干黄酒含糖量低于1.5g/100mL(以葡萄糖为计量单位),且酒体溶出成分相对较少。麦曲类干黄酒的酿造主要包含摊饭法、喂饭法及淋饭法等,其中淋饭法与淋饭酒母的酿造方法大致相同,故在此不再赘述。下面将重点介绍摊饭法与喂饭法的酿造过程。

7.3.1.1 摊饭酒

摊饭酒通常在每年的11月下旬至次年的2月初进行酿造,采用自然培养的生麦曲作为糖化剂,淋饭酒母作为发酵剂,并添加酸浆水为配料。如绍兴元红酒和加饭酒等典型的干黄酒和半干黄酒,都是采用摊饭法生产的。

（1）工艺流程。摊饭酒酿造工艺流程如图7-4所示。

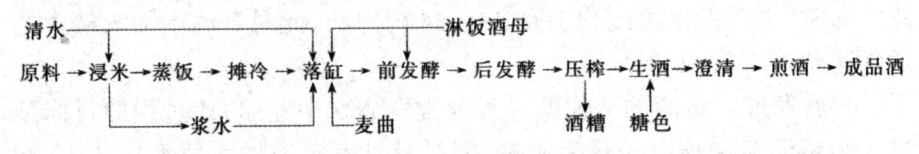

```
清水           淋饭酒母
  ↓              ↓
原料→浸米→蒸饭→摊冷→落缸→前发酵→后发酵→压榨→生酒→澄清→煎酒→成品酒
         ↓       ↑              ↓
        浆水    麦曲           酒糟 糖色
```

图7-4 摊饭酒酿造工艺流程

（2）工艺要点。

①配料。如每缸需使用糯米144kg、麦曲22.5kg、清水112kg、酸浆水84kg以及淋饭酒母5~6kg。酸浆水与清水的混合比例为3:4，被称为"三浆四水"的配方。

②浸米。摊饭法的米浸泡时间相对较长，需要18~20d。这个过程不仅有助于后续的蒸煮，更重要的是能够吸收底层的浆水。

③蒸饭和摊冷。浸泡后的大米不进行淋洗，直接蒸煮，保留其上的浆水。蒸煮完成后，米饭需要迅速并均匀地冷却至60~65℃。

④落缸。入缸时的温度应控制在24~26℃，并确保不超过28℃。要避免酒母与热饭块直接接触，以防"烫酿"导致发酵失败或酒体酸败。

⑤前发酵。传统的黄酒发酵是在陶缸中以分散的方式进行。在发酵前期，主要是酵母细胞大量繁殖，此时温度上升速度较慢，需要特别注意保温措施。大约经过10h后，进入主要的发酵阶段，此时温度会迅速上升，醪液也会变得更加稀薄。

在发酵过程中会产生大量的二氧化碳气体，这使得较轻的米饭块被推到醪液的表面，进而形成一层厚厚的醪盖。这层醪盖会妨碍热量的释放和新鲜氧气的进入，因此必须适时进行搅拌操作，即所谓的"开耙"。开耙的时机主要根据饭面下15~20cm处的缸心温度以及当时的气温来决定。

开耙时的温度会显著影响最终酒的风味。如果开耙温度过高（如头耙温度超过35℃），酵母可能会过早衰老，导致其发酵能力下降，从而使得酒中残留较多的糖分，这样酿造出的黄酒口感偏甜，通常被称为"热作酒"。相反，如果开耙温度较低（如头耙温度不超过30℃），发酵过程会更加完善，酿造出的黄酒甜味较少而口感偏辣，被称为"冷作酒"。

在开始开耙后，热作酒的温度通常会下降大约10℃，而冷作酒的温度则会下降4~6℃。之后的各次开耙，温度下降幅度会相对较小。头耙和二耙主要根据温度来进行,而三耙和四耙则更多地依赖于酒醅的发酵成熟度。从四耙开始,每天需要搅拌 2~3 次,直到温度接近室温为止。通常,主要的发酵过程会在 3~5d 内完成,此时黄酒中的酒精含量通常达到 13%~14%。

⑥后发酵。黄酒的后发酵过程通常在酒坛中完成,该过程的目标是进一步将淀粉和糖分转化为酒精,同时通过发酵增加酒的香气,这个过程大约会持续两个月。开始时,在每个酒坛中添加 1~2 坛的淋饭酒母(这也被大家俗称为"窝醅")并充分混合。之后,将发酵缸中的酒醅均匀地分配到每个酒坛中,每个酒坛大约装 25kg,坛口会用一张荷叶封盖。

酒坛的堆放方式是每 2~4 坛堆成一列,通常放置在户外。为了防止雨水进入酒坛,最上层的坛口还会额外罩上一只小瓦盖。后发酵过程中的温度会随着自然温度的变化而变化。在气温较低的初期阶段,酒坛应堆放在向阳且温暖的地方。随着气温的升高,应将酒坛移至阴凉处。为了确保最佳的发酵效果,通常建议将品温控制在 20℃以下。

摊饭酒的整个发酵周期大约为 70~80d,结束后会进行压榨、澄清和加热处理。

7.3.1.2 喂饭酒

嘉兴黄酒是应用喂饭发酵技术的一个标志性产品。喂饭发酵技术既适用于传统的陶缸发酵,也非常适合大规模罐装发酵和浓醪发酵的自动化搅拌。此方法通过多次添加米饭进行发酵,一方面能够持续扩大酵母的培养规模,显著减少酒药的使用量(仅为淋饭酒母原料的 0.4%~0.5%);另一方面能够不断为酵母提供新的营养和氧气,确保其发酵活力充沛。此外,这种分批投料的方式还能有效降低发酵液中糖和酒精的浓度,从而减轻高渗透压和酒精对酵母细胞的压力。

（1）工艺流程。喂饭酒酿造工艺流程如图7-5所示。

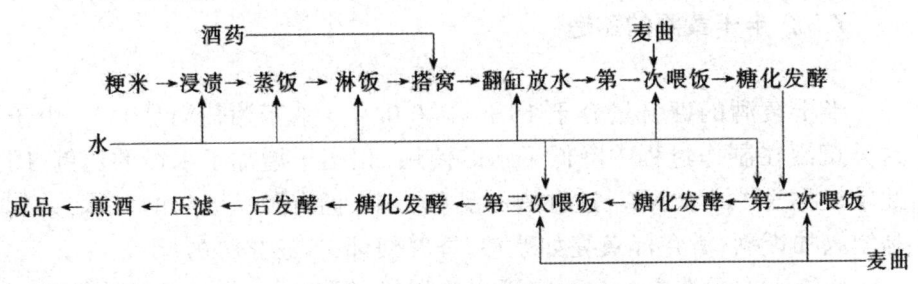

```
                  酒药                    麦曲
                   ↓                      ↓
粳米→浸渍→蒸饭→淋饭→搭窝→翻缸放水→第一次喂饭→糖化发酵
          ↑
          水

成品←煎酒←压滤←后发酵←糖化发酵←第三次喂饭←糖化发酵←第二次喂饭
                                                    ↑
                                                   麦曲
```

图7-5 喂饭酒酿造工艺流程

（2）工艺要点。

①浸渍。在大约20℃的室温下，将材料浸泡20~24h。浸泡完成后，用清水进行冲洗。

②蒸饭、淋饭。粳米喂饭酒的关键工艺是双重蒸煮与冷却，小量初始投料后大量补给。蒸煮后进行冷却，确保在拌入发酵剂时，物料温度保持在26~32℃。

③搭窝。将占原料总量0.4%~0.5%的发酵剂拌入，形成初步发酵堆，并保温发酵。经过18~22h后开始升温，24~36h后温度略有下降，此时开始产生酒液，温度大约在29~33℃。随后酒液逐渐增多，直至发酵成熟。成熟的酒液应充满发酵堆，颜色洁白如玉，散发出正常的酒香。

④翻缸放水。初步发酵48~72h后，当酒液的高度达到发酵物料高度的三分之二，糖度超过20%，酵母数量约为每毫升1亿个，酒精含量低于4%时，即可翻搅发酵物料并加入清水。加水量应控制在每100kg原料产生的总液体量为原料量的3.1~3.3倍。

⑤喂饭、发酵。翻搅后24h进行第一次补料，并加入糖化剂进行糖化。最佳补料次数为三次，其次为两次。初步发酵的原料与总补料原料的比例约为1:3。第一次到第三次补料的原料比例分别为18%、28%和54%。逐级增加补料量有利于发酵过程和酒的品质，确保发酵的顺利进行。

⑥灌坛后发酵。最后一次补料后36~48h，当酒精含量超过15%时应及时将酒液转移到坛子中进行后发酵。

7.3.2 半干黄酒的酿造

半干黄酒的糖含量介于 15.1 ~ 40.0g/L（基于葡萄糖计算）。由于这类黄酒在制作过程中降低了水的使用，相当于增加了米饭的比例，因此常被称为"加饭酒"。这种酒的品质上乘，拥有独一无二的风味，尤其是绍兴加饭酒，其色泽黄亮如琥珀，香气馥郁，口感格外醇厚。

加饭酒的酿造方法与元红酒大体相似，但关键差异在于初始投料时减少了水的添加，这使得搅拌过程更具挑战性。为了更好地混合物料，操作者通常会在搅拌的同时将已搅拌的物料转移至相邻的空缸中，这一步骤在业内被称为"盘缸"。此类酒的酿造多选择在寒冷的冬季进行，其入缸时的温度通常比元红酒低 1 ~ 2℃。值得注意的是，加饭酒常采用热作开耙技术。当主发酵阶段结束后，每缸酒会再添加 25kg 的淋饭酒醪和 5kg 的糟烧白酒以提升发酵效果，增加酒精浓度，并防止酸败现象。酒酿成后，通常需要经过 1 ~ 3 年甚至更长时间的陈放，以使酒更加成熟，香气更加浓郁，口感更加醇厚。

7.3.3 半甜黄酒的酿造

半甜黄酒的葡萄糖含量为 40.1 ~ 100g/L，其独特之处在于投料时以酒替代水，利用高度酒精来减缓酵母的发酵速度，使得酒液中保留有较多的糖分和其他风味成分。这种工艺赋予了半甜黄酒适中的酒精度、甜美的口感和独特的香气。绍兴善酿酒便是这种黄酒的佼佼者，它采用摊饭法制成，整体工艺流程与元红酒大致相同。但最为特别的是，在原料入缸时用陈年的元红酒替代了水。

7.3.4 甜黄酒的酿造

甜黄酒的葡萄糖含量超过 100g/L，通常采用淋饭法进行酿造。在完成一定程度的糖化和发酵之后，会添加浓度为 40% ~ 50% 的白酒或食用酒精，以减缓酵母的发酵过程，从而使酒液中保留较高的糖分。这种酒的生产并不受限于季节，但多数会选择在夏季进行酿造。绍兴香雪酒便是甜黄酒中的佼佼者。

7.3.5 新工艺大罐发酵酿造黄酒

新工艺与旧工艺在黄酒生产中各具特色,并在实践中优势互补。例如,为了提升黄酒的品质,在某些知名黄酒的制作过程中,除了使用纯种的熟麦曲,还会加入一定量的生麦曲,这是传统工艺的一部分。同时,传统生产工艺为了增强糖化发酵能力,也会加入一些酶制剂和黄酒活性干酵母。目前,在我国如绍兴、无锡等地,已经涌现出数家年产万吨以上的新工艺黄酒厂,为我国的黄酒产业树立了新的标杆。下面将以麦曲黄酒的新生产工艺为例来探讨黄酒大罐发酵的生产技术。

7.3.5.1 大罐发酵酿造黄酒的原料

粳米:100%;生块曲:9%;纯种熟块曲:1%;酒母醪:10%;清水:209%(包括浸米吸水、蒸饭吸水、落罐配料水);总质量:330%。

7.3.5.2 大罐发酵法酿造黄酒工艺

黄酒新工艺流程如图 7-6 所示。

7.3.5.3 操作方法

下面以杭州酒厂万吨车间生产粳米麦曲黄酒新工艺操作为例进行介绍。

1. 输米

将精选白米提升至高处的米贮存仓,以备置入浸米设备。气力传输的操作步骤如下:向水箱内注水,旋转联轴器数次,确认真空泵状态良好即可准备进行下一步;把大米搬运至加料口附近,在空料斗内加入大约 400kg 的大米;管理好卸料、进气和吸料三个阀门,确保管道系统的密闭性;开启进水阀门和抽气阀门;启动电机,观察真空表读数,当真空度达到 79993.2Pa(即 600mmHg)以上时开始吸料操作;调整二次进风，保持真空度在53328.8～59994.9Pa（即400～500mmHg），以确保大米的稳定传输；根据贮米仓的容量，每次传输16袋米（总计1600kg）后应停机。待贮米仓内的大米用尽后，再进行下一轮的传输，直至本班次的所有原料传输完毕；当吸料完毕后，继续吸风1min，以确保残余的大米被完全吸走；关闭进水阀门，开启进气阀门，然后停机。

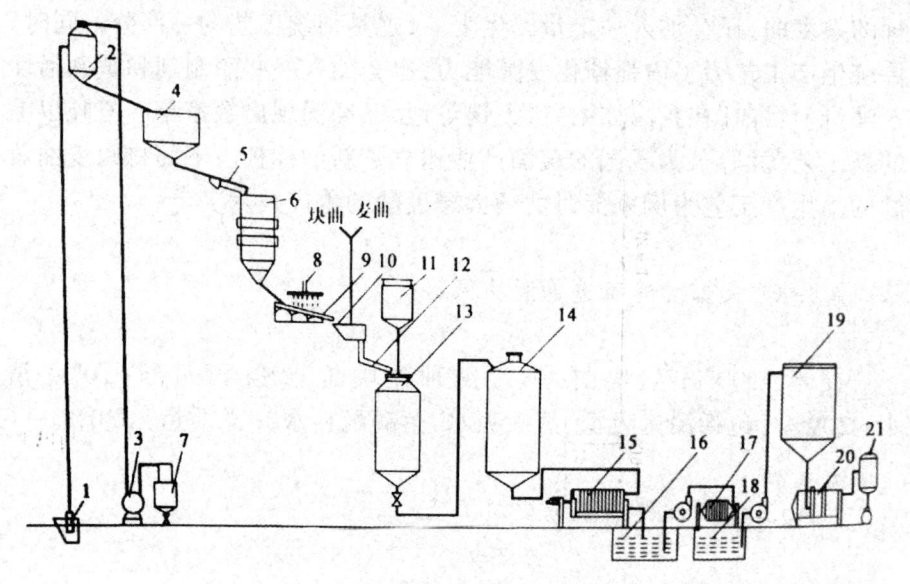

图7-6 黄酒新工艺流程图

1.集料；2.高位米罐；3.水环式真空泵；4.浸米槽；5.溜槽；6.蒸饭机；7.水箱；8.喷水装置；9.淋饭落饭装置；10.加曲斗；11.酒母罐；12.淌槽；13.前发酵罐；14.后发酵罐；15.压滤机；16.清酒池；17.棉饼过滤机；18.清酒池；19.清酒高位罐；20.热交换杀菌器；21.贮热酒罐

2.浸米

（1）浸泡要求。米浆水的酸度需超过0.3g/100mL（按照琥珀酸的含量来计算）；调节米浆水时，水面上应出现一层薄薄的白色膜；在25～30℃的水温下，通常需浸泡48h，确保大米的吸水率达到30%以上。

（2）浸泡步骤。在冲洗完浸米罐后，确保阀门紧闭，然后引入大约250kg的老米浆水，接着加入清水，直至水面高出米面10～15cm；浸泡室的温度应维持在20～25℃。同时，浸泡大米的水温应控制在大约

23℃。如果室温低于20℃,可以通过提高浸泡大米的水温来进行调节。

3. 洗米、淋米

(1)洗米的要求。需要彻底清除米中的黏性物质,以确保浸泡过程中米不会黏结成团;同时,必须将米浆彻底冲洗干净并沥干。

(2)操作流程。从浸米容器的表面,利用皮管抽取部分陈旧的米浆水,留待下一次浸泡大米时使用;把浸米容器的出口阀门与食品级橡胶软管相连接,将软管的头部放置在震动筛网上;开启浸米容器底部出口的自来水阀门,利用自来水冲击容器锥底部的米层,从而使米流出;打开浸米容器的出口阀门,让米流入振动筛的槽中。同时,打开用于冲洗大米的自来水阀门持续放水冲洗直至米浆被完全冲洗干净,并在振动筛的槽中沥干。只有在确保米已经完全沥干后,才能进行蒸煮。严禁带有浆水的米进入蒸饭设备。

4. 蒸饭

(1)蒸饭要求。饭粒应分明,外表稍硬而内部柔软,饭粒内部不应有白心,整体应疏松不糊,既要熟透又不能过烂,且整体均匀。对于米饭的出饭率,淋饭工艺应达到168%~170%,而风冷饭工艺应达到140%~142%。

(2)立式蒸饭机蒸饭操作区。在蒸饭之前,需要对淌饭机(即振动式淋饭和落饭的设备)、加曲机、落饭溜槽等相关器具使用沸水进行全面的消毒处理。

确保蒸饭机的蒸汽总管中的蒸汽压力维持在0.441MPa。接着,打开蒸汽阀门进行一次空排蒸汽,以提升蒸饭机的机体温度。

当米饭开始落入蒸饭机并且大约落入300kg时需要打开下层的中心气管和下汽室的蒸汽阀门,然后继续落米。

落米完成后,需要让米饭在蒸饭机内闷蒸10~15min,直到米饭完全熟透并满足蒸饭的要求。之后,再打开上层的中心管和上汽室的蒸汽阀门进行正常的蒸饭操作,即下层从唇形出口出饭,上层继续落米。

在蒸饭过程中,要严格控制蒸汽压力,通常中心管的蒸汽压力应维持在0.118MPa,而夹层的蒸汽压力应为0.059MPa。同时,根据米饭的软硬程度来适当调整蒸汽的用量。

大约每隔10min从唇形出饭口取出一些饭样,通过外观观察和手指碾压来检查米饭的成熟度。如果成熟度不够,应适当减慢出饭的速度。一般来说,投入2000kg的米,蒸饭过程大约需要1h。

5. 淋饭落缸

(1)控制指标。淋饭品温应随不同室温进行控制,落罐品温亦因室温而定。

(2)准备工作。前罐的灭菌可采取以下两种方法中的一种:

①漂白粉法:可以采用含有2%~4%漂白粉的水溶液来进行消毒处理,大约1h后需要用清水彻底冲洗。

②甲醛消毒法:对于一个$15m^3$的前酵罐,需要混合50g的高锰酸钾和100mL的甲醛,利用其产生的烟雾进行消毒。密封12~24h后,打开罐盖,排出甲醛气体,然后加入清水,为投料做好准备。接着需要准备好酒母,将酒母罐的出料口通过食品级软管连接到投料罐。此外还需要粉碎生麦曲,搓碎纯种熟麦曲,并按照配方进行精确计量,然后运送到加曲斗旁边。在投料的前酵罐中,需要先加入1t符合温度要求的配料用水,再加入50kg的块曲粉和120kg的酒母醪,这样可以确保米饭在落入缸中后立即开始进行糖化发酵。同时,要注意调节好水的温度和落罐的品温。通过这样的预备工作,可以确保后续的发酵过程顺利进行。

6. 冷却、落饭

(1)当熟饭从蒸饭机中出来时,需要同时执行以下操作:首先,开启淋水阀门,用水将热饭进行冷却处理;接着,启动振动落饭设备,确保冷却后的饭能够通过接饭口顺利流入前酵罐,同时打开温度和量都已预设好的水罐阀门,让配料水与饭同时均匀进入前酵罐;然后,通过加曲机添加块曲粉和纯种熟曲,并开启绞龙设备,使曲粉均匀撒在饭上并随之进入前酵罐。此外,还需打开酒母罐的出料阀门,让酒母缓慢且均匀地流入前酵罐。在整个过程中,我们必须确保落饭的温度、加入的水、曲和酒母的分布都均匀,同时要注意将饭团捣碎,以确保发酵的均匀性。

(2)投料完成后,需要用少量的清水冲洗掉黏附在罐口和罐壁上的饭粒等残留物,然后加上安全网罩,进行敞口发酵。

7. 前发酵

经 96h 的主发酵后,酒精含量要达 14% 以上,总酸在 0.35% 以下。根据开耙温度调控指南,在适宜的时间点开耙。初次开耙时,需确保中心区域畅通无阻,以促进自然对流和翻滚。在开耙过程中,应进行全面搅拌,确保上下四周都均匀混合,甚至将罐底的饭团也翻起,以实现整体翻滚效果。除了通过开耙来控制温度外,还需同时利用外围的冷水(大约 6℃)进行降温。经过 96h 的主发酵后,应将品温降低至 12～15℃,然后将其输入后发酵罐进行后酵过程。在此过程中,输送醪液的压力通常维持在 0.118MPa 左右,但最大压力不应超过 0.147MPa。

8. 后发酵

采用的压滤设备是板框式气膜压滤机。

在后发酵罐中,第 1d 需要每 8h 进行一次通气和搅拌,第 2～5d 每天进行一次通气和搅拌。从第 5d 开始,每隔 3～4d 搅拌一次,直到 15d 后停止搅拌。在整个后酵过程中,醪液的温度需要控制在 14℃ 左右,允许有 ±2℃ 的浮动。当发酵成熟后,酒醪中的酒精含量应达到或超过 15.5%,而总酸度应低于 0.4%。经过 16～20d 的后酵时间后即可进行压滤操作。

9. 压滤

(1)在操作之前,首先要对输醪泵进行检查并启动,确认其运转正常后才能进行下一步操作。

(2)在连接和安装好输醪管道之后需要打开压滤机的进料开关以及发酵罐的出料开关,然后启动输醪泵,将酒醪逐渐压入压滤机中(有些情况下,也可以先将酒醪打入高位槽,然后让其自流进入压滤机,直到酒液的流量开始减少,再进行加压过滤)。

(3)进料时的压力应控制在 0.196～0.49MPa 的范围内,进料时间大约为 3h(在进料过程中,必须确保酒醪被充分搅拌均匀)。

（4）当进料完成后,需要关闭输醪泵以及相关的开关。

（5）接着打开进气开关,初期的气压应设置为 0.392 ~ 0.686MPa,而到了后期,压力应调整到 0.588 ~ 0.686MPa。

（6）在向压滤机中加酒醪的时候需要检查混酒片的情况,一旦发现漏片,应立即使用容器接住,并做好相应的标记,这样在出糟的时候可以方便更换。

（7）进气大约 4h 后,酒基本上已经被完全榨出,这时就可以关闭进气开关,进行排气和松榨的操作,为出糟做准备。在出糟的过程中必须彻底清除酒糟,以防止其堵塞流酒孔。

单台机器在连续工作 12h 后,可以产出 1.35 ~ 1.4t 的酒,而且滤饼中的残酒率不会超过 50%。

10. 煎酒

煎酒设备可采用 BP2-d-HJ11 黄酒杀菌成套设备,技术参数如下。生产能力:5t/h;黄酒进口温度:10 ~ 15℃;黄酒出口温度:(90±2)℃;热水进口温度:95℃;蒸汽压力(进入减压阀前):490.33KPa（5kg/m^2）;蒸汽消耗量:0.8t/h;热水用量:15t/h;热水泵电动机功率:2.8kW;热水泵电动机转速:2880r/min;物料泵电动机功率:2.2kW;物料泵电动机转速:2880r/min。

第 8 章　黄原胶及单细胞蛋白的生产技术

黄原胶及单细胞蛋白的生产技术各具特色。黄原胶的生产主要通过发酵、分离、精制、干燥和筛分等步骤，最终将糖类原料转化为黄原胶。在发酵过程中，微生物将糖类转化为黄原胶前体物质，随后经过提取、洗涤、干燥和加工得到最终产品。而单细胞蛋白则是利用工农业废弃物和其他养分，通过大规模培养细菌、酵母、微藻等单细胞生物，进而获取其细胞质团中的蛋白质资源。这两种生产技术在原料来源、生产过程和产品应用上均有所不同，但都体现了现代生物技术在食品、医药等领域的重要应用。

8.1　黄原胶的生产

黄原胶是一种由甘蓝黑腐病野油菜黄单胞菌产生的高黏度水溶性微生物多糖，是通过需氧发酵制得的。黄原胶的特点包括：在各种天然增稠剂中黏度最高（低浓度即产生高黏度）而且稳定；能适应一般的加压蒸煮工艺过程；能适应食品范围内的 pH 值；在盐、糖溶液中能保持稳定；有很强的抗酶降解能力；有很好的悬浮及乳化稳定性；与食品中的各种添加剂及其他组分相容性良好；有很好的持水性，可保持食品水分；由于其假塑性，溶液易于泵送、灌注及倾倒，并有助于某些产品的赋形，形成良好的口感，例如，含有黄原胶的调味汁，如果晃动瓶子就很容易倒出，但在食品静置时就会增加黏度，从而使调味功能得到强化。因此，黄原胶广泛应用于面包、乳制品、冷冻食品、饮料、调味品、酿造食品、糖果、糕点、汤料和罐头等食品中作为稳定剂、乳化剂、悬浮剂、增稠剂和加工辅助剂。

8.1.1 主要原辅料及预处理

黄原胶的制造过程涉及多种因素,包括培养基的成分、环境条件(如温度、酸碱度、氧气含量等)、反应设备的类型以及操作模式(连续或间断)。常用的培养基有 YM 和 YM-T 两种,尽管两者产出的黄原胶量相当,但使用 YM-T 时,生长曲线会呈现明显的二次增长趋势。理想的碳源(如葡萄糖或蔗糖)浓度应控制在 2%～4%,过高或过低都不利于黄原胶的生成。氮源既可以是无机的,也可以是有机的。经验表明,以下配方较为理想:蔗糖 40g/L,柠檬酸 2.1g/L,硝酸铵 1.144g/L,磷酸二氢钾 2.866g/L,氯化镁 0.507g/L,硫酸钠 89mg/L,硼酸 6mg/L,氧化锌 6mg/L,六水氯化铁 20mg/L,碳酸钙 20mg/L,并通过加入盐酸(0.13mL/L)和氢氧化钠来调节酸碱度至 7.0。

8.1.2 主要微生物与生化过程

目前,黄原胶的生产技术已经相当成熟。其原料转化率高达 60%～70%,因此被国际期刊视为"标准产品",常用来衡量其他发酵产品的效率。生产黄原胶的关键微生物是野油菜黄单胞菌,这种细菌是多种植物(如甘蓝、紫花苜蓿等)的病原菌。它具有直杆形状,宽度为 0.4～0.7μm,拥有单根鞭毛,能够移动,属于革兰氏阴性菌,且需要氧气来生存。

8.1.3 加工工艺

黄原胶的生产流程:保藏菌种→斜面活化→摇瓶种子培养(或茄子瓶培养)→一级、二级种子扩大培养(种子罐)→发酵罐→发酵液→分离提取→烘干→粉碎→成品包装。

黄原胶的产出和质量深受发酵条件的影响,因此在工业实践中优化这些条件显得尤为重要。关键的发酵条件涵盖接种数量、温度控制、空气流通量等多个方面。

(1)接种量。在实验室规模的摇瓶发酵中,常用的接种量通常

第 8 章 黄原胶及单细胞蛋白的生产技术

低于工业生产中的接种量。具体而言，摇瓶发酵的接种比例通常在 1%~5%，而大规模生产的接种量则可能在 5%~10% 甚至更高。

（2）发酵温度。发酵时的温度不仅对黄原胶的产量有显著影响，还会对其分子结构产生影响。研究显示，较高的温度会促进黄原胶的生成，但会降低其侧链末端的丙酮酸比例。若目标是提高黄原胶的产量，推荐的温度范围是 31~33℃；若希望增加丙酮酸的含量，则应将温度控制在 25~31℃。综合考虑两者，大约 28℃ 的温度点被认为是最优选择。

（3）pH 值。中性 pH 值环境最适合黄原胶的制造。随着发酵过程的进行，酸性基团的数量会增加，导致 pH 值降至 5 左右。虽然维持适当的 pH 值对菌体的生长有益，但对黄原胶的产量没有直接显著的影响。

（4）供氧。由于黄原胶的生产过程需要大量的氧气，因此发酵过程中必须保证连续的氧气供应。实际生产过程中，由于发酵液的黏度较高，氧气的溶解和传递变得困难，这使得氧气供应成为限制黄原胶发酵的一个关键因素。在摇瓶发酵中，氧气的供应量主要取决于摇瓶的速度，通常保持在 200~300r/min。而在大型发酵罐中，氧气供应量约为 $0.6~1m^3/(m^3 \cdot min)$ 发酵液。实践表明，向发酵过程中通入纯氧，可以显著提高黄原胶的产量，增幅可达 40% 左右。

（5）发酵过程中碳源、氮源的调节与控制。在低氮源浓度条件下，随着氮源的增加，细胞密度和黄原胶的合成速度都会提升，从而提高黄原胶的产量。然而，在中等氮源浓度下开始发酵，虽然细胞密度和黄原胶的合成速度有所提升，发酵周期缩短，但由于细胞生长过快，消耗了更多的糖分，导致用于合成黄原胶的糖分减少，进而降低了黄原胶的产量。若能在发酵后期持续加入糖分，使糖浓度保持稳定，那么这些补加的糖分将主要用于维持细胞活性和黄原胶的合成，而非细胞生长，从而提高黄原胶的产量。然而，如果进一步提高起始氮源的浓度，虽然细胞密度会有所增加，但由于发酵液的黏度逐渐增加，降低了氧气的传递效率，那么会导致黄原胶的合成速度和产量均下降，这就是所谓的"氧限制"现象。

8.1.4 分离提取

经过发酵后，最终的发酵液中除含黄原胶（3% 左右）外，还有菌丝体、未消耗完的碳水化合物、无机盐及大量液体。黄原胶成品分食品级、工业级和工业粗制品级,生产不同用途的黄原胶,分离提纯方法不同。

经过发酵流程,所得的发酵液中除了大约3%的黄原胶外,还包含菌丝体、未完全消耗的碳水化合物、无机盐以及大量的液体成分。黄原胶的成品可以分为食品级、工业级以及工业粗制品级。针对不同用途的黄原胶,我们会采用不同的分离和提纯工艺。

(1)发酵液的初步处理方法。

①将发酵液使用浓度为6mol/L的盐酸进行酸化处理,随后加入工业级的酒精以促使黄原胶发生沉淀。

②先将发酵液进行适当的稀释,之后添加少量的乙醇进行预处理。通过离心的方式去除菌体,再次添加乙醇,使黄原胶从中沉淀出来。

(2)除杂法。通过离心、过滤或使用酶处理等方式可以先清除菌体和其他不溶性杂质,并对发酵液进行浓缩处理。

①过滤法。首先对液体进行适当的稀释,然后利用硅藻土进行过滤,这样可以有效地去除菌体。

②灭活+酶法降解。为了消除发酵液中的菌体,有多种可选方法。由于使用化学试剂可能会影响产品的丙酮酸含量,所以可以选择巴氏杀菌技术,该技术不仅能够有效杀菌,还能在一定程度上提升黄原胶的溶解度,降低溶液的黏性,为后续的离心或过滤操作提供便利。处理过程中的温度不能过高,以防黄原胶发生降解。通常将温度控制在80~130℃,维持10~20min,并确保pH值在6.3~6.9,以彻底杀菌。杀菌完成后可以使用中性蛋白酶来分解菌体,这样可以进一步降低黄原胶产品中的总氮含量。

(3)超滤浓缩法。黄原胶的发酵液在预处理去除菌体之后可以利用超滤技术进行浓缩处理,从而提升发酵液中黄原胶的浓度,这一步骤对于那些经过稀释和过滤处理的发酵液尤为重要。一般而言,将发酵液浓缩至黄原胶的浓度约为6%,接着再采用乙醇沉淀法进行提取,这种方法相较于直接使用乙醇沉淀法能够节省大约3~4倍的乙醇使用量。另外,发酵液在通过硅藻土过滤处理后也可以选择直接使用乙醇沉淀法进行提取,或者利用盐酸沉淀法来获取工业级别的黄原胶产品。

(4)沉淀分离法。沉淀黄原胶的方法包括添加盐类、酸性物质、可溶于水的有机溶剂,如乙醇或异丙基乙醇(IPG),或者综合应用这些方法。下面简要介绍目前生产上常用的几种主要沉淀分离技术。

第8章 黄原胶及单细胞蛋白的生产技术

①钙盐-工业酒精沉淀法。在酸性环境下,通过添加氯化钙与黄原胶反应,形成黄原胶钙凝胶状沉淀物(即盐析过程);随后加入酸性乙醇以去除钙离子,生成短絮状沉淀。过滤后,在沉淀物中加入乙醇,并使用氢氧化钾溶液调整pH值。

②有机溶剂沉淀法(一般用乙醇)。首先将发酵液用6mol/L的盐酸进行酸化,然后加入工业酒精使黄原胶沉淀。过滤后,沉淀物依次用工业酒精和10%的氢氧化钾进行洗涤和过滤,最后将所得黄原胶进行干燥、粉碎和过筛,即可得到成品。由于该方法直接使用盐酸和工业酒精进行酸化沉淀,并未去除菌体,因此只能生产出较为粗糙的工业级黄原胶。若要生产食品级黄原胶,则需在上述方法的基础上增加离心去除菌体的步骤,并进行多次乙醇沉淀和洗涤操作,以提升产品的纯度。

③絮凝法。有机溶剂沉淀法具有工艺简洁、产品质量优良的特点,且其工业化、规模化生产技术已经相当成熟,因此成为国内主要采用的分离提纯方法。该方法需要大量的溶剂,并需要配备溶剂回收设备,因此投资成本较高,生产成本也相对较大。但此方法的提取率能达到95%以上。

④直接干燥法。利用滚筒干燥或喷雾干燥等手段直接将发酵液进行干燥处理,便可得到工业粗制品级的黄原胶。由于该方法省略了分离提纯的步骤,因此所得产品的质量较低,主要适用于对黄原胶质量要求不高的工业应用场合,能够有效降低生产成本,提高生产效率。

⑤超滤脱盐法。通过利用现代分离技术,本方法实现了高分子黄原胶与小分子无机盐及水的精细超滤分离。在此流程中,黄原胶发酵液被浓缩至2.5%~5%,同时使无机盐的浓度由原先的10%锐减至0.5%~1%。随后,通过喷雾干燥进一步处理。与传统的直接干燥方法相比,此技术显著提升了产品质量,使其跻身至工业精制品之列。

⑥酶处理-超滤浓缩法。通过采用酶处理技术对发酵液进行处理,该方法能够将蛋白质分解,进而提高发酵液的清澈度,从而简化了离心过滤的步骤。在这个过程中采用碱性、酸性或中性蛋白酶在内的多种酶,或者使用复合酶进行协同作用。经过酶的处理后,发酵液的澄清度显著提升,氮含量也有所下降,同时过滤性能也得到了优化。特别是在微孔过滤中,过滤速度可以提升3~20倍,而且最终产品的质量也有了明显的提升。

⑦非醇低pH值提取法。在培养结束后,通过添加稀盐酸将pH值

调至2可以使得黄原胶沉淀,经过脱水和干燥处理可获得淡黄色的最终产品。在整个后续提取过程中完全避免了使用乙醇等有机溶剂。与传统的溶剂提取方法相比,这种方法显著降低了生产成本,因为它省去了溶剂回收、存储设备和防爆设施的需求,同时也减少了能源消耗,进一步简化了提取流程和生产车间的复杂性。

(5)沉淀物过滤及洗涤。对于已经处理并沉淀的产品,通常采取过滤的方式来实现其分离。过滤后所得的原始胶体往往掺杂了不少杂质,可以利用如乙醇溶液等对其进行初步的清洁处理。

(6)精制。要获取高品质的黄原胶,初步纯化后的进一步加工是不可或缺的。为确保产品能满足严格的质量要求和市场需求,必须对其进行深度精制。在这一过程中可以选择将黄原胶重新溶解,并通过超滤、沉淀、洗涤和再次分离等一系列步骤进行提纯,或者采用其他有效的精制方法,以达到所需的纯度标准。

(7)干燥、粉碎、筛分,成品包装。遵循GB 1886.41-2015《食品安全国家标准 食品添加剂 黄原胶》为满足客户对黄原胶品质的特定需求,经过提取和精制后的黄原胶需进一步经过干燥、粉碎、筛分和包装等工序,以制作出多样化的黄原胶产品。

鉴于黄原胶的高黏度特性,其干燥过程颇具挑战。目前,行业内普遍采用的干燥方法包括真空干燥、喷雾干燥、盘式连续干燥、滚筒干燥以及沸腾干燥等。其中,真空干燥方法因其简便性和广泛适用性,可用于生产各级别的黄原胶产品。而喷雾干燥法则无须对发酵液进行预处理和除菌,直接喷雾干燥,但所得产品可能含有较多杂质,色泽较深且黏度略低,一般适用于工业级产品的生产。对于食品级黄原胶的生产则常采用滚筒干燥和沸腾干燥等方法。

8.2 单细胞蛋白的生产

8.2.1 概述

单细胞蛋白(Single Cell Protein,SCP)又称"生物蛋白"或"菌体蛋白"，它是一种极具潜力的生物资源。它富含蛋白质，同时含有丰富的碳水化合物、核酸、脂质、无机盐、维生素和酶等多种营养成分。这些成分使得单细胞蛋白在多个领域具有广泛的应用价值，如作为饲料和食品成分，为畜牧业提供优质的营养来源，缓解粮食短缺问题；还可用于合成纤维、黏合剂等工业领域，推动相关产业的发展。此外，发展单细胞蛋白生产不仅有助于拓宽饲料来源，还能减少环境污染，促进畜牧业的可持续发展。因此，可以说发展单细胞蛋白生产是实现农业工业化的一条新途径，具有广阔的发展前景和重要的社会意义。

8.2.2 性质

单细胞蛋白是现代生物技术的杰出成果，它是一种通过人工培养单细胞生物（如细菌、放线菌、酵母菌、真菌和藻类等）所得到的蛋白质，具有丰富的营养价值和广泛的应用前景。它不仅可以作为食品和饲料，还可以用于医药、化工等领域，总之能为人类的健康和可持续发展作出重要贡献。随着生物技术的不断发展和应用，单细胞蛋白的生产和应用将会越来越广泛，逐渐成为推动农业工业化和可持续发展的重要力量。

（1）单细胞蛋白的蛋白质含量极高，且氨基酸组成非常合理，与动物蛋白相似，因此具有很高的营养价值。同时，它还富含脂肪、矿物元素和多种维生素，这些营养成分对动物的生长和发育至关重要，且易于被动物吸收利用。

（2）单细胞蛋白的安全性高。由于它是通过人工培养得到的，因此不存在病原菌和致癌物质的问题，确保了其作为食品和饲料的安全性。此外，单细胞蛋白的适口性好，能够满足动物对不同食物的喜好。

（3）单细胞蛋白的生产过程具有显著的环保和可持续性。菌体收量大且易于培养，可以实现连续发酵，从而大大提高生产效率。这种生产方式不仅减少了对环境的污染，还降低了生产成本，为食品工业和畜牧业提供了更加经济、环保的原料来源。

8.2.3 制法

单细胞蛋白的生产原料十分丰富，这些原料资源为单细胞蛋白的广泛生产和应用提供了坚实的基础。除了淀粉类原料、纤维素类原料和石油烷烃及其氧化衍生物外,还有一些其他类型的原料也常被用于单细胞蛋白的生产。

8.2.3.1 利用纤维质饲料生产单细胞蛋白饲料

我国是一个农业大国,每年产生大量的农林废弃物,如植物秸秆、壳类木屑等。这些废弃物中富含纤维素、半纤维素和木质素,但由于其复杂的结构和难以被动物直接消化吸收的特性,直接作为饲料利用率很低。通过生物技术手段将这些废弃物转化为单细胞蛋白饲料,不仅可以提高废弃物的资源化利用率,减少环境污染,还能为畜牧业提供优质的蛋白质来源,促进畜牧业的可持续发展。

1. 工艺流程

(1)原料准备。选择玉米芯作为原料,经过除尘和粉碎处理,得到适宜大小的颗粒。

(2)水解与中和。利用稀盐酸对玉米芯进行水解以破坏其结构,使纤维素和半纤维素转化为易于微生物利用的单糖和寡糖。水解完成后,用氨水进行中和,以调节 pH 值并去除残余的酸。

(3)成分调节。中和后的玉米芯水解液需要进一步调节成分,如加入磷酸盐等营养物质,以提供微生物生长所需的营养环境。

(4)菌种扩大培养。选用产朊假丝酵母作为生产菌种,通过斜面培养基活化、试管液体培养和三角瓶培养等步骤进行扩大培养,以获得足够的菌种数量。

(5)发酵。将扩大培养后的菌种接种到玉米芯水解液中,在适宜的温度(30～32℃)下进行发酵。通过摇瓶振荡培养,使菌种充分接触和利用水解液中的营养物质,进行生长和繁殖。

(6)离心与干燥。发酵完成后,通过离心操作将菌体与发酵液分离,然后对菌体进行干燥处理,去除多余的水分,最终得到饲料酵母产品。

2. 操作要点与注意事项

(1)菌种选择。产朊假丝酵母是一种高效的蛋白质生产菌种,能够

第 8 章 黄原胶及单细胞蛋白的生产技术

充分利用纤维素和半纤维素等复杂碳源进行生长和繁殖。

（2）水解条件。水解过程中要控制好稀盐酸的浓度、水解时间和温度等条件，以确保纤维素和半纤维素的有效转化。

（3）中和与调节。中和过程要迅速而均匀，以避免局部 pH 值过高或过低对菌种生长造成不利影响。同时，要根据菌种生长的需要调节水解液的成分和 pH 值。

（4）发酵条件。发酵过程中要控制好温度、摇床转速和通气量等条件，以促进菌种的生长和蛋白质的积累。

（5）产品质量。饲料酵母产品的质量和安全性是生产过程中的重要关注点。要通过严格的质量控制和检测手段确保产品的营养成分、纯度和安全性符合相关标准和要求。

8.2.3.2 利用工（农）业加工下脚料生产单细胞蛋白饲料

利用农业加工下脚料如酒糟、醋糟、麦糟、水果皮、糖渣等富含纤维质的原料生产单细胞蛋白饲料，不仅提高了这些废弃物的资源化利用率，还降低了饲料成本，同时增加了饲料的营养价值。

1. 工艺流程

（1）原料准备。选择麦糟作为原料，确保原料的清洁度和干燥度。

（2）盐酸水解。在常压下，使用一定浓度的盐酸对麦糟进行水解处理，通过搅拌确保水解均匀。这一步的目的是破坏麦糟中的纤维素和半纤维素结构，使其转化为单糖和寡糖，便于后续微生物的利用。

（3）调节 pH 值。使用氨水或其他碱性物质调节水解液的 pH 值，使其达到酵母生长的最适条件。pH 值的准确调节对于酵母的生长和蛋白质的合成至关重要。

（4）蒸煮与冷却。对调节好 pH 值的水解液进行蒸煮处理，以杀死潜在的病原菌和杂菌。蒸煮后迅速冷却至适宜的温度，通常为 30℃ 左右，以准备进行发酵。

（5）调节成分。在冷却后的水解液中加入一定量的磷酸盐等营养物质，以提供酵母生长所需的营养环境。

（6）发酵。将经过活化的热带假丝酵母菌种接种到准备好的水解液中进行发酵,在发酵过程中通过通入无菌空气提供充足的氧气,促进酵母的生长和蛋白质的积累。发酵时间通常为18h,但具体时间可能因菌种和原料的不同而有所调整。

(7)离心与干燥。发酵完成后,通过离心操作将菌体与发酵液分离。然后对菌体进行干燥处理,去除多余的水分,得到饲料酵母产品。

2. 操作要点

(1)菌种选择。热带假丝酵母是一种适合在较高温度下生长的酵母菌种,具有较高的生长速率和蛋白质生产能力。

(2)水解条件。盐酸水解的条件包括盐酸浓度、水解时间、温度等,需要根据原料的具体情况进行调整和优化。

(3)pH值调节。pH值的准确调节对于酵母的生长和蛋白质的合成至关重要。需要根据酵母的特性和原料的性质来确定最佳的pH值范围。

(4)发酵条件。发酵过程中的温度、通气量、搅拌速度等条件都会影响酵母的生长和蛋白质的积累,需要根据实际情况进行调整和优化。

(5)产品质量。饲料酵母产品的质量和安全性是生产过程中的重要关注点,需要通过严格的质量控制和检测手段来确保产品的营养成分、纯度和安全性符合相关标准和要求。

8.2.3.3 利用工业废液生产单细胞蛋白饲料

亚硫酸纸浆废液、酒精废液、味精废液均可用于生产单细胞蛋白。以纸浆废液为例。工艺流程如图8-1所示。

在利用产阮假丝酵母(*Candida utilis*)进行单细胞蛋白饲料的生产过程中,原料的预处理和发酵条件的控制是至关重要的步骤。产阮假丝酵母是一种高效的蛋白质生产菌株,它能够在多种碳源上生长,并有效地将碳源转化为蛋白质。这种酵母在单细胞蛋白饲料的生产中具有广泛的应用前景。

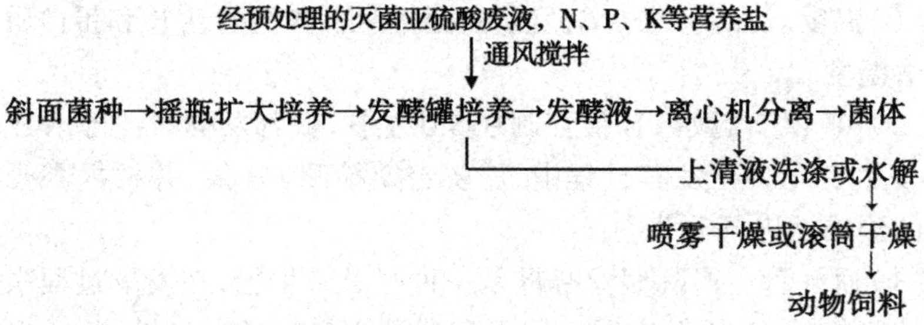

第 8 章 黄原胶及单细胞蛋白的生产技术

```
           经预处理的灭菌亚硫酸废液，N、P、K等营养盐
                        ↓ 通风搅拌
斜面菌种→摇瓶扩大培养→发酵罐培养→发酵液→离心机分离→菌体
                    └─────────────上清液洗涤或水解
                              喷雾干燥或滚筒干燥
                                    ↓
                                 动物饲料
```

图 8-1　利用工业废液生产单细胞蛋白饲料的工艺流程

1. 基质预处理

由于原料中可能含有抑制微生物生长的黑液残留化学物质，因此预处理步骤对于提高发酵效率和产品质量至关重要。

（1）去除亚硫酸盐。包括以下两种方法：

方法一：加入 2%～3% 的稀酸溶液，在常压下进行水解，以去除原料中的亚硫酸盐。

方法二：加入 0.5%～1% 的稀酸溶液，在加压条件下进行水解，这通常可以更有效地去除亚硫酸盐。

（2）去除糖醛等杂质。在完成亚硫酸盐的去除后，向水解液中添加石灰乳（氢氧化钙溶液）以中和剩余的酸，并调节 pH 值至 6.5～6.8。在此 pH 值条件下，水解液中的糖醛等杂质会沉淀或形成不溶物。静置一段时间，使杂质充分沉淀，然后通过过滤或离心的方式去除石膏和杂质。将中和液冷却至 30～40℃，备用。

（3）发酵基质灭菌。灭菌是确保发酵过程中微生物纯净生长的关键步骤。对于含有糖类的基质，过高的温度和过长的灭菌时间可能导致糖类物质的破坏，影响后续的发酵过程，因此通常采用实罐灭菌法，将基质加热至 121℃，维持 20min 左右。在灭菌过程中要确保加热均匀，以避免局部过热导致糖类物质的损失。

2. 发酵条件

在发酵过程中，温度、pH 值和通气量等因素对产阮假丝酵母的生长和蛋白质的合成具有重要影响。

（1）温度。控制在30℃恒温，这是产阮假丝酵母生长和蛋白质合成的最适温度。

（2）pH值。起始pH值控制在5.0左右，随着发酵的进行，pH值可能会发生变化。在发酵过程中，需要定期检测pH值，并根据需要添加适量的酸或碱进行调节。

（3）通气量。产阮假丝酵母是一种好氧微生物，在发酵过程中需要充足的氧气供应，因此需要确保发酵罐具有良好的通气性能，并根据需要调整通气量。

通过严格控制基质预处理、灭菌和发酵条件等步骤可以确保产阮假丝酵母在单细胞蛋白饲料生产中的高效利用，从而生产出高质量、高营养价值的饲料产品。

第 9 章 新型发酵食品及新型发酵技术

随着科技进步和消费者需求变化,新型发酵食品和技术正逐渐成为食品科学的前沿。本章将概述粮油发酵饮料、发酵食品添加剂、微生物油脂等多种新型发酵食品,并探讨新型发酵技术的应用与发展。这些创新不仅为食品工业注入了新活力,也满足了人们对健康饮食的期待。

9.1 新型发酵食品

9.1.1 粮油发酵新型饮料

粮油原料,如粮谷和油料植物种子,不仅可直接用于发酵生产饮料,其胚乳、胚芽以及粮油加工的副产品也都可以作为生产饮料的宝贵资源。通过生物发酵或酶分解等工艺,可以制作出多样化的饮料。

9.1.1.1 谷物胚类发酵饮料

谷物胚类发酵饮料是采用各种谷物的胚芽(如小麦、黑麦、燕麦、玉米等谷物加工后留下的胚芽部分)作为核心原料,然后通过精心挑选合适的菌种进行发酵而酿造出的风味独特的饮料。这类饮料因为以谷物胚芽为原料,所以富含不饱和脂肪酸、脂溶性维生素,以及丰富的胚乳蛋白、粗纤维和各种微量元素,营养价值相对较高。

小麦胚芽富含必需氨基酸、不饱和脂肪酸、维生素和微量元素,以小麦胚芽为基础加入蔗糖和牛奶,经乳酸菌发酵可制成营养高、风味独特的小麦胚芽发酵饮料。

（1）工艺流程。小麦胚发酵饮料工艺流程：小麦胚→灭酶、钝化→磨浆→调配→杀菌→接种→发酵→调配→均质→灌装→杀菌→成品。

（2）工艺要点。

①原料。选择纯净的小麦胚芽作为原料，去除其中的麸皮和杂质，确保麦胚的纯度超过85%。

②灭酶、钝化。使用100℃的蒸汽或进行煮沸处理5～10min，以抑制脂肪氧化酶并减少蛋白质的变性。

③磨浆、调配。将麦胚浸泡后研磨成浆，随后加入蔗糖、牛奶（或奶粉）、甜味剂和稳定剂进行混合。

④杀菌。采用间接蒸汽加热方式，于100℃下处理10～20min以确保无菌。

⑤接种。待料液冷却至40～43℃时，按比例1∶1接种保加利亚乳杆菌和嗜热链球菌，接种总量控制在5%～7%。

⑥发酵。在41～45℃的最佳温度下培养乳酸菌4～6h，随后在5～8℃的环境中放置24～36h。

⑦调配、均质。根据口味需求可添加果汁、可可粉及香料进行调味，然后进行二次均质，均质压力设为25MPa，温度控制在70～80℃，以确保产品的细腻度。

⑧杀菌。在121℃下进行10min的灭菌处理。

经过乳酸菌发酵后的小麦胚芽饮料口感酸甜适中，香气宜人，同时保留了麦胚中的丰富营养，是一款营养价值极高的饮品。

9.1.1.2 胚芽类发酵饮料

谷物胚芽发酵饮品以大麦、小麦、黑麦、燕麦、稻谷、玉米胚芽为原料，当这些谷物的芽长至谷粒的1.5～2倍时（酶活性最高），经干燥去根并粉碎。随后，用温水浸提或加淀粉酶糖化，获得浸出物或糖化液，再选择乳酸菌或酵母等菌种发酵，制成风味独特、口感宜人的饮品。

麦芽汁营养丰富，是优质饮料原料，但其特有气味可能限制冷饮生产。通过乳酸菌发酵可去除异味并增添香气，从而制成乳酸菌发酵麦芽汁饮料，也可利用酵母菌或酵母与乳酸菌混合发酵，制出更多种类饮料。

第9章　新型发酵食品及新型发酵技术

1. 乳酸菌发酵麦芽汁饮料

利用乳酸菌对麦芽汁和果汁进行发酵所得到的饮品不仅散发着大麦麦芽的清新香气，还融合了果实的甜美芬芳。此饮品内含丰富的游离氨基酸、糖类、有机酸、维生素以及多种微量元素，对于促进食欲、增强脾胃功能以及调节肠胃都有显著益处。

（1）工艺流程。乳酸菌发酵麦芽汁复合饮料工艺流程：麦芽汁（与果汁混合）→杀菌→冷却→（菌种多次活化→母发酵剂→工作发酵剂→）接种→前发酵→后发酵→过滤→调配→杀菌→冷却→成品。

（2）工艺要点。

①浸麦。大麦需在水中浸泡，温度保持在13～18℃。采用断续浸泡法，总计浸泡时间应在20～34h。

②催芽。将浸泡好的大麦堆积，控制温度在33℃以下。当麦芽长至麦粒的2/3～3/4时，进行下一步。

③干燥。使用30℃的干燥空气使麦芽根芽枯萎，再用40～80℃的热空气继续干燥，直至麦芽水分降至3.0%～4.0%。之后去除根部，得到半成品。

④制取麦芽汁。将麦芽粉碎，加入63～70℃的热水提取，麦芽自身的酶系统会进行糖化，产生麦芽浸出液。过滤后得到麦芽汁，建议浓度为5%～18%。

⑤接种。选用合适的菌种，如保加利亚乳杆菌、干酪乳杆菌或粪肠球菌。

⑥发酵。发酵条件根据菌种不同而调整。使用保加利亚乳杆菌时，37℃下发酵20～24h；而干酪乳杆菌或粪肠球菌则在35～37℃下发酵70～72h。确保pH值维持在4.0～4.5。

⑦过滤。发酵完成的麦芽汁可能呈白色浑浊状，可直接饮用或过滤去除菌体以获得清澈饮品。

⑧配制。根据口味需求，可进一步浓缩、加糖、调味或充入二氧化碳。浓缩可采用反渗透或真空浓缩技术，干燥则可以使用喷雾干燥法。

2. 增香酵母发酵麦芽汁饮料

这种饮料以麦芽汁为基础,可结合果蔬汁或乳清酶解物,通过特定酵母进行发酵,精心酿造成低醇饮料(酒精浓度低于 1%)。饮品巧妙融合了麦芽汁、果蔬汁及乳清酶解物的多元营养,因此不仅营养丰富,还散发出由原料与发酵过程共同形成的独特而复杂的香气。增香酵母发酵麦芽汁饮料工艺流程如图 9-1 所示。

发酵←接种←冷却←杀菌←麦芽汁←果蔬汁或乳清酶解物
├调配 → 灌装 → 成品
├过滤 → 调配 → 灌装 → 成品
└浓缩 → 干燥

图 9-1 增香酵母发酵麦芽汁饮料工艺流程

9.1.1.3 谷物发酵饮料

谷物发酵饮料是以谷物(如小麦、黑麦、燕麦、大米、糙米、玉米等)为原料,选取适宜菌种发酵酿制而成的一类饮料。下面以燕麦充气发酵饮料为例说明其制作方法。燕麦作为一种营养丰富的谷物,包含矿物质、维生素 E、B_1、B_2 以及膳食纤维等多种有益健康的成分。它对高血脂、高血压、肥胖症及便秘等问题有一定的辅助治疗效果。下面以燕麦为原料,介绍一种充气发酵饮料的制作流程。

(1)工艺流程。燕麦充气发酵饮料工艺流程:燕麦→去皮→粉碎→液化→糖化→过滤→(发酵剂→)发酵→精滤→冷却→充气→装瓶→成品。

(2)工艺要点。

①燕麦汁的制备。将燕麦进行浸泡然后研磨成浆,之后进行液化和糖化,接下来通过过滤获得燕麦糖化汁液。最后按照糖化汁与水的比例为 1∶1.5 进行稀释,从而得到所需的燕麦汁液。

②燕麦汁的乳酸发酵。选取适合酸奶制作的乳酸菌菌种并使用燕麦汁进行适应性培养,以获得专门用于生产的发酵剂。将这种发酵剂以

5%的接种量加入燕麦汁中,并添加8%的蔗糖,再在42～43℃的温度下培养大约6h。

③燕麦发酵饮料的调制。发酵完成后,对饮料原液进行过滤处理,以获得清澈透明的原液;加入适量的白糖和蜂蜜进行调味;在冷却后,按照原液与水的比例为1∶1混合加入已净化且无菌的碳酸水,再进行装瓶和压盖。

9.1.1.4 油料植物种子类发酵饮料

油料种子发酵饮品是以大豆、核桃、花生等油料植物种子为原料,并借助特选的乳酸菌进行发酵而制成的饮品。下面以核桃与花生为基础的发酵乳饮料为例来介绍其制作方法。通过乳酸菌发酵,此饮品不仅营养丰富,而且风味特别,更易于人体吸收。

(1)工艺流程。发酵型核桃花生乳饮料工艺流程如图9-2所示。

核桃仁 → 浸泡 → 去皮 → 磨浆 → 过滤 → 核桃浆
花生仁 → 焙烤 → 去皮 → 浸泡 → 磨浆 → 过滤 → 花生浆 ⎫→ 混合
鲜乳 → 检测 → 过滤 ⎭
                                                    ↓
成品 ← 成熟 ← 发酵 ← 灌装 ← 接种 ← 冷却 ← 杀菌 ← 过滤 ← 均质 ← 调配
                                                    ↑
                                              甜味剂、乳化剂、稳定剂

图9-2 发酵型核桃花生乳饮料工艺流程

(2)工艺要点。

①核桃浆的制备。将核桃仁浸泡在热水中约20min,用7%的氢氧化钠溶液煮沸5min,之后用清水彻底冲洗;将去皮的核桃仁放入0.36%～0.38%的盐酸中浸泡10min,并再次用清水冲洗;将处理过的核桃仁与60℃的温水以1∶4的比例混合,然后进行磨浆和过滤,从而得到核桃原浆。

②花生浆的制备。将花生放入120℃的烘箱中烘烤17min后进行去皮处理,用60℃的温水浸泡花生4h;将浸泡好的花生与约80℃的热水以1∶1的比例混合进行磨浆;使用0.01%的氢氧化钠溶液调整花生浆的pH值,并通过过滤得到花生原浆。

③鲜乳处理。对经过检验合格的鲜乳进行过滤处理,然后根据需要

加入适量的脱脂奶粉以调整鲜乳的固形物含量。

④混合。将核桃浆、花生浆和鲜奶按照1∶5∶4的比例进行均匀混合。

⑤调配。将甜味剂、稳定剂和乳化剂分别溶解在蒸馏水中,然后将这些溶液加入之前混合好的液体中。

⑥均质。将调配好的混合液在20～30MPa的压力下进行均质化处理,以确保其质地均匀。

⑦杀菌、冷却、接种。将混合液在90℃下进行杀菌处理,持续20min;随后,迅速将液体冷却至42～45℃;最后,向冷却后的液体中接种4%的生产发酵剂。

⑧分装、发酵。将接种后的乳液分装,并在44℃的生化培养箱中进行发酵,持续4h。

⑨冷却、后熟。从培养箱中取出发酵好的产品,迅速将其冷却至10℃以下;然后将产品放入2～5℃的冰箱中存放12～24h进行后熟处理,最终得到成品。

9.1.2 发酵法生产食品添加剂

随着国际食品添加剂标准的提升,以发酵方式取代化学合成法生产食品添加剂已成为行业发展的重要趋势。

9.1.2.1 葡萄浆

葡萄浆是一种新兴的高果糖浆,近年来它在食品行业中占据了重要地位,成为一种不可或缺的增甜成分。其独特的甜味达到了蔗糖甜度的1.5倍,因此在糖果、糕点和各类饮料的制作中备受欢迎。更值得一提的是,葡萄浆中的果糖在人体内的代谢过程并不依赖于胰岛素,同时它也不易被口腔细菌利用,有助于减少蛀牙的风险。这使得葡萄浆成为糖尿病患者和儿童的理想选择。

玉米酶解生产葡萄浆工艺流程:玉米淀粉乳→(液化酶→)液化→(糖化酶→)糖化→脱色→离子交换→异构反应→离子交换→脱色→蒸发浓缩→葡萄浆。

第9章 新型发酵食品及新型发酵技术

9.1.2.2 植酸

肌醇六磷酸酯,也被称为"植酸",是B族维生素的一种形式。它主要以米糠、玉米等为原料,并借助先进的科技手段进行提纯和浓缩。这种物质在食品工业中有多重应用,如作为抗氧化剂、防腐剂、发酵促进剂和螯合剂,被誉为一种出色的环保食品添加剂。

植酸的原材料主要来自玉米和米糠,同时使用的化工辅料包括工业级的氢氧化钠、盐酸、硫酸,以及各种离子交换树脂、脱色树脂和分析纯活性炭。其生产废水是氢氧化钠、盐酸和硫酸的中和物,这种废水的pH值是中性的,对环境无害。

下面以玉米淀粉厂产生的废弃物植酸钙(菲汀)为原料,简要介绍三种植酸的生产流程。

(1)传统型。传统型植酸的生产工艺流程:菲汀→酸溶→过滤→中和→洗涤(反复)→酸化→过滤→阳离子交换柱→浓缩→脱色→成品检测→包装。

(2)新工艺。此工艺主要利用新型树脂进行杂质的去除和脱色等步骤。植酸生产的新工艺流程:菲汀→酸溶→过滤→阴离子交换柱→阳离子交换柱→脱色(树脂)→浓缩→成品检测→包装。

(3)与现代纳米技术相结合。其生产工艺流程为:菲汀→酸溶→过滤→超滤膜(纳滤膜)过滤(反复)→阳离子交换柱→脱色(树脂)→浓缩(或用纳滤膜浓缩)→成品检测→包装。

9.1.2.3 食品风味物质

食品调味成分的工业化制品主要涵盖了香气剂、酸味剂、鲜味提升剂等,这些成分是构成食品味道的关键要素,对食品的整体品质有着显著影响。

(1)微生物产生的香气剂。在酒类、发酵调味品、乳制品、面食等传统发酵食品中,微生物对风味的形成起到了至关重要的作用。不同的微生物种类、发酵环境和原料都会导致最终风味的差异。下面是一些由微生物产生的代表性香气物质。

①异戊二烯类化合物。这类化合物散发出香精油的独特香气,其基

本单位是五碳异戊二烯,结构多样,包括开链、闭链、环状、饱和或不饱和形态。大多数产生这类化合物的微生物属于真菌,如子囊菌、特定的酶类以及生香酵母等。

②内酯类。它们散发出果味、椰子香、奶油香、可可香和坚果香等,是食品香味的重要组成部分。微生物能产出具有特定旋光性的内酯,其品质优于化学合成的内酯。

③酯类。这些化合物是水果香气的主要成分。科学家们早在100多年前就发现了这类果味酯,并开发出了利用微生物生产它们的方法。

④含氮杂环化合物。这类化合物是热处理食品的典型香气成分,散发出咖啡香、巧克力香、爆米花香、坚果香和香蕉香等,被广泛用于国际香料中。例如,牛肝菌和某些发酵微生物如谷氨酸棒状杆菌、枯草杆菌等都能产生这类香气物质。

⑤双乙酰化合物。这种化合物是发酵乳制品中奶油香味的关键成分,能够产生双乙酰的微生物包括葡聚糖明串珠菌、嗜柠檬酸明串珠菌和乳酸链球菌亚种等,它们在柠檬酸盐的培养环境中产出双乙酰。

⑥蘑菇香气剂。蘑菇香味主要来自不挥发的谷氨酸等成分。营养丰富的蘑菇提取物调味料在国际市场上广受欢迎。

⑦酶转化的风味物质。利用酶促反应可以将风味前体物转化为特定的风味物质,或可以直接合成和提取风味物质,以增强食品的风味或掩盖不良气味,这是当前食品风味生物技术的研究焦点。由于酶具有强大的催化能力和对反应的选择性,食品原料中的蛋白质、脂肪、碳水化合物和核酸等成分都可以通过特定的酶促反应转化为独特的风味物质,这一领域具有广阔的发展前景。

(2)微生物鲜味剂(食品增味剂)。食品增味剂旨在通过增添或强化食物的味道来提升食品的整体风味,这种成分在食品行业中占据举足轻重的地位,尤其在推动新产品的研发和行业快速发展中发挥了不可或缺的作用。目前市场上使用的食品增味成分种类繁多,且还在不断扩展中,不过尚未有统一的分类准则。通常,可以根据其来源或化学成分进行分类。从源头上,它们可以分为动物性、植物性、微生物性和化学合成增味成分。从化学成分来看,它们又可以分为氨基酸类、核苷酸类、有机酸类及复合增味成分等。这些增味剂并不会改变酸、甜、苦、咸等基本味道或其他风味的感知,而是使每种味道的特性更加鲜明,从而提升食品的整体口感。

第9章 新型发酵食品及新型发酵技术

食品增味成分能够凸显食物原本的自然风味,是许多食品的基本味道组成部分。在我国,已经获得批准使用的食品增味成分包括 L- 谷氨酸钠、5'- 鸟苷酸二钠、5'- 肌苷酸二钠等多种物质,此外还有动植物水解蛋白和酵母提取物等。

借助基因和细胞工程技术可以培养出新型原料和优质菌株,这些原料和菌株是生产鲜味调料所必需的。目前,为了强化调味品的鲜味,常用的方法是利用蛋白酶水解技术,从动植物蛋白、酵母和鱼贝类中提取浓缩浸膏。这些提取物被用于生产更先进的鲜味调料,它们不仅能显著提升鲜味,还能增加食物的风味和营养价值。酵母提取物作为一种新型的氨基酸调味剂,含有高浓度的肌苷酸和鸟苷酸,味道特别鲜美,能有效提升肉味,并协调动植物蛋白水解物的鲜味。此外,还可以运用生物技术,如植物组织培养、微生物发酵和微生物酶转化等方法来生产新型食品增味成分。

9.1.2.4 微生物色素

微生物生成的色素作为其生命活动的副产品是通过其独特的发酵过程产生的。这种生产方式的优势在于其具有稳定性,不会因季节、地理环境和气候的变化而受到影响,从而便于进行大规模的工业化生产。这些微生物的"食物",也就是人们通常所说的培养基,主要以植物淀粉为主,这种材料来源广泛且价格低廉,从而使得微生物色素的生产成本相对较低。正因如此,微生物色素被视为一种优质的天然色素来源,并拥有巨大的发展潜力。在现有的科研文献中可以看到多种微生物色素的研究案例,如利用红曲霉菌生产红色素和黄色素,通过红酵母来获取虾青素,以及利用霉菌等其他微生物生产 β- 胡萝卜素等。这些实践案例充分展示了微生物色素研究的多样性和实用性。

9.1.3 微生物油脂

9.1.3.1 微生物油脂的概念

微生物油脂又被称为"单细胞油脂"(Single Cell Oil, SCO),是在特定环境条件下,由酵母、霉菌和藻类等微生物通过转化碳水化合物并储存在其细胞内的油脂。这种油脂主要由不饱和脂肪酸构成的甘油三酯组成,其脂肪酸成分与常见的植物油如菜籽油、棕榈油、大豆油等极为相似,尤其以 C16 和 C18 脂肪酸为主。由于富含不饱和脂肪酸,微生物油脂在医药、食品、化妆品和饲料等多个领域均展现出广泛的应用潜力。鉴于微生物的短生长周期、易培养以及高不饱和脂肪酸含量等特点,利用微生物生产不饱和脂肪酸已成为当前研究的焦点。

9.1.3.2 微生物油脂的生产工艺

微生物油脂生产工艺流程:筛选菌种→菌种扩大培养→收集菌体→干菌体预处理→油脂提取→精制。

(1)生产油脂菌种的筛选。选择产油微生物时需要按照一定的要求,如应选择能够产生 γ- 亚麻酸或油脂含量高的菌株。理想的产油菌株应具备高油脂积累、高油脂生产率、良好的安全性和风味、快速的生长速度、强抗污染能力等特性。酵母、霉菌、细菌和藻类等微生物均可用于生产油脂,其中真核微生物如酵母、霉菌和藻类能合成与植物油相似的甘油三酯,而细菌则能合成特殊脂类。

(2)微生物油脂的生产原。随着工业生物技术的进步,微生物油脂的发酵原料和工艺不断革新。多种原料均可作为微生物生长的发酵培养液,且开发廉价原料成为研究热点,如工业废弃物、农作物秸秆、高糖植物以及能源作物等。

(3)菌体培养。不同微生物的油脂含量和成分各异,培养条件如碳源、氮源、温度等因素均会影响微生物的产油量和油脂成分。微生物培养可采用液体、固体或深层培养法,研究真菌的发酵条件和工艺对优化菌种发酵条件至关重要。

(4)油脂的提取和精制。通常情况下,可以采用压榨法或溶剂萃取法来提取微生物中的油脂。但由于真菌油脂大多被包裹在菌体细胞内部,为了获取更高的提取效率,在提取真菌油脂时需要对菌体细胞进行特定的处理。

目前,对菌体进行处理以提高油脂提取率的方法主要有以下四种:一是将干燥的菌体与沙子混合后共同研磨至粉碎;二是通过稀盐酸进行处理,例如,将酵母与稀盐酸一起加热煮沸,这样可以使细胞快速分解,从而高效地获取油脂;三是采用自溶法,即将酵母在50℃的环境下保温2~3d,待其自行消解后再进行油脂的回收;四是利用乙醇或丙酮来使与油脂结合的蛋白质发生变性,进而分离出油脂。

9.1.4 功能性食品

功能性食品是指在某些食品中融入了特定的有益成分,这些成分能够对人体的生理功能产生积极影响,从而实现食品和医疗的双重效果。这类食品不仅营养丰富,还具备保健和治疗功能,有助于人们保持健康和延长寿命。因此,功能性食品在保健食品行业中逐渐成为主流,代表了行业发展的必然趋势。其中,利用发酵工程技术生产的功能性食品和成分备受关注,如多不饱和脂肪酸、新型糖类、糖醇、益生菌等。

9.1.4.1 多不饱和脂肪酸

(1)二十碳五烯酸和二十二碳六烯酸。这两种物质属于 $\omega-3$ 系列不饱和脂肪酸,在海洋生物中普遍存在,对人体健康至关重要,特别是对心血管疾病的防治有显著效果。除了对心血管的益处,它们还具有抗炎、抗癌等多重功效。过去,这些脂肪酸主要从海洋鱼类及其油脂中提取,但含量和稳定性受多种因素影响。海洋藻类和某些微生物也是这些脂肪酸的天然生产者,因此被认为是商业化生产的可行替代来源。

这些不饱和脂肪酸的生物合成途径涉及链的延长和脱饱这两个关键酶反应。近年来,通过微生物发酵法生产这些脂肪酸的研究取得了显著进展,已有商业生产案例。当前的研究重点包括筛选高产菌株、优化发酵工艺以及开发高效的提纯技术。

(2)α-亚麻酸。α-亚麻酸(ALA)即全顺式9,12,15-十八碳三烯酸,是一种对人体至关重要的不饱和脂肪酸,具有多种生理功能。研究表明,它在一定程度上可以抑制肥胖,具有抗过敏和抗炎作用,还能促进大脑和视觉发育。某些添加剂富含α-亚麻酸,可以提高乳制品的质量。这种脂肪酸主要存在于藻类、深海鱼和虾贝类中。

(3)γ-亚麻酸。γ-亚麻酸是人体必需的不饱和脂肪酸,对脑组织的生长发育尤为重要。它具有显著的降血压和降血脂功效,可以通过特定的霉菌菌株经液体深层发酵法制备。

随着现代生物技术的不断发展,利用基因工程等手段对微生物进行改良,以及发酵工艺和下游分离提纯技术持续进步,微生物发酵法生产这些不饱和脂肪酸的前景十分广阔。

9.1.4.2 新型低聚糖

功能性甜味剂是一类可以调节人体生理功能、增强身体抵抗疾病能力且能预防和治疗多种健康问题的甜味物质,同时也适合有特殊生理需求的人群食用。在这些功能性甜味剂中,新型低聚糖占据着重要的地位。低聚糖也被称为"寡糖",是由 2~10 个单糖分子通过特定的化学键连接而成的糖类。这种新型低聚糖除了具有低热值、耐酸性、优良的保湿性能等物理化学特性外,还对人体有着非常重要的生理调节作用。目前市场上已有的功能性低聚糖产品种类繁多,如耦合糖、帕拉金糖、环糊精、低聚果糖等。近年来,一些常见的多糖以及它们经过降解后得到的低聚糖也受到了广泛的关注,这些都可以通过发酵工艺来生产。

通过发酵技术,可以有效地制备这些具有特殊生理功能的新型低聚糖,为人们的健康提供更多的选择和保护。这种生产方法不仅高效,而且对环境友好,有望成为未来功能性食品生产的主流方式。

9.1.4.3 大型真菌

功能性的核心成分常常源自珍贵的中药材,如灵芝、冬虫夏草、茯苓等既可用作食材又有药用价值的真菌。这些真核微生物富含能够调节人体免疫功能、抗击癌症或肿瘤、延缓衰老的活性成分,因而成为开发功能性食品的关键原料来源。一方面,可以直接从自然界采集这些具有药用价值的真菌,用于研制功能性食品;另一方面,可以借助发酵技术实现工业化规模的生产,从而大量获取这些珍稀成分。目前,灵芝、冬虫夏草等药用真菌的发酵培养技术已经取得显著成功。通过发酵工艺生产这些真菌中的有效成分并按照科学比例添加到功能性食品中,必将赋予这些食品独特的健康功效。

9.1.4.4 超氧化物歧化酶

超氧化物歧化酶(SOD)是一种在多种生物体内普遍存在的金属酶。它的主要功能是清除体内的超氧阴离子自由基,并在清除自由基与维持机体内环境稳态中发挥关键作用。SOD对于保护生物体、延缓衰老以及疾病治疗都具有显著效果。这种酶在动植物以及微生物的细胞中都能找到。

由于从动植物,特别是动物血液中提取SOD的来源相对有限,而微生物因其可以大规模培养的特点而显示出巨大优势。因此,通过微生物发酵法来制备SOD具有非常实际的意义。目前,能够用于生产SOD的微生物种类包括酵母、细菌和霉菌等。这种方法不仅提高了SOD的生产效率,还为SOD在功能性食品和医药领域的广泛应用提供了有力支持。

9.1.5 发酵法生产维生素

维生素在医药、精细化工、饲料及食品加工等多个产业领域中都有着广泛的应用,可以作为药品、营养补充剂、饲料和食品的添加剂。至今,已被广泛认可的维生素共有13种。其中,脂溶性的有维生素A、D、E和K;而水溶性的则包括维生素B_1、B_2、B_6、B_{12}、泛酸、烟酸、叶酸、生物素以及维生素C。此外,还有若干被称为类维生素的物质,如生物类黄酮(也被称作维生素P)、脂肪酸(维生素F)、胆碱、肉碱以及辅酶Q等。中国在维生素生产领域已积累了70余年的丰富经验,现已成为全球少数几个能够全面生产所有维生素种类的国家之一,同时也是全球维生素生产的重要基地。

9.1.5.1 豆渣发酵生产核黄素

核黄素也被称为"维生素B_2",是一种具有热稳定性的水溶性维生素。它对光线极为敏感,暴露在阳光下会遭受严重损失,同时极端的酸碱环境也会导致其分解。动物性食品中核黄素的含量较为丰富,而植物性食品中的含量则相对较低。特别是在谷类食品的加工过程中,核黄素容易受损,因此常被作为营养强化剂添加到谷类食品中。利用豆制品生产的副产品——豆渣进行发酵生产核黄素,是一种有效的资源综合利用方式。

(1)工艺流程。豆渣发酵生产核黄素的工艺流程:原料→接种→培养→灭菌→烘干→粉碎→过筛→成品→装袋(核黄素渣粉)→氧化物结晶。

(2)菌种与培养环节。在豆渣生产核黄素的过程中,采用的菌种是阿氏假囊酵母。

①斜面培养基。其组成包含1%的蛋白质、0.5%的氯化钠、1%的葡萄糖粉、0.5%的磷酸二氢钠、1.5%~2.0%的琼脂以及1L的水,调整pH值为6.8。在270kPa的压力下进行20~30分钟的灭菌处理,之后在28℃的环境下培养。经过24h,菌体表面开始呈现白色,48h后生长更为旺盛并变为黄色,到了72h黄色更加明显,96h菌落转为淡黄色。整个培养周期大约需要4~5d,完成后在4~10℃的温度下保存以防止菌种变异。如果室温维持在20℃,则需要每15~30d进行一次移接;若在低温下保存,则可每1~2个月移接一次。

②种子培养。此阶段可以选择液体培养或固体培养两种方式。液体培养的基质与斜面培养相同,只是不包括琼脂。在28℃的温度下,通过振荡或人工摇动进行1~2d的培养。在培养的第一天,每隔3~4h振荡1~2min;到了第二天,振荡频率调整为每隔2~3h进行1~2min,整个培养周期约为3~5d。如果选择固体培养,则需要取新鲜的豆渣,在80~90℃的温度下烘干至水分含量约为30%(即用手捏可以成团,但一触即散的状态),然后装入卡氏瓶中,在270kPa的压力下灭菌30min后即可接种。接种后的豆渣在28℃下培养6~8d即可完成。在确保没有杂菌污染的情况下,就可以进行下一步的发酵生产了。

③固体发酵阶段。首先取已经烘干的豆渣,按照豆渣与水的比例约为1:(1.4~1.5)进行混合并搅拌均匀后装瓶。在270kPa的压力下进行30min的灭菌处理,然后冷却至30℃进行接种操作。接种时需要使用不锈钢匙进行充分搅拌以确保均匀。由于豆渣的装量占据了瓶体的1/3~1/2,因此需要保持豆渣的疏松状态以便于保存和发酵。最终每克产品中将含有3~5mg的核黄素,经过100目筛的筛选后即可得到最终的成品。

9.1.5.2 大豆乳清发酵生产维生素 B_{12}

钴胺素也被称为"维生素 B_{12}",是一类涵盖钴的咕啉类化合物的总称。这种维生素对于人体组织代谢至关重要,对人类和其他哺乳动物维持生长以及红细胞生成起着重要作用。在医学领域,它被用于治疗恶性贫血并助力恢复造血功能。维生素 B_{12} 在医药、食品和畜牧业等多个领域均有广泛应用,其主要来源是微生物发酵,主要负责生产的菌种为脱氮假单胞菌和费氏丙酸杆菌。维生素 B_{12} 的生物合成存在好氧和厌氧两种途径,尽管这两种途径在大体上相似,但各自具有独特的特点。若要提高维生素 B_{12} 的发酵产量,关键在于菌种的优化和发酵技术的改进。目前,有一种新的方法可以生产维生素 B_{12}:在微需氧环境下,利用大豆乳清(也被称为"黄浆水")进行微生物培养。

(1)工艺流程。大豆乳清发酵生产维生素 B_{12} 工艺流程如图 9-3 所示。

大豆乳清→离心→澄清液　　
菌种培养　　　　　　　　}→拌菌→培养发酵→分离菌体→干燥→成品

图 9-3　大豆乳清发酵生产维生素 B_{12} 工艺流程

(2)菌种选择与培育。选用费氏丙酸杆菌作为菌种。

①菌种培育。培育基的成分包括:每升大豆乳清中添加 10g 葡萄糖、5g 酵母萃取物、1g 酸性酪蛋白、1.5g 胰酪蛋白、0.3mg 生物素、4mg 泛酸钙、1.6g 磷酸二氢钠、1.6g 磷酸钾、12mg 七水硫酸钴、0.4g 六水氯化镁以及 10mg 七水硫酸亚铁。将 pH 值调至 6.8。在培育初期采用静态培育方式,在 30℃的温度下,培育时间维持在 40~96h。随后进入后期培育阶段,以 100r/min 的速率进行搅拌,此阶段无须通风,温度仍控制在 30℃,同时保持 pH 值为 7。

②菌体分离。经过一段时间的培育后,通过高速离心技术从发酵液中分离出菌体。随后,对菌体进行干燥处理,每克干燥后的菌体中含有的维生素 B_{12} 量高达 899μg。

9.1.5.3 维生素C

维生素C也被称为"抗坏血酸",是一种重要的水溶性维生素。它呈现为白色结晶或粉末状,无臭且带有酸味。如果长时间放置,它可能会变黄。这种维生素在水中极易溶解,在乙醇中有一定的溶解度,但在氯仿或乙醚中则不会溶解。维生素C拥有强大的还原能力,但其结构中的烯二醇基并不稳定,容易被氧化为二酮基。

随着技术的不断进步,维生素C的生产工艺在过去的几十年里发生了显著的变化。目前,主要的生产方法包括莱氏法和两步发酵法。莱氏法是最初的维生素C生产方法,它使用葡萄糖作为原料,首先通过生黑醋杆菌发酵产生L-山梨糖,然后经过一系列化学过程如酮化、NaClO氧化、转化和精制,最终得到维生素C。

相比之下,两步发酵法则更为高效。该方法使用D-山梨醇作为原料,通过利用生黑醋杆菌和假单胞菌进行发酵来得到发酵液。与莱氏法相比,这种方法省去了酮化和NaClO氧化步骤,简化了生产工艺,并避免了使用有害化学物质如丙酮、NaClO和发烟硫酸,从而极大地改善了工作环境。采用该方法生产的发酵液收率高达90%以上,除了主料山梨醇的消耗稍高外,其他辅料的消耗都相对较低。

9.1.5.4 左旋肉碱(L-肉碱)

L-肉碱,过去被称为"维生素BT",其化学式为$C_7H_{15}NO_3$。这种类似维生素的物质在动物体内与脂肪酸的代谢紧密相关。其主要功能在于作为运输工具,将长链脂肪酸从线粒体膜外运送到膜内,从而促进脂肪酸的氧化过程,进一步将脂肪转化为能量。

最初,人们通过提取法来获得L-肉碱,但这种方法效率低下,不适合工业化生产。因此,科学家们探索出了其他更为高效的生产方法,如不对称化学合成法、酶法和微生物发酵法等。其中,以大肠杆菌SW13-Co-17和巴豆甜菜碱等为原料的酶法生产是其中的一种方法。

(1)工艺流程。酶法生产L-肉碱的工艺流程:斜面菌种→种子培养→进罐发酵→加巴豆甜菜碱底物转化→离心去蛋白→离子交换柱去杂→浓缩→离子交换柱色谱→活性炭精制→结晶→重结晶→成品。

（2）选育高转化率的微生物产碱菌株。为了有效地通过酶法生产L-肉碱，需要找到一种微生物菌株，它能够高效地将巴豆甜菜碱转化为L-肉碱，并且不会消耗生成的肉碱。有研究者已经成功选育出一种大肠杆菌的变异株SW13-Co-17，它具备转化巴豆甜菜碱的能力，同时不会同化肉碱。接下来，将进一步优化这种菌种的筛选过程，并深入研究其产酶和酶转化的最佳条件，以确保酶转化率的稳定性，目标是将L-肉碱的生产水平提升至15g/L以上。

（3）酶转化产物肉碱与底物巴豆甜菜碱的分离技术。鉴于肉碱和巴豆甜菜碱在性质上的高度相似性，它们的分离是一项具有挑战性的任务。不过，通过综合运用色谱技术、结晶方法以及特定的化学处理手段能够成功地解决这一问题，实现了酶转化产物肉碱与底物巴豆甜菜碱的有效分离，并在中试阶段获得了优质的产品。

（4）未转化底物巴豆甜菜碱的回收利用。目前，菌种对底物的转化效率维持在40%~50%。为了提高整体转化率，可回收并重新利用那些未被转化的巴豆甜菜碱。

9.1.6 微生物发酵生产多糖

9.1.6.1 细菌多糖

1. β-葡聚糖

（1）β-葡聚糖的构成和功能。β-葡聚糖这种完全由α-D-吡喃葡萄糖单体构成的多糖，在自然界中广泛存在于细菌、真菌、酵母和植物细胞中。它不仅被视为一种非特异性的免疫增强剂，而且拥有多种令人瞩目的生物活性。研究表明，β-葡聚糖能显著提升动物的免疫功能，进而促进动物的健康生长。此外，它还能增强特异性免疫功能，使疫苗在动物体内发挥更高效的保护作用。除了这些，β-葡聚糖还展现出抗肿瘤、抗辐射和促进伤口愈合等显著功效，显示了其在医疗和健康领域的巨大潜力。

（2）微生物发酵生产葡聚糖。β-葡聚糖的获取途径多样且丰富，既可以通过从植物或真菌中提取获得,也能借助发酵法或酶水解法来生产。在当前的商业生产中,美国 NRRL 研究所培育的 NRRL B-512 肠膜明串珠菌显得尤为重要。这种特定的菌种在发酵过程中利用其内部的葡聚糖蔗糖转化酶从而能够高效地将蔗糖催化转化为 β- 葡聚糖和果糖,为 β- 葡聚糖的工业化生产提供了有力支持。

2. 其他细菌多糖

(1)结冷胶。这是一种由美国 Kelco 公司成功研发的微生物胞外多糖,其开发继黄原胶之后,曾在 20 世纪 70 年代末被揭示。相较于同类产品,结冷胶的使用量显著减少,其 0.25% 的使用量便能达到琼脂 1.5% 的凝胶强度。此外,其凝固点、熔点、弹性及硬度均可调整,且具备良好的风味表现能力。其形成的凝胶透明度高,强度大,热稳定性优异且耐酸性好。此产品已获得美国食品和药物管理局(FDA)的批准,并在 1996 年获得我国批准作为食品添加剂。目前,已发现的能够产生结冷胶的菌种包括少动鞘脂单胞菌及其一个抗氨节的突变株。

少动鞘脂单胞菌,这种从植物体中分离得到的好氧革兰氏阴性菌,能在多种糖类作为碳源、含氮源及微量元素的培养基中生长,其最佳培养温度为 30℃。为提高菌株生产结冷胶的效率,降低成本,并扩大其工业应用,众多学者已对其生产菌种、培养基及发酵条件进行了深入研究。

(2)可得然胶。其作为热凝胶或热凝多糖的俗称,它的成分完全由 D- 葡萄糖残基所组成,具有不溶于水的特性。然而,当它的水悬液被加热时,能够形成凝胶,这一特性使得它在食品生产中得到了广泛的应用。从面类食品、水产品及肉类食品的加工,到豆腐的制作,乃至果冻的生产,都可见到可得然胶的身影。此外,它在冷水中易于分散,加热后能够形成热可逆性或热不可逆性的胶体,展现了其出色的物理性质。目前已知,能够生产可得然胶的微生物主要有粪产碱杆菌 10C3 菌株以及多种土壤杆菌属菌株。

(3)半乳葡聚糖。这种杂多糖由葡萄糖和半乳糖共同组成,其独特的性质包括耐酸碱、耐高盐、低浓度、高黏度以及在高温下具有稳定性,这些特性使得它在多个领域有着广泛的应用。在石油和食品领域,半乳葡聚糖常被用作增稠剂、凝胶剂、成膜剂、抗结晶剂和保水剂。能产生半乳葡聚糖的微生物种类丰富,包括土壤杆菌属、根瘤菌属、产碱杆菌属和假单胞菌属等。

(4)细菌纤维素。这是一种由纯 D- 葡萄糖聚合而成的物质,不含其他多糖成分。它拥有强亲水性、持水性、凝胶性和稳定性,且人体无法消化它。这些特性使得细菌纤维素在食品工业中作为增稠剂使用,并可用于固体食品的成型、分散和结合。能产生细菌纤维素的微生物种类繁多,包括醋酸杆菌属、土壤杆菌属、假单胞杆菌属等。

(5)普鲁兰多糖。这是一种由出芽短梗霉菌体分泌的黏性多糖。它具备多种出色的特性,如成膜性、成纤性、阻氧性、可塑性、黏结性,并且易于自然降解。这些独特的理化及生物学特性使得普鲁兰多糖在多个领域都具有重要的应用价值。同时,普鲁兰多糖对人体无毒无害,无副作用,是一种安全可靠的物质。

9.1.6.2 真菌多糖

真菌多糖的研究始于 20 世纪中叶,因其独特的生理活性,近年来备受科研人员的关注。研究显示,真菌多糖对于增强人体免疫力、调节血糖血脂、预防糖尿病,甚至抗癌和抗衰老等都有着显著的效果。获取真菌多糖主要有两种方式:一种是从食用菌的子实体中提取;另一种则是通过深层发酵法生产,后者因其周期短、成本低且产量大而被广泛采用。

1. 灵芝糖聚合物

报道显示,已有超过 200 种灵芝糖聚合物被成功分离。这些糖聚合物在单糖构成、糖苷键类型、分子量、旋光度、溶解度和黏度等理化特性上各有差异。

(1)培养环境。碳源可以选择蔗糖或葡萄糖等,而氮源则可以是黄豆饼粉、蛋白胨或酵母提取物等有机氮源。同时,需要添加适量的硫酸镁七水合物和磷酸二氢钾等,保持 pH 值在 5.0 ~ 5.5。接种量大约为 10%,并且需要好氧发酵。在发酵过程中,pH 值会有较大的变化。当菌丝变细、部分菌丝自溶、菌丝含量降至 15% ~ 20%、pH 值降至 2.5 ~ 3.0 时,即可终止发酵。此外,发酵液中溶解氧的水平会直接影响到糖聚合物的产量。

（2）提取与纯化。发酵结束后,通过过滤收集菌丝体。随后经过预处理、热水提取、乙醇沉淀、去蛋白、去色素、离子交换柱色谱、浓缩和冷冻干燥等一系列步骤,最终得到糖聚合物成品。

2. 香菇糖聚合物

在香菇糖聚合物的培养环境中,碳源可以选择葡萄糖或蔗糖等,氮源则可以是干酵母或蛋白胨等。同时还需要添加适量的磷酸二氢钾、硫酸镁七水合物、氯化钠、氯化锌、氯化钙以及维生素 B_1 和维生素 B_2 等,保持 pH 值在 5.5 左右。当培养液的颜色从棕黄色变为淡褐色,并散发出酒香时,即可终止发酵。随后收集菌丝体,并通过分离纯化得到香菇糖聚合物。

3. 虫草糖聚合物

虫草糖聚合物是由甘露糖、半乳糖和葡萄糖等组成的复杂多糖。大量药理实验表明,它具有显著的抗肿瘤效果,能增强单核巨噬细胞的吞噬能力,提高小鼠血清中的 IgG 含量,并能促进体外淋巴细胞的转化和抗辐射等。

4. 其他种类的真菌糖聚合物

（1）金针菇糖聚合物。该聚合物从金针菇中提取的水溶性糖聚合物,包含 EA3、EA5、EA6 和 EA7 四种纯组分。它主要通过恢复和提高免疫力来抑制肿瘤的生长。

（2）云芝糖聚合物。该聚合物是云芝提取物中的主要生物活性成分,富含以 β-1,3、β-1,4、β-1,6 糖苷键连接的葡聚糖,并含有甘露糖、木糖、半乳糖、鼠李糖和阿拉伯糖等多种成分。同时其多糖链上还结合着小分子蛋白质(多肽)形成的蛋白多糖(PSP)。口服有效,能显著提高患者的细胞和体液免疫功能,增强机体对化学治疗的耐受性,并减少感染和出血的风险。

除了上述几种真菌糖聚合物外,银耳糖聚合物、灰树花糖聚合物、姬松茸糖聚合物以及羊肚菌糖聚合物等也是当前研究的热点领域。

9.2 新型发酵技术

9.2.1 固定化细胞生产技术

固定化细胞技术作为现代生物工程技术的关键分支,固定化特定生理功能细胞(如微生物、植物或动物细胞),作为固体生物催化剂,广泛应用于工业生产。它与固定化酶技术共同支撑了现代固定化生物催化剂技术的发展。自19世纪初,微生物细胞在固体表面的吸附特性被用于醋酸生产和污水处理,但真正的突破是在固定化酶技术的推动下实现的。相较于传统固定化酶技术,固定化细胞技术简化了细胞破碎、酶提取等步骤,完整保留了细胞内的多酶系统,使其在多步催化转换反应中更具优势,且无须考虑辅酶再生问题。然而,应用固定化细胞技术时需关注底物和产物透过细胞膜的效率,以及细胞内的产物分解系统或副反应系统的影响,这些问题可通过热处理、pH值调节等手段来优化。

9.2.1.1 固定化细胞的制备

固定化细胞的制备方法有无载体法、吸附法、共价结合法、交联法、包埋法等。

1. 无载体法

细胞固定化技术是一种先进的生物技术,它可以在不使用载体的情况下,通过物理或化学方法直接将细胞固定化。这种固定化过程可以针对细胞结构本身进行,也可以通过促进细胞聚集来实现。

在物理方法中,微生物细胞可以通过加热、冰冻等手段进行固定化。这些物理手段的作用机理主要包括:破坏细胞内可能导致目的酶水解的蛋白酶活性,保持细胞结构的稳定以避免目的酶的泄漏,以及促进细胞聚集形成较大的颗粒。

化学方法是利用柠檬酸、絮凝剂、交联剂和变性剂等化学物质处理细胞以达到固定化目的。这些化学物质可以通过不同的作用机制来稳定细胞结构，如使酶变性失活、稳定细胞壁等。

以白色链霉菌为例，该菌含有胞内葡萄糖异构酶。当在50℃以下保温时，细胞可能因自溶而释放酶。然而，如果先在60~80℃加热处理10min，可以破坏导致自溶的酶，而葡萄糖异构酶则相对稳定，不会因此处理而明显失活。

除了物理和化学方法，还可以直接使用霉菌孢子作为固定化细胞。这些孢子中的酶活力通常比菌丝体高3~10倍，并且具有更长的保存期限。

无载体固定化方法的优点在于能够产生高密度的细胞固定化体，并且固定化条件相对温和。然而，其缺点在于机械强度可能较差，需要在使用时加以注意。

2.吸附法

细胞天生或经诱导后可以展现出对固体物质表面或其他细胞表面的吸附能力，这一特性已被广泛利用于发展多种经济高效的细胞固定化方法。这些方法主要可分为物理吸附法和离子吸附法。

物理吸附法利用硅胶、活性炭、多孔玻璃、石英砂和纤维素等具有高吸附能力的材料作为载体，使细胞通过吸附作用固定在载体表面。不同的载体材料对吸附条件有不同的要求，如硅藻土或氢型皂土在pH值为3时吸附效果最佳，而氯型皂土则更适合在pH值为5的条件下进行。近年来，大孔陶瓷吸附剂因其优异的性能而受到广泛关注。例如，英国国际陶瓷公司的C.C材料，其高比表面积和平均孔径为90nm的结构，使得细胞与营养物、底物、产物的接触和流动更为便捷。

离子吸附法是一种基于细胞解离状态，通过静电引力（也就是离子键合作用）与具有相反电荷的离子交换剂进行结合的技术。这种方法的实现依赖于如DEAE-纤维素和CM纤维素等常用的离子交换剂。这些离子交换剂能够有效地与细胞中的带电离子相互作用，从而实现目标物质的吸附和分离。

吸附法的优点在于操作简便，符合细胞的生理条件，且不影响细胞的生长及其酶活力。然而,其缺点也显而易见,即吸附容量有限且结合强度较低。尽管如此,吸附法仍凭借其经济性和有效性在细胞固定化领域占据重要地位。

3. 共价结合法

共价结合法是一种通过在细胞表面的功能团和固相支持物表面的反应基团之间形成化学共价键连接来实现细胞固定化的技术。例如,科学家曾经利用这种方法将卡尔酵母固定在经过活化的多孔玻璃珠上,即便细胞在固定过程中死亡,但它们依然保持了生产尿酐酸的活性。这种方法虽然能够有效地制备固定化细胞,但往往会导致大部分细胞在固定过程中失去活性。

共价结合法的显著优势在于细胞与载体之间的连接非常牢固,因此在使用过程中不易脱落,具有良好的稳定性。然而,它的缺点也相当明显,包括反应条件较为激烈、操作过程相对复杂以及需要严格控制条件。这些因素使得共价结合法在实际应用中需要谨慎操作,以确保固定化细胞的活性和稳定性。

4. 交联法

交联法是一种使用多功能试剂对细胞进行交联处理的固定化技术。虽然与共价结合法一样,交联法也是基于化学结合的方式实现细胞固定化,但关键在于它采用了交联剂这一特定试剂。常用的交联剂如戊二醛或偶联苯胺等,它们带有两个或两个以上的多功能团,能够与细胞进行交联形成稳定的固定化细胞。然而,这种方法的缺点是反应条件较为激烈,可能会对细胞的活性产生较大的影响。

5. 包埋法

包埋法是一种将细胞嵌入凝胶网格或微胶囊内的技术,是细胞固定化技术中的常用方法。它分为凝胶包埋和微胶囊包埋两种,常用材料包括聚丙烯酰胺、琼脂、海藻酸等。聚丙烯酰胺包埋效果受多种因素影响,如细胞与胶量比、聚合条件等。近年来,新型包埋剂如射线敏感聚合胶、光敏感交联聚合树脂等被开发出来,其中PEGM因其光敏感性而备受关注。包埋法优点在于细胞容纳量大、操作简单、回收率高,但存在扩散阻力大的缺点,不适用于大分子底物与产物的转化反应。

9.2.1.2 固定化方法与载体的选择

1. 固定化方法的选择

酶和细胞的固定化技术多种多样,同一种细胞通过不同的固定方法可能得到性质相同或截然不同的固定化细胞。同样,不同的细胞也可以采用相同的固定方法,但可能产生性质各异的固定化生物催化剂。因此,细胞的固定化并没有一个固定的规律可循,而是需要根据具体的情况和实验需求来探索最合适的方法。

特别是在考虑工业化应用时,选择固定化方法时还需考虑制备试剂的原材料成本、易得性以及制备方法的简便性。

(1)固定化细胞应用的安全性考量。尽管固定化生物催化剂相较于化学催化剂在安全性方面有所优势,但它们在药物和食品领域的应用仍需严格遵循相关检验标准。这是因为除了吸附法和少数包埋法外,多数固定化操作涉及化学反应。因此,必须对所使用的试剂进行毒性及残留性评估,优先选择无毒或低毒的试剂进行固定化操作,以确保应用的安全性。

(2)固定化细胞的操作稳定性考量。在挑选固定化方法时,首要关注的是固定化细胞在操作流程中的稳定性。我们希望这些细胞能够经受住长时间反复使用的考验,从而在经济效益上实现显著的提升。为此,需要全面评估细胞和载体之间的连接方式、连接键的数量,以及每个载体单位上酶的活性。在充分权衡各种因素后选择最优的固定化方法,以确保制备出的固定化细胞具备出色的稳定性。

(3)固定化成本的全面分析。固定化成本涉及多个方面,包括细胞、载体的采购费用,试剂的消耗,以及水、电、气、设备和劳务等间接投资。尽管这些成本可能相对较高,但考虑到固定化细胞能够长期且反复使用,从而显著提高细胞的利用率,因此从长期视角来看,固定化技术可能具有更高的经济效益。即使固定化成本与原工艺相当，只要能在工艺优化、后处理简化、产品质量提升、收率提高或劳务节省等方面带来显著的贡献，这种固定化方法依然具有极高的实用价值。

2. 固定化载体的选择

在选择固定化载体时，优先考虑那些已经在其他工业生产中被大量使用的材料，因为这类材料的经济性更好。理想的固定化载体应具备以下特性：无毒性，以确保应用的安全性；良好的传质性能，以便于细胞和反应底物、产物的有效接触和传输；性质稳定，以保证固定化细胞在长期使用中的性能稳定；较长的使用寿命，以减少更换频率和成本；低廉的价格，进一步降低总体成本。海藻酸钠、聚乙烯醇等都是满足这些要求的优秀载体材料。此外，离子交换树脂、金属氧化物及不锈钢碎屑等也是具有广泛应用前景的固定化载体。

9.2.1.3 固定化细胞的形状与性质

（1）固定化细胞的形态。细胞的固定化技术作为酶固定化技术的衍生，两者在形态上呈现出一定的相似性。固定化细胞常见的形态包括珠状、块状、片状或纤维状等，而无载体法制备时则呈现为粉末状。包埋法因其高效性在制备各种形态的固定化细胞时占据主导地位。在工业应用中，包埋法因其简便和高效而备受青睐。

（2）固定化细胞的性质。固定化细胞在性质上与固定化酶相似，包括稳定性、最适 pH 值、最适温度和 K 值等。由于主要依赖胞内酶，固定化细胞更适合催化小分子底物的反应。从生理状态上，固定化细胞可分为死细胞和活细胞两大类。形态学上通常无明显变化，但扫描电镜观察可发现如酵母细胞膜的细微内陷现象。

固定化死细胞经过特殊处理提高了膜通透性，抑制了副反应，适用于单酶催化反应。而固定化静止细胞和饥饿细胞则保持活性但处于休眠或饥饿状态，不进行生长繁殖。固定化增殖细胞则能在连续反应中保持旺盛的生长繁殖能力，只要载体合适且无污染，理论上可长期使用。例如，基因工程菌的固定化展现出了更高的稳定性。

关于最适 pH 值和最适温度，固定化细胞并没有固定规律。例如，聚丙烯酰胺凝胶包埋的大肠杆菌（含天冬氨酸酶）的最适 pH 值向酸侧偏移，但其他菌种可能保持不变。同样，最适温度也可能因固定化方法和菌种而异。固定化细胞在稳定性上普遍优于游离细胞，如大肠杆菌（含天冬氨酸酶）经固定化后能在长期运转中保持高活力。

（3）固定化酶活力的测定。固定化酶的反应系统包括填充床和悬浮搅拌系统。活力测定方法主要有分批测定法和连续测定法。

①分批测定法。该方法在搅拌或振荡条件下进行，类似于天然酶的测定。通过定时取样、过滤后按常规测定。简便易行但受反应器形状、大小、反应液量和搅拌速度等因素影响。搅拌速度需适中，避免酶破碎导致活力异常升高。

②连续测定法。该方法适用于不同类型反应器，通过引出反应液到流动比色杯进行分光光度测定。在连续搅拌反应器中，可根据底物流入速度和反应速度计算酶活力。反应器形状可能影响反应速度。除分光光度法外，还可使用自动 pH 值滴定仪、监测氧气、NH_3、电导和旋光等变化来测定酶活力。这些方法为不同反应系统提供了灵活多样的测定手段。

9.2.2 中空纤维酶膜反应器制取麦芽低聚糖

酶膜反应器结合酶的高效性与膜的选择性能够显著提升生化反应速率。随着生物、医药、食品等领域对高效环保技术的需求，酶膜反应器备受关注。基因工程、材料科学特别是高分子材料的发展，以及固定化技术和过程设计的优化，为酶膜反应器提供了强大支持，推动其技术简化并拓展至更广泛的工业应用。

酶膜反应器具备诸多显著特点：酶促反应以其快速、高选择性和温和的反应条件著称；膜作为一种理想的载体，能够有效地固定酶并促进酶与底物的接触；酶膜反应器能有效消除产物抑制，提供更大的传质面积和更快的传质速率，从而显著提高反应效率；避免了乳化和破乳、液泛等问题，使得操作更加稳定可靠，易于实现连续化、自动化和集成化生产。

在麦芽低聚糖的制取过程中，酶膜反应器发挥了重要作用。麦芽低聚糖作为一种含有较高比例麦芽三糖和麦芽六糖的直链低聚糖混合物，是新型淀粉糖的重要代表。通过运用双酶协同作用与酶膜反应连续化工艺,可以高效、稳定地制取麦芽低聚糖,主要指标含量稳定在73%～77%,显著提升了产品质量和生产效率。

9.2.2.1 中空纤维酶膜反应器特点

中空纤维酶膜反应器在连续制备异麦芽低聚糖过程中展现出了其独特的方法特征。

（1）采用中空纤维酶膜反应器双酶膜连续化系统。该系统通过聚砜中空纤维超滤器可以实现高效过滤,能够截留相对分子质量为10000的物质,确保了对细胞色素C的100%截留率,有效保障了反应过程中的纯净度和效率。

（2）以淀粉为原料的糖化与转苷过程。首先,利用α-淀粉酶和普鲁士蓝酶（或异淀粉酶）对淀粉进行糖化处理,制备出麦芽低聚糖。随后,采用α-葡萄糖苷酶和真菌淀粉酶进行转苷反应,进一步转化为异麦芽低聚糖。整个过程实现了从原料到目标产物的连续、高效转化。

这种中空纤维酶膜反应器连续制备异麦芽低聚糖的方法不仅提高了生产效率,而且通过精确的酶膜系统确保了产品质量和纯净度,为食品工业提供了一种高效、可靠的制备技术。

9.2.2.2 生产工艺

（1）酶的准备。在制备异麦芽低聚糖的过程中,特定的酶是关键要素,主要选择木薯淀粉酶,以及具有特定酶活力的α-淀粉酶和异淀粉酶。其中,α-淀粉酶的酶活力达到4500U/g,而异淀粉酶的酶活力则为6000U/g。这些酶的选择和准备为后续的反应过程提供了必要的酶催化能力。

（2）原料液准备。开始生产前,称取500g木薯淀粉。在液化罐中预先加入1000mL水,边搅拌边将木薯淀粉加入其中,以得到浓度为33%的淀粉浆。为了确保酶促反应的最佳pH值环境,使用5%的Na_2CO_3溶液调整淀粉浆的pH值至6.2～6.3。加入5mL 5% $CaCl_2$溶液稳定酶结构。置液化罐于85℃水浴,搅拌至55℃时加入75mg α-淀粉酶。继续加热搅拌至(70±2)℃维持15min,完成液化。抽取10mL样品,测得其pH值在5～6。用同样的方法处理第二罐和第三罐淀粉浆,并将它们放入储料罐中作为后续反应的补料液。

（3）酶解。从储料罐中放出 1200mL 液化液（由 500g 淀粉配制的 33% 浓度淀粉浆得到）到糖化罐中。加入 0.5 mol/L 的 HCl 调节 pH 值至 5.8，然后将温度稳定在 45℃。在此条件下，加入 250mg 的 α- 淀粉酶和 1000mg 的异淀粉酶，恒温搅拌进行糖化反应。

糖化进行 1.5h 后，开始循环操作，稳定蠕动泵的压力在 0.1MPa。在循环过程中，不断补充底物和水分，以维持反应的持续进行。同时，使用糖度计测定底物及产物的浓度，确保糖化罐中的糖度保持在 25 以上。通过这种方式，可以控制产品的 DE 值在 29～31。

（4）中空纤维酶膜反应器运转过程。中空纤维酶膜反应器启动后，糖化罐中酶与底物反应，初期因木薯淀粉消耗大，酶吸附于膜上，产物生成快，经膜分离收集。反应中持续补充底物，结合物与释放酶再利用，产物稳定生成。随着底物不断补充，酶浓度受限，反应速度稳定。产物持续生成并分离，反应器系统循环，酶重复利用，从而实现高效连续生产。

（5）中空纤维超滤膜清洗。在完成生产后，需要对中空纤维超滤膜进行认真的清洗和消毒。首先使用无菌水进行初步清洗，去除残留的底物和产物。然后，使用 1% 的 NaOH 溶液进行深度清洗，此浓度的碱液既可以灭酶又可以防止膜孔阻塞。清洗完成后，将膜浸泡在碱液中，确保膜孔畅通且无菌。此外，还需对整个系统进行灭菌和消毒处理，以确保下次使用时的卫生和安全。

参考文献

[1] 程丽娟,袁静. 发酵食品工艺学 [M]. 咸阳:西北农林科技大学出版社,2002.

[2] 刁治民,魏克家,陈占全. 农业微生物工程学 [M]. 西宁:青海人民出版社,2007.

[3] 丁斌. 白酒生产技术 [M]. 成都:电子科技大学出版社,2017.

[4] 樊振江,李少华. 食品加工技术 [M]. 北京:中国科学技术出版社,2013.

[5] 高玉荣. 发酵调味品加工技术 [M]. 哈尔滨:东北林业大学出版社,2008.

[6] 关荣发,罗成. 食品加工基础 [M]. 长春:吉林大学出版社,2016.

[7] 何敏. 饮料酒酿造工艺 [M]. 北京:化学工业出版社,2010.

[8] 侯红萍. 发酵食品工艺学 [M]. 北京:中国农业大学出版社,2016.

[9] 胡斌杰,胡莉娟,公维庶. 发酵技术 [M]. 武汉:华中科技大学出版社,2012.

[10] 黄儒强,李玲. 生物发酵工艺与设备操作 [M]. 北京:化学工业出版社,2006.

[11] 江洁. 大豆深加工技术 [M]. 北京:中国轻工业出版社,2004.

[12] 姜明华. 发酵食品生产及管理 [M]. 北京:对外经济贸易大学出版社,2012.

[13] 金凤燮. 酿酒工艺与设备选用手册 [M]. 北京:化学工业出版社,2003.

[14] 景泉. 酒曲生产实用技术 [M]. 北京:中国食品出版社,1988.

[15] 劳动部教材办公室. 白酒生产工艺 [M]. 北京:中国劳动出版社,1995.

[16] 李晓东. 乳品工艺学 [M]. 北京：科学出版社, 2011.

[17] 刘明华, 全永亮, 尚英, 等. 食品发酵与酿造技术 [M]. 武汉：武汉理工大学出版社, 2011.

[18] 刘素纯, 刘书亮, 秦礼康. 发酵食品工艺学 [M]. 北京：化学工业出版社, 2019.

[19] 彭志英. 食品生物技术 [M]. 北京：中国轻工业出版社, 1999.

[20] 秦含章. 国产白酒的工艺技术和实验方法 [M]. 北京：学苑出版社, 2000.

[21] 尚丽娟. 发酵食品生产技术 [M]. 北京：中国轻工业出版社, 2012.

[22] 尚丽娟. 调味品生产技术 [M]. 北京：中国农业大学出版社, 2012.

[23] 史淑菊. 发酵食品加工 [M]. 北京：中国农业大学出版社, 2021.

[24] 宋俊梅, 鞠洪荣, 王永敏, 等. 新编大豆食品加工技术 [M]. 济南：山东大学出版社, 2002.

[25] 孙俊良. 发酵工艺 [M]. 北京：中国农业出版社, 2008.

[26] 孙勇民, 殷海松. 食品发酵技术 [M]. 北京：中国轻工业出版社, 2018.

[27] 田连生, 陈秀清, 王福花, 等. 生物化工生产运行与操控 [M]. 北京：中国石化出版社, 2014.

[28] 王传荣. 发酵食品生产技术 [M]. 北京：科学出版社, 2010.

[29] 王福源, 陈振风. 现代食品发酵技术 [M]. 北京：中国轻工业出版社, 1998.

[30] 王福源. 现代食品发酵技术 [M]. 2版. 北京：中国轻工业出版社, 2004.

[31] 王向东, 赵良忠. 食品生物技术 [M]. 南京：东南大学出版社, 2007.

[32] 徐凌. 发酵食品加工工艺 [M]. 北京：中国农业大学出版社, 2020.

[33] 徐凌. 食品发酵酿造 [M]. 北京：化学工业出版社, 2011.

[34] 徐莹. 发酵食品学 [M]. 郑州：郑州大学出版社, 2011.

[35] 杨国伟. 发酵食品加工与检测 [M]. 北京：化学工业出版社, 2011.

[36] 余晓斌. 发酵食品工艺学 [M]. 北京：中国轻工业出版社，2022.

[37] 龚润龙. 金华火腿加工技术 [M]. 北京：科学普及出版社，1987.

[38] 岳春. 食品发酵技术 [M]. 北京：化学工业出版社，2021.

[39] 张嘉涛，崔春玲，童忠东. 白酒生产工艺与技术 [M]. 北京：化学工业出版社，2014.

[40] 张兰威，梁金钟. 发酵食品工艺学 [M]. 北京：中国轻工业出版社，2011.

[41] 张兰威. 发酵食品原理与技术 [M]. 北京：科学出版社，2014.

[42] 张惟广. 发酵食品工艺学 [M]. 北京：中国轻工业出版社，2004.

[43] 张秀媛，李育峰. 传统调味品酿造一本通 [M]. 北京：化学工业出版社，2013.

[44] 张秀媛. 调味品生产工艺与配方 [M]. 北京：化学工业出版社，2015.

[45] 赵宝丰. 蒸馏酒和发酵原酒制品456例 [M]. 北京：科学技术文献出版社，2003.

[46] 赵国华. 食品生物化学 [M]. 北京：中国农业大学出版社，2019.

[47] 周桃英. 发酵工程 [M]. 北京：中国农业出版社，2008.

[48] 汪建国，奕水明. 嘉兴喂饭酒传统工艺剖析 [J]. 中国酿造，2001（2）：40-42.

[49] 汪建国. 嘉兴喂饭黄酒传统工艺初探 [J]. 酿酒科技，1998（3）：58-60.

[50] 鲍松林，虞炳钧. 真菌豆乳凝固酶的筛选及其凝固豆乳的工艺条件研究 [J]. 微生物学通报，1996（4）：214-216.

[51] 赵德安. 豆豉，纳豆和丹贝的简述 [J]. 江苏调味副食品，2008，（3）：1-4.

[52] 刘超琦，王晓丹，周润锋，等. 果酒及果酒酿造工艺的研究进展 [J]. 中国酿造，2023，42（12）：22-27.

[53] 陈坚，汪超，朱琪，等. 中国传统发酵食品研究现状及前沿应用技术展望 [J]. 食品科学技术学报，2021，39（2）：1-7.

[54] 陈启康，沙文锋，戴晖，等. 如皋火腿加工技术 [J]. 肉类工业，2005（12）：12-14.

[55] 刘军，殷茂荣，王延东，等. 我国食品增稠剂产品标准与检测方法现状 [J]. 中国卫生检验杂志，2016，26（17）：2582-2584.

[56] 康超娣,相启森,刘骁,等.等离子体活化水在食品工业中应用研究进展[J].食品工业科技,2018,39(7):348-352.

[57] 徐国良,袁菊如,涂招秀,等.饶州大曲酒生产工艺探索[J].江西化工,2017(5):71-73.

[58] 许继春.发酵香肠中风味物质的研究[J].中国食品,2011(23):31-33.

[59] 冯四清.波兰疯牛病呈现上升势头[J].农村养殖技术:新兽医,2006(5):42.

[60] 张勤,贺维非.微生物在发酵肉制品中的应用[J].肉类研究,1999(1):26-28.

[61] 朱燕,罗欣.肉类发酵剂及其发酵方式[J].肉类研究,2003(1):13-15.

[62] 汪建国,俞永明,俞永林,等.姑苏酒坊老黄酒的传承融合与创新[J].酿酒,2010,37(2):70-74.

[63] 韩珍琼,彭凌,赵秀英.发酵型核桃花生奶的研制[J].农产品加工,2007(7):30-31.

[64] 向聪.肉类发酵技术[J].肉类研究,2009(4):62-65.

[65] 李昊,李志达,魏建敏.中空纤维酶膜反应器制取麦芽低聚糖的工艺研究[J].中国粮油学报,1998,13(5):49-52.

[66] 钱志良,胡军,雷肇祖.乳酸的工业化生产、应用和市场[J].工业微生物,2001(2):49-53.

[67] 奕水明,周燕,朱晓明.喂饭法生产多粮型黄酒的应用与研究[J].酿酒,2017,44(3):41-45.

[68] 焦玉,薛党辰,蒋云升,等.发酵肉制品中的细菌发酵剂的研究进展[J].中国食物与营养,2007(6):21-23.

[69] 付立业,谌永前,周剑丽,等.细菌麸曲通风制曲生产要点[J].酿酒科技,2012(3):52-53.

[70] 黄黎慧.发酵肉制品研究进展[J].江苏调味副食品,2005,22(4):22-26.

[71] 廖晓峰,于荣.广昌太空莲藕醋的研制[J].中国调味品,2018,43(8):82-87.

[72] 卢士玲,吴桂春,李开雄.发酵肉制品优势菌研究现状[J].中国食物与营养,2006(3):22-24.

[73] 汪志铮. 薯干麸曲白酒生产工艺 [J]. 农家致富顾问, 2017（19）: 28-29.

[74] 薛飞燕, 张栩, 谭天伟. 微生物油脂的研究进展及展望 [J]. 生物加工过程, 2005（1）: 23-27.

[75] 凌静. 发酵肉制品的现状和发展趋势 [J]. 肉类研究, 2007（10）: 5-7.

[76] 张灏. 益生菌的功能与评价 [J]. 乳业科学与技术, 2009, 32（4）: 151-154.

[77] 吴婷, 宋江, 王远亮. 中国酱油酿造工艺 [J]. 中国调味品, 2012, 37（6）: 1-3.

[78] 张丽华. 酶法酿制海带保健酱油 [J]. 中国调味品, 2003（5）: 27-28+47.

[79] 王仲礼, 赵晓红. 关于发酵肉制品的研究 [J]. 肉类工业, 2006（4）: 21-24.

[80] 张养东, 李松励, 等. 国家标准《发酵乳》历年情况综述 [J]. 中国乳业, 2017（12）: 64-72.

[81] 王新, 李培军, 巩宗强, 等. 固定化细胞技术的研究与进展 [J]. 农业环境保护, 2001, 20（2）: 120-122.

[82] 石立三, 吴清平, 吴慧清, 等. 我国食品防腐剂应用状况及未来发展趋势 [J]. 食品研究与开发, 2008, 29（3）: 157-161.

[83] 刘树立, 王春艳, 王华, 等. 肉制品发酵剂的研究进展 [J]. 中国调味品, 2007（4）: 31-37.

[84] 张平真. 中华酒文化（二）——绍兴无处不酒家 [J]. 中国酿造, 2001（2）: 37+42.

[85] 袁霖, 吴肖. 生物活性多糖及其在食品中的应用前景 [J]. 食品工业科技, 2004（7）: 136-137+103.